图解电动机使用技巧

君兰工作室　编
黄海平　审校

科学出版社
北　京

内 容 简 介

本书共10章，内容包括常用工具的使用与维护、常用仪表及测量方法、电动机基础、电动机的选用、电动机的安装、电动机的使用与维护、电动机的拆装与故障排除、电动机常用控制线路安装及调试、电动机常用控制线路的检修、安全用电及防护知识。

本书内容丰富，形式新颖，配有大量的图片以帮助理解，实用性强，易学易用，具有较高的实用和参考阅读价值。

本书适合广大初、中级电工技术人员，电子技术人员，电气施工人员，职业技术院校相关专业师生，以及岗前培训人员阅读。

图书在版编目（CIP）数据

图解电动机使用技巧 / 君兰工作室编；黄海平审校. — 北京：科学出版社，2018.1

（零基础轻松学电工技术）

ISBN 978-7-03-054840-5

Ⅰ.图… Ⅱ.①君… ②黄… Ⅲ.电动机-使用方法-图解 Ⅳ.TM32-64

中国版本图书馆CIP数据核字（2017）第253262号

责任编辑：孙力维 杨 凯 / 责任制作：魏 谨

责任印制：张克忠

北京东方科龙图文有限公司 制作

http://www.okbook.com.cn

科学出版社 出版

北京东黄城根北街16号

邮政编码：100717

http://www.sciencep.com

天津市新科印刷有限公司 印刷

科学出版社发行 各地新华书店经销

*

2018年1月第 一 版 开本：890×1240 1/32

2018年1月第一次印刷 印张：10

印数：1-4 000 字数：307 000

定价：36.00元

（如有印装质量问题，我社负责调换）

前言

为了帮助电工技术的初学者更好地学习电工技术，理解抽象的电气术语和实际操作内容，我们根据初级技术人员的特点和要求，结合多年工作经验，采用绘图和文字解释相结合的方式，按照各个主题，采用独特的插图，使读者能够“一看即懂、一读就会”，力求使读者阅读后，能很快应用到实际工作当中，从而达到花最少的时间，学最实用技术的目的。希望读者通过阅读本书能对电工技术产生兴趣，增强自己的实际工作经验，并帮助初学者从入门走向精通。

本书以电动机理论为基础，以简明易懂为目的，根据最新的电动机技术动向和应用状况编写而成。从实用的角度出发，全面系统地介绍电动机的基本理论、结构与工作原理，电动机测试与维修、电动机常用控制线路的调试检修等技术。主要内容有：常用工具的使用与维护、常用仪表及测量方法、电动机理论基础、电动机的选用、电动机的安装、电动机的使用与维护、电动机的拆装与故障排除、电动机常用控制线路安装及调试、电动机常用控制线路的检修、安全用电及防护知识。

本书内容丰富、形式新颖，配有大量的插图帮助讲解，实用性强，易学易用，具有较高的参考价值。适合广大初级电工人员、在职电工人员、电工爱好者阅读，也可供工科院校相关专业的师生阅读，还可供岗前培训人员参考阅读。

山东威海广播电视台的黄海平老师为本书做了大量的审校工作，在此表示衷心感谢。参加本书编写的人员有周成虎、邢军、王兰君、黄鑫、刘守真、李渝陵、凌玉泉、李霞、高惠瑾、凌珍泉、谭亚林、凌万泉、李燕、朱雷雷、张杨、刘彦爰、贾贵超等，在此一并表示感谢。

由于编者水平有限，书中难免存在错误和不当之处，敬请广大读者批评指正。

目录

第1章　常用工具的使用与维护

001　螺栓旋具（一字和十字）……1
002　特殊螺栓旋具……2
003　使用螺栓旋具时的注意事项……3
004　螺栓旋具的检查（保养）……4
005　水泵钳……4
006　水泵钳的种类……5
007　水泵钳的用途及使用方法……6
008　水泵钳使用方面的注意事项……6
009　水泵钳的检查（保养）……6
010　电工刀的结构……7
011　电工刀的用途……7
012　电工刀的使用方法……7
013　电工刀使用方面的注意事项……8
014　电工刀的检查（保养）……9
015　低压验电器的种类……9
016　低压验电器的使用方法……10
017　低压验电器使用方面的注意事项……10
018　高压验电器的种类……11
019　高压验电器的用途……12
020　高压验电器的使用方法和注意事项……12
021　呆扳手的种类、等级……14
022　双头扳手（矛形）……14
023　呆扳手的使用方法……16
024　呆扳手的保养……16
025　工具的口径和螺栓螺纹尺寸及种类……17
026　呆扳手的产品例子……17

027 活扳手的种类、等级 ……18
028 活扳手的形状及尺寸 ……18
029 活扳手的使用方法 ………19
030 活扳手的保养 …………20
031 梅花扳手的种类 …………20
032 梅花扳手的形状、尺寸 …………20
033 梅花扳手的使用方法 ……21
034 内六角扳手的形状、尺寸 …………21
035 内六角扳手的使用方法 …………22
036 套筒扳手 …………23
037 套筒扳手的使用方法 ……25
038 套筒扳手的产品例子 ……26
039 套筒扳手使用方面的注意事项 …………26
040 手电钻的用途 …………27
041 手电钻的充电方法 ………27
042 手电钻的使用方法 ………28
043 电锤的用途 …………31
044 电锤各部位的名称及规格 …………31
045 电锤的充电方法 …………32
046 电锤使用前的确认 ………32
047 电锤的使用方法 …………33
048 圆盘锯切割机的用途 ……35
049 圆盘锯切割机各部位的名称 …………35
050 圆盘锯切割机的标准附件 …………35
051 圆盘锯切割机作业前的准备工作 …………36
052 圆盘锯切割机的切割方法 …………36
053 圆盘锯切割机锯片的安装和拆卸 …………39
054 圆盘锯切割机的保养和检查 …………40
055 砂轮片切割机的种类 ……41
056 砂轮片切割机的用途 ……41
057 砂轮片切割机的使用方法 …………41
058 砂轮片切割机使用方面的注意事项 …………43
059 砂轮片切割机的保养和保管 …………44
060 圆盘砂轮机的种类 ………45
061 圆盘砂轮机的用途（手持式研磨工具）………46
062 圆盘砂轮机的使用方法 …………46
063 圆盘砂轮机使用方面的注意事项 …………47

064 手动压接钳的规格 ………48
065 手动压接钳的使用方法 …48
066 管子虎钳（带三脚架）的用途 ……………………49
067 管子虎钳（带三脚架）的使用方法 …………………50
068 管子虎钳（带三脚架）使用方面的注意事项 ……50
069 管子虎钳（带三脚架）的维护和保管 ………………51
070 弓形锯（钢锯）的用途 ……………………51
071 弓形锯（钢锯）的种类 ……………………51
072 弓形锯（钢锯）的使用方法 …………………51
073 弓形锯（钢锯）使用方面的注意事项 …………………53
074 弓形锯（钢锯）锯条的选择 ……………………54
075 管螺纹切削器的用途 ……54
076 管螺纹切削器的使用方法 …………………55
077 管螺纹切削器使用方面的注意事项 …………………56
078 管螺纹切削器的保养和保管 ……………………56
079 弓摇钻的用途 ……………57
080 弓摇钻的使用方法 ………57
081 弓摇钻倒棱时的注意事项 …………………58

第2章 常用仪表及测量方法

082 万用表的种类 ……………59
083 万用表的使用方法 ………60
084 钳形电流表的构造及原理 ……………………63
085 测试负荷电流及漏电流 …65
086 使用钳形电流表的注意事项 …………………66
087 用钳形电流表测试高次谐波电流 ……………67
088 绝缘电阻表简介 …………69
089 绝缘电阻的测试方法 ……70
090 测试高压电路的绝缘电阻 …………………72
091 绝缘电阻表的额定电压及主要使用示例 ……………74
092 绝缘电阻表使用前的检查及精度管理 …………75
093 什么是接地电阻 …………76

094 接地电阻测试器的种类 …77
095 用钳形接地电阻表测试接地电阻 ……………78
096 用直读式接地电阻表测试接地电阻 ……………80
097 接地电阻的容许值 ………81

第3章 电动机基础

098 永磁直流电动机 …………83
099 并励直流电动机 …………84
100 通用电动机 ……………85
101 感应电动机 ……………86
102 电容启动电动机 …………88
103 分相电动机 ……………88
104 分容电动机 ……………89
105 屏蔽磁极式电动机 ………89
106 三相感应电动机 …………90
107 绕线转子三相感应电动机 ………………91
108 同步电动机 ……………92
109 步进电动机 ……………93
110 伺服电动机 ……………95
111 螺线管/活塞式电动机 ………………96

第4章 电动机的选用

112 电动机类型的选择 ………97
113 电动机容量（功率）的选择 ……………………97
114 电动机转速的选择 ………98
115 电动机防护形式的选择 ……………………98
116 电动机的额定机械功率 …………………99
117 电动机的电流 ……………99
118 电动机的规范代号 ………100
119 电动机的设计代号 ………100
120 电动机的效率 ……………100
121 能效电动机 ………………101
122 电动机的机座尺寸 ………102
123 电动机的频率 ……………102
124 电动机的满载转速 ………102
125 电动机的负载要求 ………102
126 电动机的额定温度 ………104
127 电动机的运行系数 ………105
128 电动机的转矩 ……………105
129 电动机的外壳 ……………106
130 电动机铭牌的记载事项 …108
131 理解铭牌记载内容的预备知识 …………………109

132 低压三相鼠笼式异步电动机绝缘的种类 ……111
133 电动机的温升限度 ……112
134 电动机的技术数据 ……113

第5章 电动机的安装

135 电动机的安装工事 ……131
136 安装电动机的基础工事 …132
137 电动机的直接连接找正作业 ……133
138 电动机的直接连接精度的测量方法 ……134
139 电动机端子盒内配线的连接工事 ……136
140 电动机安装场所的选定 ……137
141 电动机的接地工事 ……137
142 电动机与皮带连接负载对齐 ……139
143 电动机轴承的维护 ……141
144 电动机的配线工事 ……142
145 电动机的金属管配线 ……143
146 电动机的电缆配线 ……146
147 电动机电缆梁架的安装 ……147
148 电动机主回路施工的实际接线图 ……148
149 电动机正反转控制的主回路接线 ……149
150 电动机主回路接线的连接方法 ……150
151 放置接线导体的方法 ……151
152 在连接线末端压线连接的方法 ……152
153 金属管的施工方法 ……154
154 金属管螺纹的切断方法 …155
155 金属管的弯曲方法 ……155
156 金属管的连接方法 ……156
157 墙壁上控制盘的露出安装 ……156
158 木造间壁上控制盘的半露出安装 ……157
159 分量轻的间壁上控制盘的半露出安装 ……158
160 混凝土墙上控制盘的埋入安装 ……158
161 电容器为电动机单用而安装 ……159
162 电容器为电动机共用而安装 ……159
163 Y-△启动时的接线 ……160

164 低压无功补偿电容器支路导线的最小粗细 …………161
165 使用低压无功补偿电容器的注意事项 ………161

第6章 电动机的使用与维护

166 电动机的长期保管方法 ……………………163
167 电动机的日常检修 ………164
168 电动机的定期检修 ………165
169 电动机维护 …………………167
170 电动机的故障检查 ………169
171 电动机的故障排除指南 ……………………170
172 电动机的故障维修表 ……172
173 电动机的故障维修梯形图 …………………………173
174 小型电动机的维护 ………175
175 球轴承电动机轴承的维护 ……………………………177
176 套筒轴承电动机轴承的维护 ……………………………177

第7章 电动机的拆装与故障排除

177 电动机的拆卸 ……………181
178 电动机线头的拆卸 ………182
179 皮带轮或联轴器的拆卸 …182
180 轴承外盖和端盖的拆卸 ……………………………183
181 转子的拆卸 …………………184
182 轴承的拆卸 …………………185
183 电动机轴承的装配 ………186
184 电动机端盖的装配 ………186
185 电动机皮带轮或联轴器的装配 …………………187
186 电动机故障排查帮助指南 ……………………188
187 鼠笼式转子的测试 ………190
188 单相电动机的离心开关测试 …………………191
189 运行与启动绕组之间的短路测试 …………………192
190 电容器测试 …………………192
191 用仪表检查电动机故障 ……………………………193
192 用电压-电流表检修电动机故障 ………………194
193 钳形电压-电流表 ………195
194 接地检查 ……………………195
195 开路检查 ……………………196

196 电动机故障检修指南 ……197
197 直流电动机故障 …………204
198 三相电动机机械方面的故障检查 ………………207
199 三相电动机定子绕组的检查 ………………………207
200 电动机定子绕组的判别 …211
201 电动机转子故障的检查 …216

第8章 电动机常用控制线路安装及调试

202 单向启动、停止电路 ……217
203 单向点动控制电路 ………221
204 防止相间短路的正反转控制电路 ………………226
205 自动往返循环控制电路 …232
206 自耦变压器手动控制降压启动电路 ……………239
207 手动Y－△降压启动控制电路 ………………245
208 电磁抱闸制动控制电路 ………………251
209 带热继电器过载保护的控制电路 ………256

第9章 电动机常用控制线路的检修

210 单向启动、停止电路 ……261
211 具有启动、停止、点动混合电路 ………………265
212 接触器、按钮双互锁可逆启停控制电路 ………267
213 频敏变阻器启动控制电路 ………………269
214 用手动按钮控制转子绕组三级串对称电阻启动控制电路 ………………………272
215 自耦变压器自动控制降压启动电路 ……………276
216 电磁调速控制器应用电路 ………………278
217 用三只欠电流继电器作电动机断相保护 ………283
218 防止电动机进水、过热停止保护电路 ……………286
219 直流能耗制动控制电路 ………………289
220 双向运转反接制动控制电路 ………………293
221 改进的电磁抱闸制动电路 ………………296

第10章 安全用电及防护知识

222 安全用电基本知识 ………299
223 家用电器的合理使用方法 …………………300
224 防止触电采取的措施 ……305
225 为保障人身安全必须加装漏电保护器 …………306

第1章 常用工具的使用与维护

001 螺栓旋具（一字和十字）

螺栓旋具（一字和十字）主体包括普通头和十字头两种（图1.1和图1.2）。

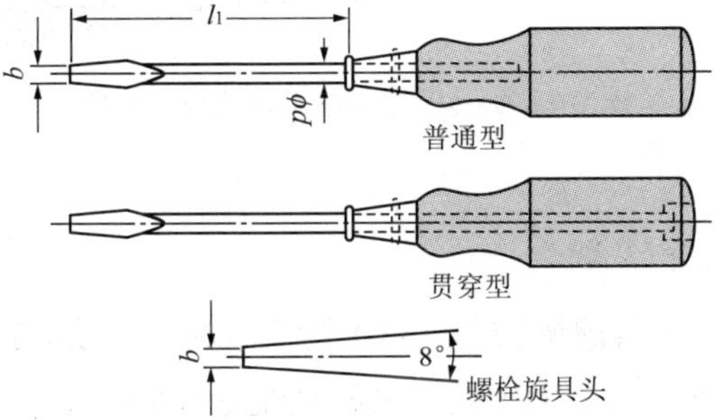

图1.1 普通螺栓旋具（一字）的结构

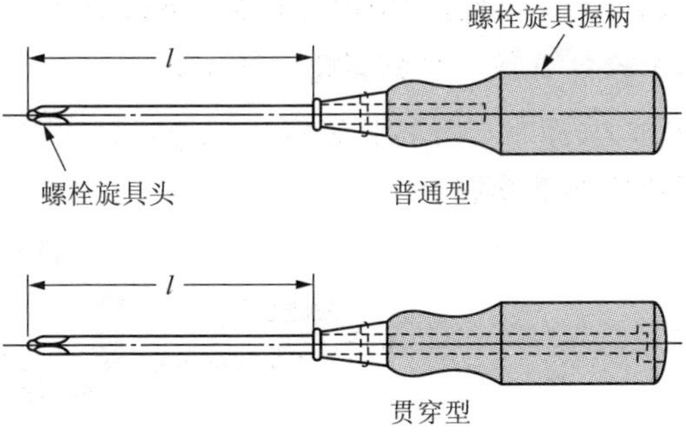

图1.2 十字螺栓旋具的结构

螺栓旋具本体与握柄的结合形式有普通型和贯穿型两种。普通型的主体只穿入螺栓旋具握柄的中间，而贯穿型的主体一直穿透螺栓旋具握柄部分（图1.3和图1.4）。

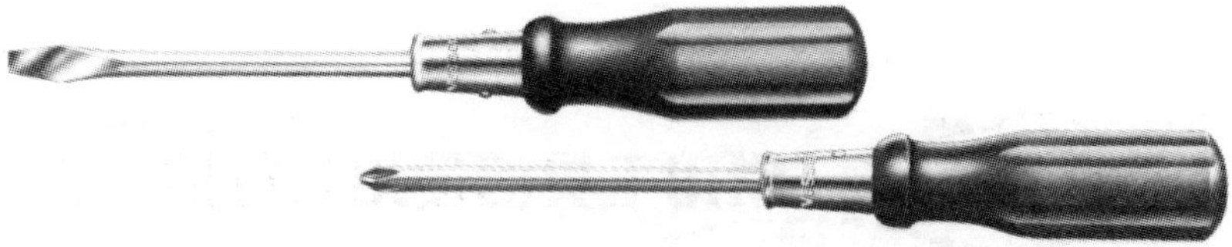

图1.3　No.310型木柄普通型螺栓旋具

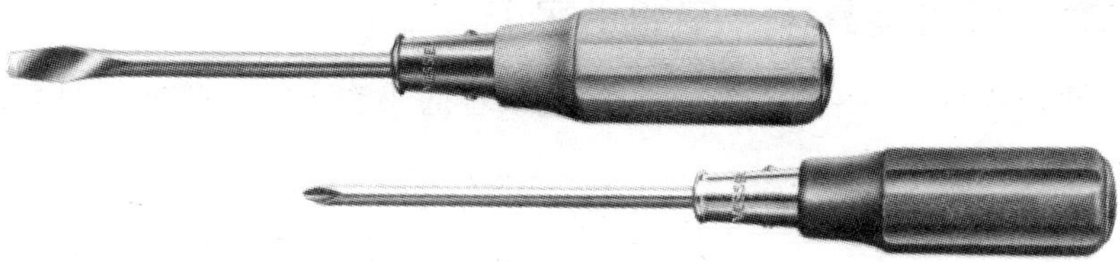

图1.4　No.350型木柄贯穿型螺栓旋具

002 特殊螺栓旋具

① 电工螺栓旋具的握柄大，用于拧大木螺丝（图1.5）。

② 塑料绝缘短柄螺栓旋具。其握柄是绝缘的，用于空间受到限制的狭小场所（机柜内）作业（图1.6）。

③ 更换式螺栓旋具（低压用带验电器的6件套）。握柄为夹头式结构，螺栓旋具把上装有氖管，可以试电（图1.7）。

④ 其他特殊螺栓旋具。包括棘轮螺栓旋具、自动螺栓旋具、磁性螺栓旋具和扭力螺栓旋具等多种。

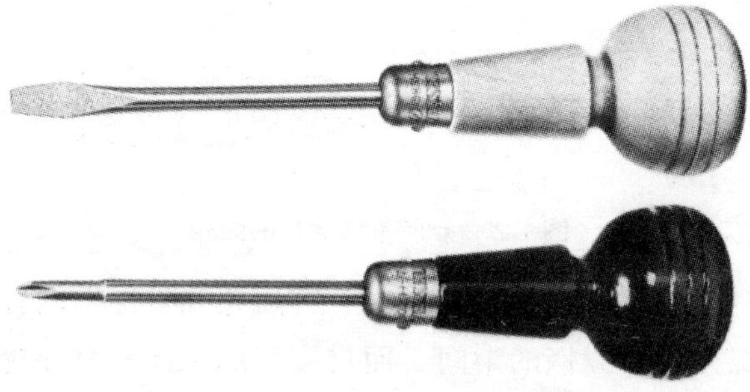

图1.5　No.200型电工螺栓旋具

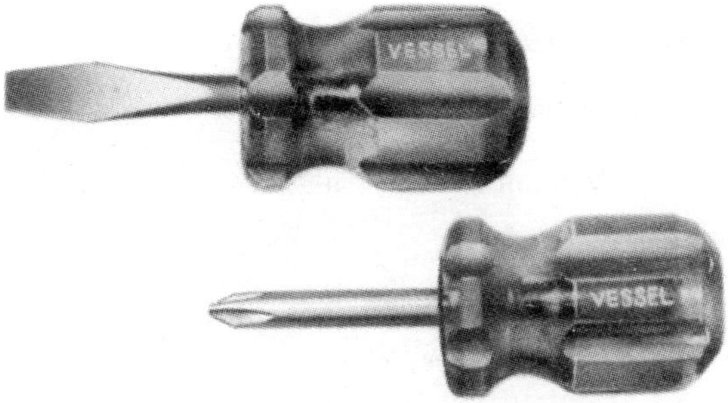

图1.6 No.1200型塑料绝缘短柄螺栓旋具

图1.7 No.1300L型更换式螺栓旋具

003 使用螺栓旋具时的注意事项

① 使用螺栓旋具时，刀口要与木螺钉、螺丝的槽口吻合，而且，还要与作业内容一致。贯穿型螺栓旋具适用于预埋线管和覆盖物的安装作业。

② 在通电的配电盘上作业时要注意，需要给普通（绝缘性）螺栓旋具的主体外面套上绝缘套管或者缠上塑胶带，以免发生触电和短路事故。

③ 不要以螺栓旋具代替凿子使用。

004 螺栓旋具的检查（保养）

长期把螺栓旋具当作凿子使用会使刀口变秃，无法拧紧螺丝钉，因此，要用锉刀锉一锉刀口，使其能与螺丝的槽口吻合（图1.8）。

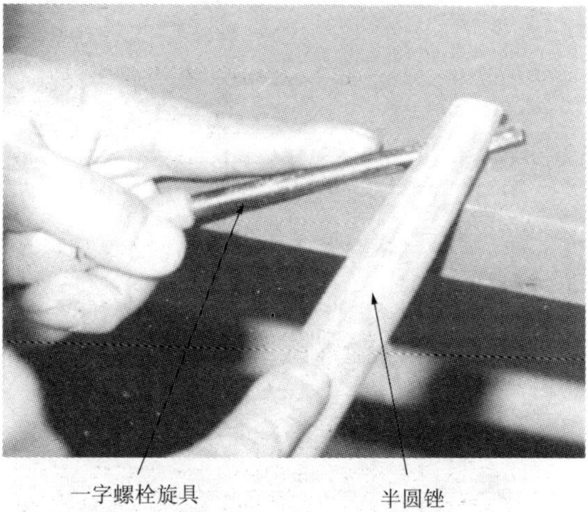

图1.8 用锉刀锉平

005 水泵钳

水泵钳的结构如图1.9所示。

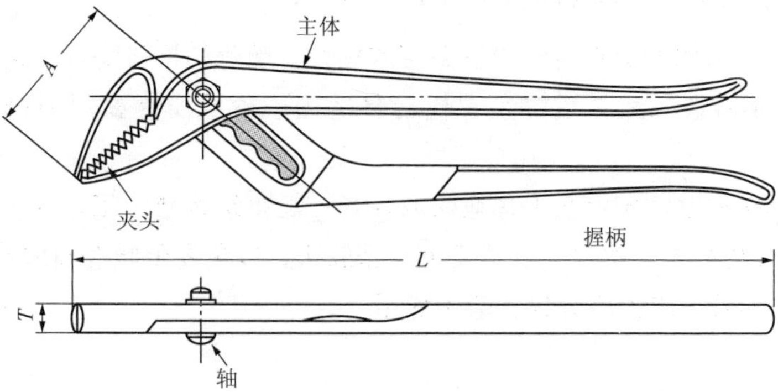

图1.9 水泵钳的结构

006 水泵钳的种类

1）水泵钳

夹头的开口分成5级，最大可夹住口径为48mm的管子（图1.10）。

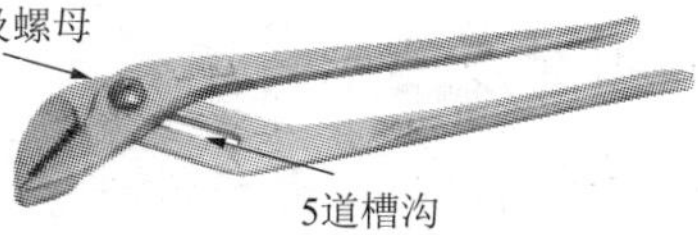

图1.10　No.WP250型水泵钳

2）R形水泵钳

钳头的开口分成5级，夹头呈R形状（凹形），适合夹住管件（图1.11）。

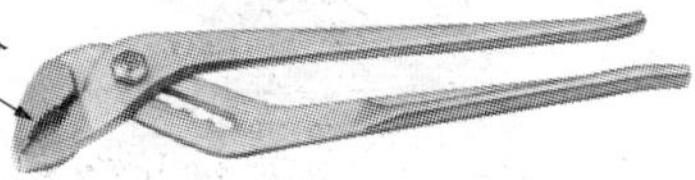

图1.11　No.RWP250型水泵钳

3）带螺栓旋具水泵钳

形状与R形水泵钳相同，但握柄的端部是一字螺栓旋具，也可用于拧螺丝和撬东西（图1.12）。

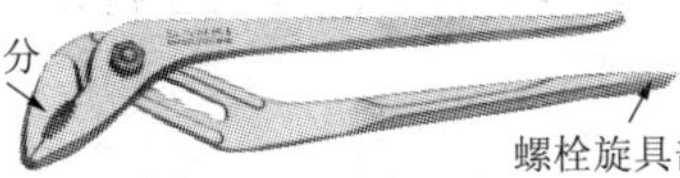

图1.12　No.DRWP250带螺栓旋具水泵钳

4）带沟槽水泵钳

通过主体的5道沟槽与突起舌头之间的机械咬合机构使其夹紧（图1.13）。

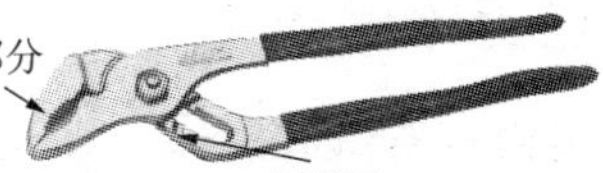

图1.13　No.GWP200型带沟槽水泵钳

5）弹簧水泵钳

钳头的开口有8级，当松开握柄时，因钳头的弹簧作用，握柄会自动开启。

007 水泵钳的用途及使用方法

打开水泵钳钳头的咬口部分，滑动钳轴进行调节，使其与材料的尺寸吻合。用于上紧或松开管件（金属管、附件）和管箍。图1.14所示为用水泵钳安装半圆卡子的例子。

图1.14 用水泵钳安装接地半圆卡子的例子

008 水泵钳使用方面的注意事项

在紧固配电盘、分电盘及仪表等连接部分所用的螺丝时，要使用活扳手或呆扳手，不得使用水泵钳。

009 水泵钳的检查（保养）

① 在使用之前，要检查有没有裂纹，以及轴上的螺丝是否松动。

② 弄脏时可用水清洗，用棉纱擦干后，再用油棉纱擦一擦（以防止生锈）。

010 电工刀的结构

1）主体的形状

如图1.15所示，电工刀主体的前端呈现刀形和直角形。另外，还有薄刃电工刀。

2）柄（手握部分）

有木制和合成树脂制之分，还有绝缘性质的。

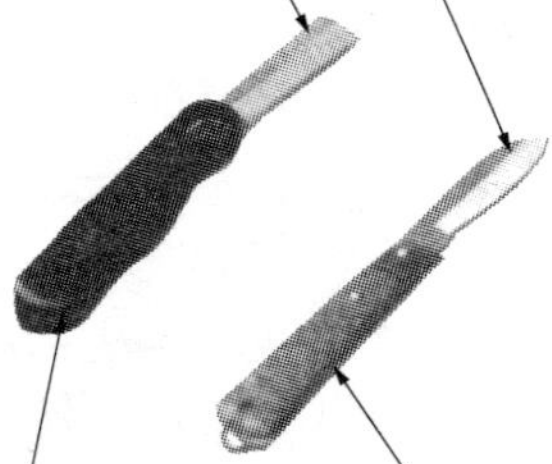

图1.15 电工刀

011 电工刀的用途

用于剥离电线和电缆等被覆的外皮，以及切断合成树脂软管和CD管。

012 电工刀的使用方法

根据电线、电缆种类、粗细，刀刃的角度和把柄的握法有所不同。

1）尼龙绝缘电线

如图1.16所示，平握电工刀剥去线皮。另外，如图1.17所示，也可直握电工刀剥去线皮。

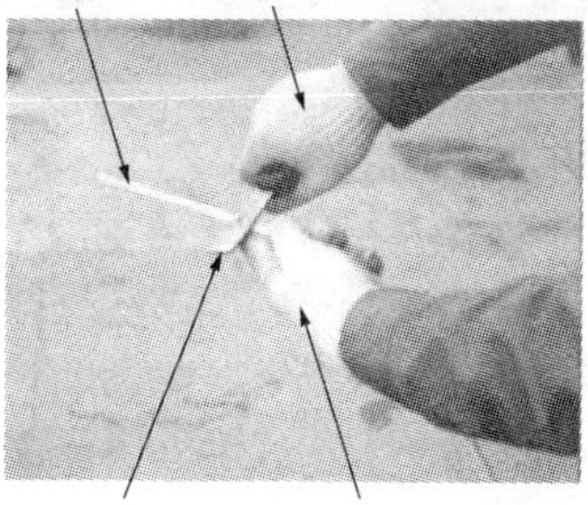

图1.16 电工刀的使用方法（握法）和电线外皮的剥离（削铅笔）

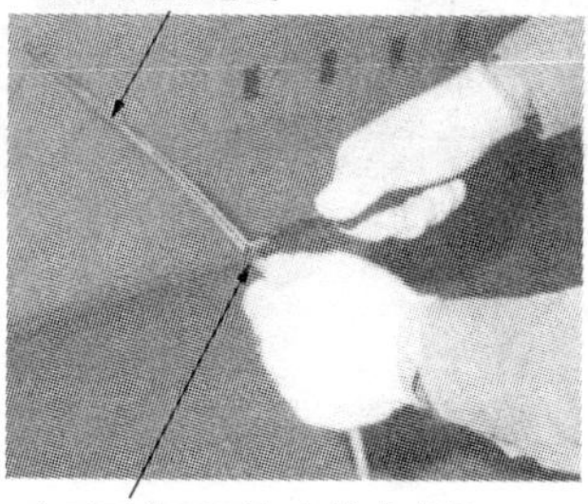

图1.17 电工刀的使用方法（握法）和电线外皮的剥离（直剥）

如图1.18所示，手握电工刀柄，将刀刃对准线芯与线芯之间。左手拇指顶住刀背，一边按住将刀刃推入切口。同时，将刀刃放平，使刀刃切入外皮与线芯之间，向外皮推入切口，然后剥掉外皮。

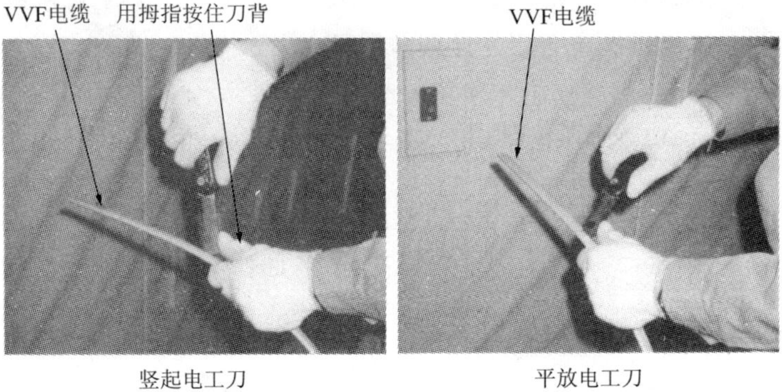

(a) 用刀刃切入线芯与线芯之间的开口剥掉外皮　(b) 用刀刃切入外皮与线芯之间的开口剥掉外皮

图1.18　VVF（扁形尼龙绝缘尼龙护套）电缆护套剥法

2）粗电缆

如图1.19所示，剥掉电缆外皮时手握刀柄有两种方法，即一种是与剥VVF电缆相同的握法，另一种是反手握法。

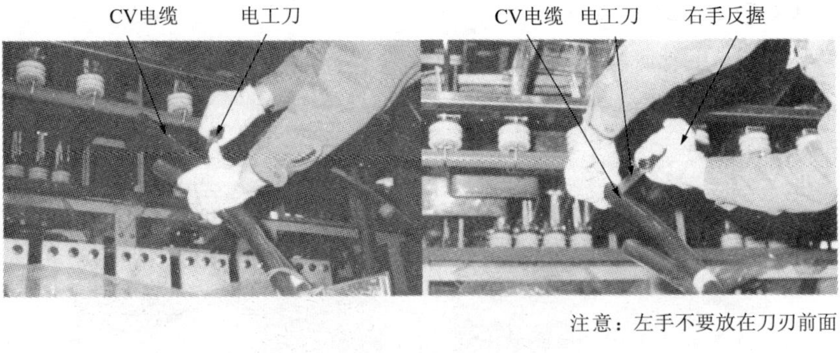

图1.19　CV电缆外皮剥法

013 电工刀使用方面的注意事项

① 剥外皮时，注意不要割伤芯线。

② 剥外皮时，注意不要割伤手，尤其要注意左手的位置。

014 电工刀的检查（保养）

新买来的电工刀和进行剥皮之前都在磨石上磨一下，使刀刃锋利一些。

015 低压验电器的种类

1）氖管发光式验电器

氖管发光式验电器有自动铅笔型和螺栓旋具型两种。图1.20所示为OA型氖管式低压验电器，其自动铅笔型的绝缘管中装有氖管和电阻，串联在笔尖的金属体与接地金属体之间，是一种小型、轻便、安全且易于测电的仪器，得到了广泛应用。

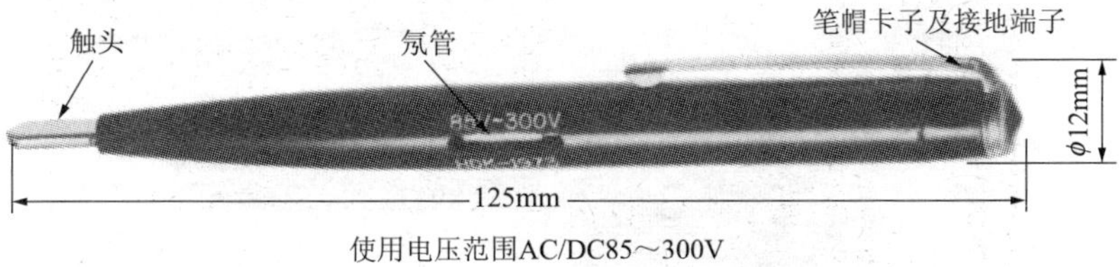

图1.20 OA型氖管式低压验电器

2）声光式验电器

这种验电器由探针、半导体电路和纽扣电池组成，因为笔尖采用了导电橡胶，在使用过程中无需担心短路。这是一种衣兜式低压验电器，由蜂鸣器和高亮度发光二极管来表示带电与否。可以从电线的绝缘层外面测出最高AC 600V电压（图1.21）。

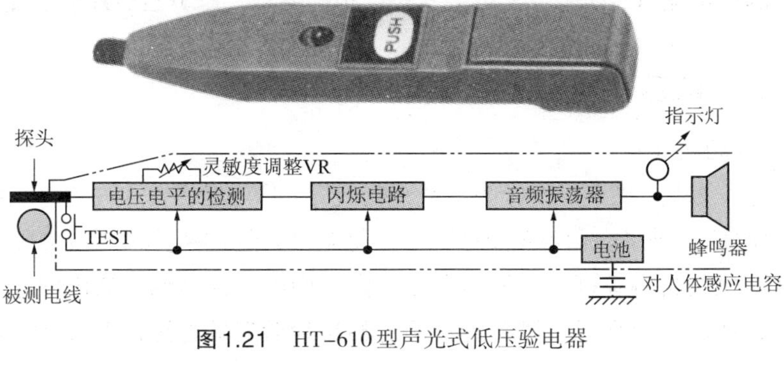

图1.21 HT-610型声光式低压验电器

016 低压验电器的使用方法

验电器是用来检测普通低压电路中的带电状态（有无电流）的仪器。

1）氖管发光式验电器

测电时，手握笔帽卡子（接地金属），同时使笔尖金属部分触及被测电路，如果带电，氖管就会发光（图1.22）。

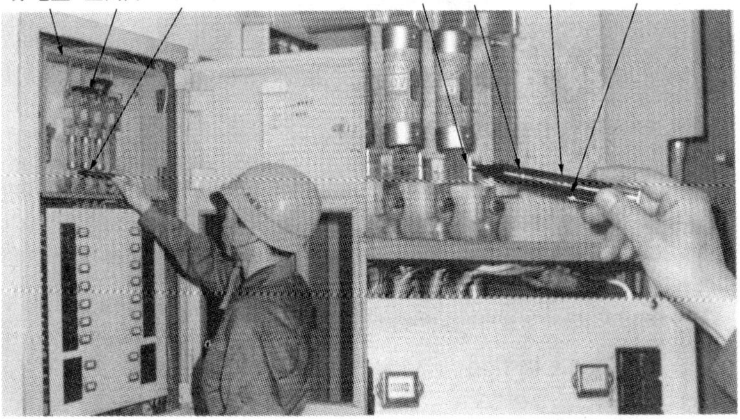

图1.22 分电盘验电

2）声光式验电器

手握笔帽卡了（接地部分），同时使笔尖探针触及被测电路，如果带电，蜂鸣器响，且红色LED发光。另外，用于最高AC 600V，即便是被覆线的外面测量，如果带电也会有断续的蜂鸣音，LED也会断续发光。

017 低压验电器使用方面的注意事项

1）用前检查

进行测电之前要检查验电器是否能正常工作。这种检查可通过使用验电器检测器，或者在已知的带电线路上确认，要保证验电器能够正常工作。

验电器检测器用于低压验电器、高压验电器和高低压兼用验电器的检验，如图1.23所示。使用方法是先检查检验器的电源是否打开，按下输出开关，此时，若电池式输出指示灯变亮，则把验电器的探头触及电压输出端子，以判断验电器是否正常工作。

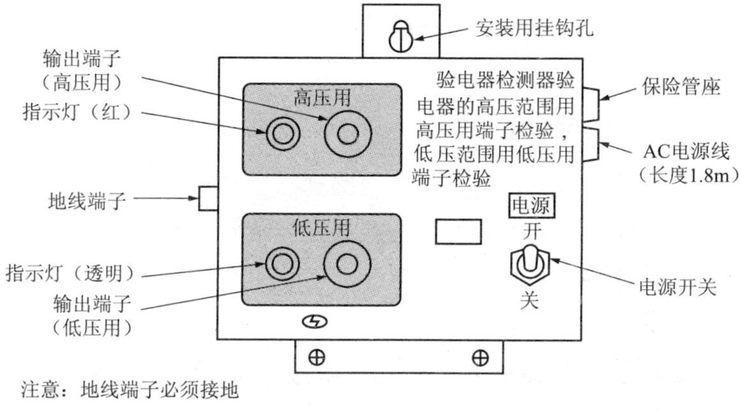

图1.23 HLL-1型验电器检测器

2）不要测高电压

确认验电器的使用电压范围。切勿用低压验电器测高压。一旦测高压会造成触电事故，绝不可误操作（仔细阅读使用说明书）。

3）电池的更换

内置电池验电器，当电池用旧时，要及时更换新电池。更换电池时，要特别注意电池的正负极性，不要装错。

018 高压验电器的种类

高压验电器是用来验证高压线路上是否带电的电工工具。高压验电器包括氖管式（图1.24）、声光式（图1.25）及风车式几种。

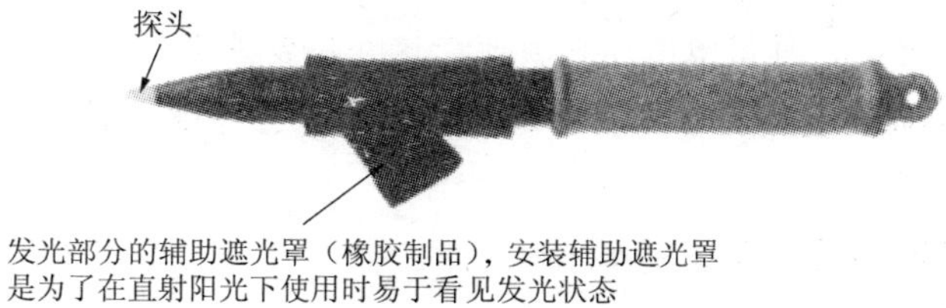

图1.24 氖管式高压验电器

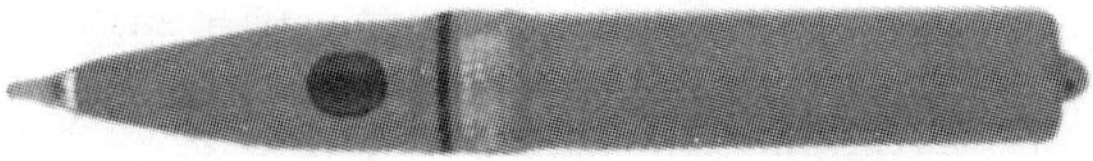

图1.25 HSC-7型声光式高低压两用验电器

019 高压验电器的用途

声光式高压验电器可进行低压线路到高压线路的普通验电、从被覆线外面的验电和断线处的检查、屏蔽线的屏蔽效果检查，以及电气工程施工过程中的安全报警。

020 高压验电器的使用方法和注意事项

检测方法是先按下按钮检查验电器工作情况是否正常（整个电路自检方式），然后将验电器的金属探头接近带电体进行验电（非接触验电）。

在准备进行停电作业的情况下，一旦错误判断是否真正停电则会发生触电事故灾难。因此，务必在准备作业之前先进行验电。

1）用前检查

验电之前必须先按下按钮进行检查。按下按钮和松开按钮时都会发光和发声，且在1～3s之间自动停止发光和发声，检查时要弄清楚这一点。

2）作业过程中的注意事项

为了预防发生触电事故，要保持规定的安全距离，戴上高压绝缘橡胶手套（图1.26）作业。

这种验电器不能检测直流电压，因此，在进相电容器等装置的交流电源停电情况下，其带电电压是直流，这一点要注意。

虽说高压验电器能够检测30kV以上的电压，但检测距离变长，并无实用性。

绝缘保护器具的穿戴情况示于图1.27。

注：在带电高压线及其近距离作业时，必须任命作业指挥人员，让其直接指挥作业，并严格加强作业管理

图1.26 6kV高压验电作业

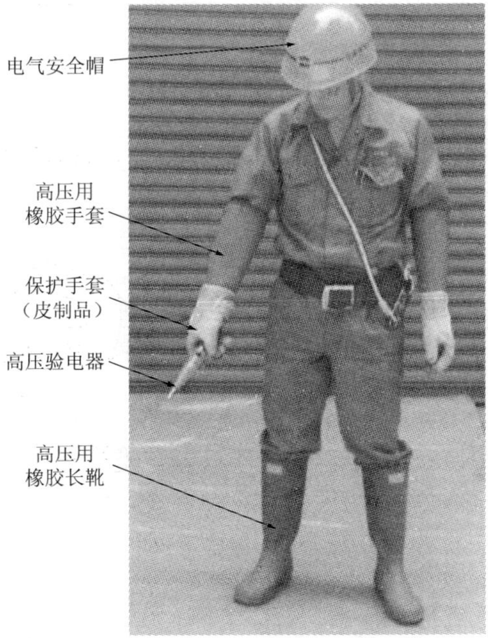

图1.27 绝缘保护器具的穿戴

021 呆扳手的种类、等级

扳手有单头和双头之分，其种类及等级列于表1.1。

表1.1 扳手的种类及等级

<table>
<tr><th colspan="2">种　类</th><th rowspan="2">等　级</th><th rowspan="2">表示等级的符号</th></tr>
<tr><th>按头部形状区分</th><th>按扳口数量分</th></tr>
<tr><td rowspan="4">圆　形</td><td rowspan="2">单扳口</td><td>普通级</td><td>N</td></tr>
<tr><td>强力级</td><td>H</td></tr>
<tr><td rowspan="2">双扳口</td><td>普通级</td><td>N</td></tr>
<tr><td>强力级</td><td>H</td></tr>
<tr><td rowspan="2">矛　形</td><td>单扳口</td><td rowspan="2">—</td><td rowspan="2">S</td></tr>
<tr><td>双扳口</td></tr>
</table>

022 双头扳手（矛形）

图1.28所示为矛形双头扳手的形状。另外，表1.2列出其组合方法及尺寸的例子。

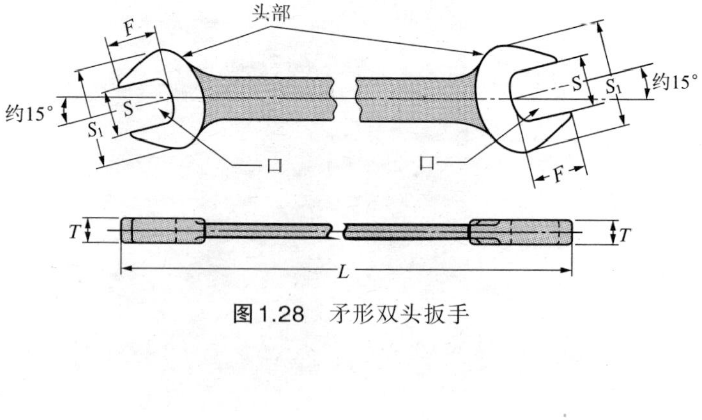

图1.28 矛形双头扳手

表 1.2 矛形双头扳手尺寸（摘要） （单位：mm）

<table>
<tr><th rowspan="3">标称</th><th colspan="4">两面宽度 S</th><th colspan="2">外宽度 S_1</th><th colspan="2">扳口深度 F</th><th rowspan="2">厚度 T</th><th colspan="2" rowspan="2">全长 L</th></tr>
<tr><th colspan="2">小头</th><th colspan="2">大头</th><th>小头</th><th>大头</th><th>小头</th><th>大头</th></tr>
<tr><th>标准尺寸</th><th>容差</th><th>标准尺寸</th><th>容差</th><th>最大</th><th>最大</th><th>最小</th><th>最小</th><th>最大</th><th>标准尺寸</th><th>容差</th></tr>
<tr><td>5.5*7</td><td>5.5</td><td>+0.12
+0.02</td><td>7</td><td rowspan="4">+0.15
+0.03</td><td>13</td><td>16</td><td>6</td><td>7.5</td><td>3.2</td><td>100</td><td rowspan="4">+6%</td></tr>
<tr><td>6*7</td><td>6</td><td rowspan="3">+0.15
0.03</td><td>7</td><td>14</td><td>16</td><td>6.5</td><td>7.5</td><td>3.2</td><td>100</td></tr>
<tr><td>6*8</td><td>6</td><td>8</td><td>14</td><td>18</td><td>6.5</td><td>8.5</td><td>4</td><td>105</td></tr>
<tr><td>7*8</td><td>7</td><td>8</td><td>16</td><td>18</td><td>7.5</td><td>8.5</td><td>4</td><td>105</td></tr>
<tr><td>24*27</td><td>24</td><td rowspan="2">+0.36
+0.06</td><td>27</td><td rowspan="3">+0.48
+0.08</td><td>51.5</td><td>58</td><td>26</td><td>29.5</td><td>11</td><td>245</td><td rowspan="3">±6%</td></tr>
<tr><td>24*30</td><td>24</td><td>30</td><td>51.5</td><td>64</td><td>26</td><td>33</td><td>12</td><td>270</td></tr>
<tr><td>26*29</td><td>26</td><td>+0.48</td><td>29</td><td>56</td><td>62</td><td>28.5</td><td>31.5</td><td>12</td><td>245</td></tr>
<tr><td>26*32</td><td>26</td><td rowspan="4">+0.08</td><td>32</td><td rowspan="4"></td><td>56</td><td>68.5</td><td>28.5</td><td>35</td><td>13</td><td>270</td><td rowspan="4"></td></tr>
<tr><td>27*30</td><td>27</td><td>30</td><td>58</td><td>64</td><td>29.5</td><td>33</td><td>12</td><td>270</td></tr>
<tr><td>29*32</td><td>29</td><td>32</td><td>62</td><td>68.5</td><td>31.5</td><td>35</td><td>13</td><td>280</td></tr>
<tr><td>30*32</td><td>30</td><td>32</td><td>64</td><td>68.5</td><td>33</td><td>35</td><td>13</td><td>285</td></tr>
</table>

扳手用于组装、安置配电盘、分电盘、设备及电缆槽架、吊管架，还有导体、端子的连接和固定、送变电设备开放式框管的组装、U形螺栓的紧固或拆卸作业（图 1.29、图 1.30）。

图 1.29 配电盘、电缆的连接

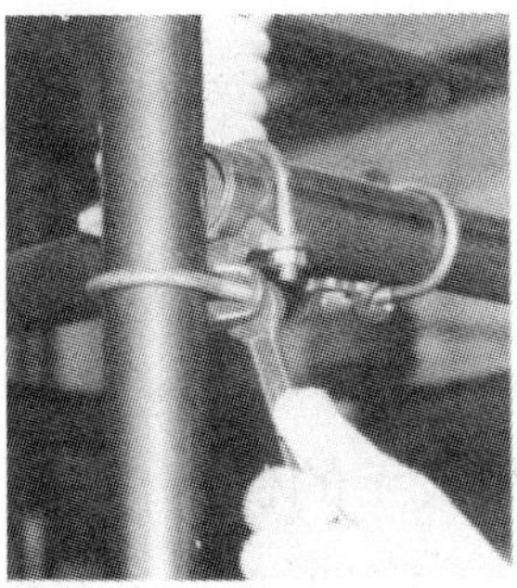

图 1.30 U形螺栓的紧固

023 呆扳手的使用方法

① 要使用与紧固和拆卸的螺栓、螺母的尺寸吻合（螺栓的两个面与扳手的两个面正好吻合）的扳手，螺栓要放到扳手夹口的最里面紧紧地咬住，使其可以上下或左右移动，用于紧固或者拆卸作业。

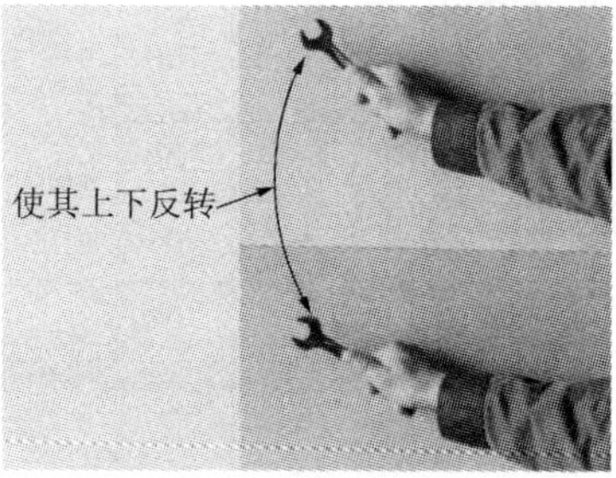

图1.31 扳手的反转

② 紧固螺栓、螺母要往右（顺时针方向）旋转，往左旋转就松动了。

③ 在狭窄的地方（盘内等）回转空间小，可将扳手反转，反复倒换（图1.31）。

④ 不良用法要引起注意。

⑤ 用扳手的夹口尖部、斜夹螺栓都易使扳手滑脱造成危险。另外，用锤敲打扳手会使扳手变形且易飞出，十分危险（图1.32）。

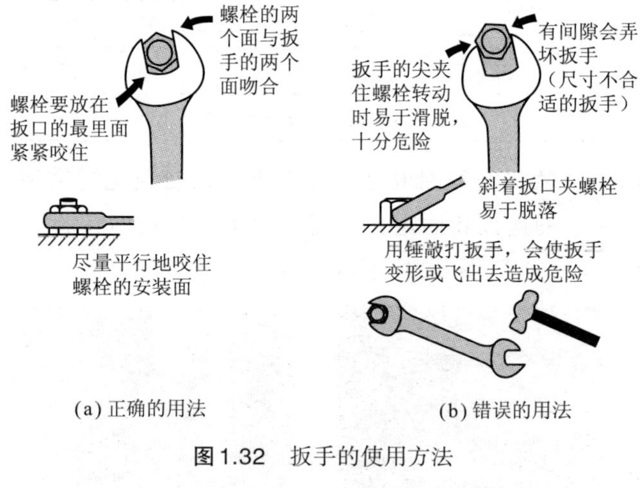

图1.32 扳手的使用方法

024 呆扳手的保养

用完呆扳手后时常用油棉纱擦一擦，以免生锈。

025 工具的口径和螺栓螺纹尺寸及种类

螺栓的种类繁多，有公制螺纹和英制螺纹之分。再细分，公制螺纹又有粗纹和细纹之分。这些在新旧JIS标准都作了规定。螺栓与扳手、梅花扳手等工具的口径尺寸关系列于表1.3中。

表1.3 工具的口径和新旧JIS标准螺栓的螺纹尺寸（摘要） （单位：mm）

扳手的扳口尺寸	六角螺栓、螺母的标称直径			
	公制螺纹			
	常用型		小型	
	新JIS	旧JIS	新JIS	旧JIS
17	10	10	12	12
19	12		（14）	
21		12		（14）
22	（14）		16	
23		（14）		16
24	16		（18）	
26		16		（18）
27	（18）		20	
29		（18）		20
30	20		（22）	
32	（22）	20	24	（22）

注：表中螺纹直径中带括号的表示不常用。威氏螺纹的标称尺寸维持旧的JIS标准。

026 呆扳手的产品例子

图1.33所示为SANKI牌6件套扳手。

图1.33 6件套扳手

027 活扳手的种类、等级

活扳手与呆扳手一样，用于配电盘、设备的组装、安装以及导体的连接、紧固等作业。表1.4列出了活扳手的种类及等级。

表1.4 活扳手的种类和等级

种类		等级	表示种类和等级的符号
按材料及加工方法区分	按扳口倾斜角度区分		
全锻造品	15° 型	强力级	H
		普通级	N
	23° 型	强力级	H
		普通级	N
下颚锻造品	23° 型	—	P

028 活扳手的形状及尺寸

图1.34所示为活扳手的形状。表1.5列出了活扳手的尺寸。另外，下颚的最大开口尺寸列于表1.6中。

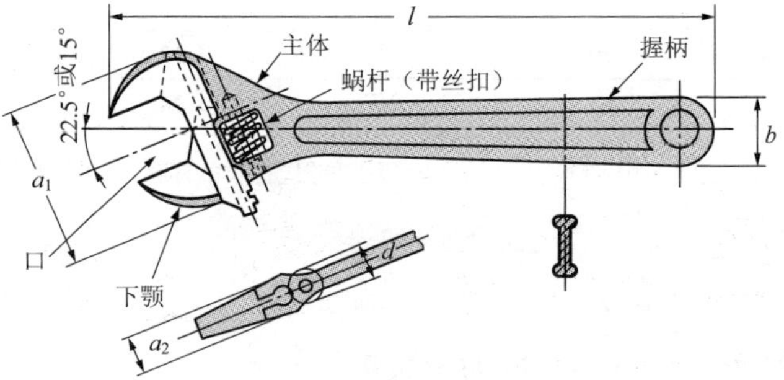

图1.34 活扳手

表1.5 活扳手的尺寸 （单位：mm）

标称尺寸	l（约）	a_1（最大）	a_2（最小）	b（最大）	b（最小）
100	110	35	10	16	8

续表 1.5

标称尺寸	l（约）	a_1（最大）	a_2（最小）	b（最大）	b（最小）
150	160	48	11	21	10
200	210	60	14	26	12
250	260	73	16	31	14
300	310	86	19	36	16
375	385	105	25	44	19

表 1.6 活扳手的最大开口 （单位：mm）

标称尺寸	100	150	200	250	300	375
最大开口	12^{+3}_{0}	20^{+3}_{0}	24^{+3}_{0}	29^{+3}_{0}	34^{+3}_{0}	44^{+3}_{0}

029 活扳手的使用方法

① 转动蜗杆，调节开口开启程度，使活扳手的两个平面与螺栓、螺母的两个平面正好吻合起来，将螺栓、螺母放到夹口的最里面紧紧咬住，用于紧固和拆卸的作业（图 1.35）。

② 不良用法要引起注意。

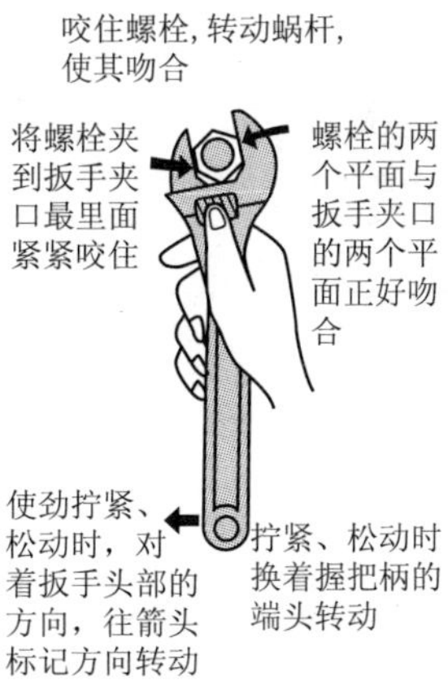

(a) 正确的用法

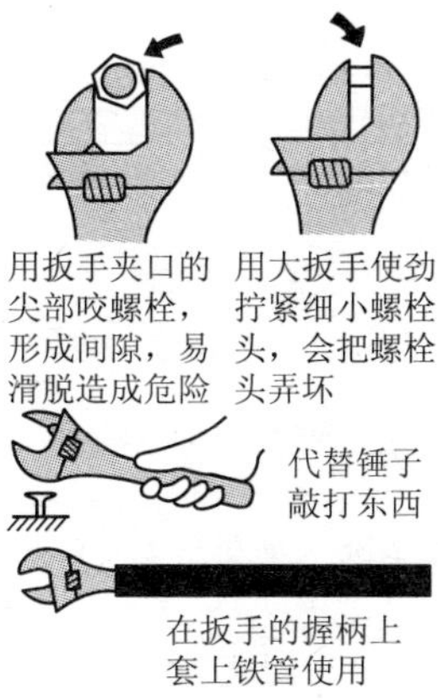

(b) 错误的用法

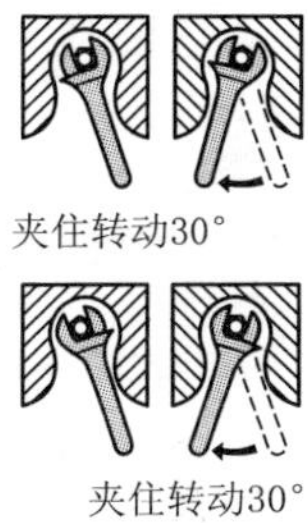

(c) 在狭窄处使用的例子

图 1.35 活扳手的使用方法

③ 活扳手的夹口开启程度与螺栓、螺母不吻合，或者仅用夹口尖夹住螺栓、螺母时留有间隙，都会滑脱造成危险。请不要用活扳手代替钉锤使用，也不要在活扳手的握柄上穿上套筒加长握柄使用。

030 活扳手的保养

要经常给活扳手的蜗杆与齿牙之间上一点油，润滑蜗杆的转动和下颚的灵活性。另外，也要用油棉纱擦一擦扳手主体，进行经常性维护。咬住螺栓，转动蜗杆，使其充分吻合。

031 梅花扳手的种类

梅花扳手的种类按握柄的角度划分，有15°、45°及60°三种，再按长度划分，有长型及短型两种。

032 梅花扳手的形状、尺寸

梅花扳手的形状示于图1.36中。尺寸列于表1.7中。梅花扳手用于狭窄地方的紧固和拆卸，用于配电盘、设备等的组装、安装及导体、端子的连接、紧固或拆卸作业。

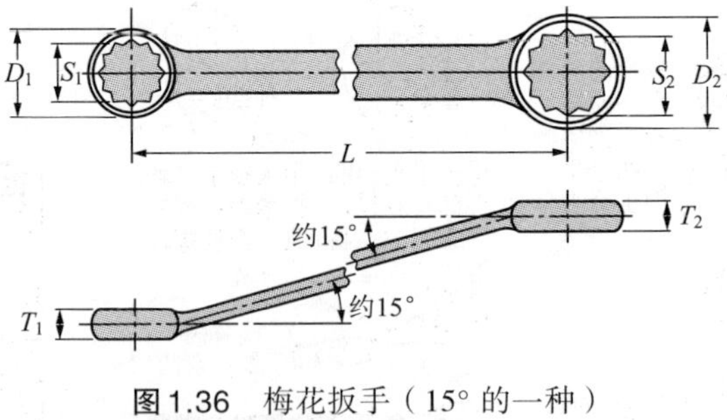

图1.36 梅花扳手（15°的一种）

表 1.7 梅花扳手的尺寸（摘要） （单位：mm）

标称	双面宽度				全长 L		厚度		外径	
	S_1		S_2				T_1	T_2	D_1	D_2
	基本尺寸	容差	基本尺寸	容差	短型	长型	最长型	大	最大	
8*9	8	+0.15 +0.03	9	+0.15 +0.03	95	170	7	7.5	15	16
8*10	8		10	+0.19 +0.04	—	170	7	8	15	17
10*11	10	+0.19 +0.04	11		—	180	8	8.5	17	
10*12	10		12	+0.24 +0.04	100	180	8	9	17	20
10*13	10		13		100	180	8	10	17	
21*23	21	+0.36 +0.06	23	+0.36 +0.06	—	290	15	16	33	36
21*24	21		24		—	290	15	16.5	33	37.5
21*26	21		26	+0.48 +0.08	—	320	15	17	33	39
22*24	22		24	+0.36 +0.06	—	290	15.5	16.5	34.5	37.5
23*26	23		26	+0.48 +0.08	—	320	16	17	36	39
24*27	24		27		—	320	16.5	18	37.5	40

033 梅花扳手的使用方法

① 要使用与螺栓、螺母尺寸吻合的扳手，使其上下或左右转动，用于紧固或拆卸作业。

② 有关螺栓、螺母紧固、拆卸时的转动方向及保养注意事项请参考扳手一节。

034 内六角扳手的形状、尺寸

内六角扳手的形状示于图 1.37 中，其尺寸列于表 1.8。内六角扳手用于布线用继电器（使用了内六角孔顶丝的继电器）连接和拆卸电线、电缆，还用于工具的检查（电动工具、液压工具）、修理等场合。

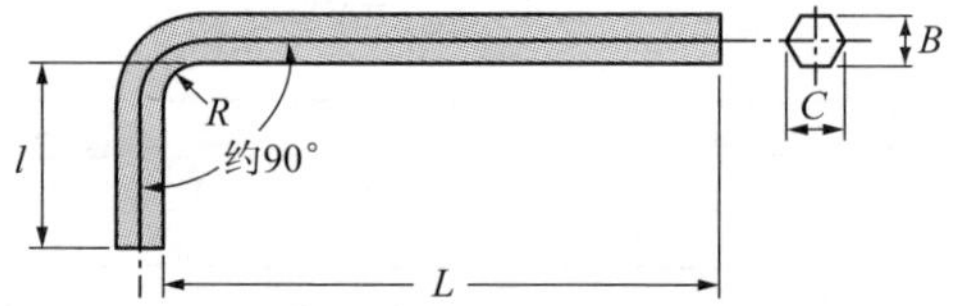

图1.37 内六角扳手

表1.8 内六角扳手的尺寸（摘要）

<table>
<tr><th rowspan="3">扳手公称</th><th colspan="6">形状及尺寸/mm</th></tr>
<tr><th colspan="2">B</th><th>C</th><th>L</th><th>l</th><th>R</th></tr>
<tr><th>基本尺寸</th><th>容差</th><th>最小</th><th>约</th><th>约</th><th>约</th></tr>
<tr><td>4</td><td>4</td><td rowspan="3">0
−0.048</td><td>4.47</td><td>70</td><td>25</td><td>4</td></tr>
<tr><td>5</td><td>5</td><td>5.60</td><td>80</td><td>28</td><td>5</td></tr>
<tr><td>6</td><td>6</td><td>6.73</td><td>90</td><td>32</td><td>6</td></tr>
<tr><td>8</td><td>8</td><td rowspan="2">0
−0.058</td><td>8.98</td><td>100</td><td>36</td><td>8</td></tr>
<tr><td>10</td><td>10</td><td>11.24</td><td>112</td><td>40</td><td>10</td></tr>
<tr><td>12</td><td>12</td><td rowspan="3">0
−0.11</td><td>13.44</td><td>125</td><td>45</td><td>12</td></tr>
<tr><td>14</td><td>14</td><td>15.70</td><td>140</td><td>56</td><td>14</td></tr>
<tr><td>17</td><td>17</td><td>19.09</td><td>160</td><td>63</td><td>17</td></tr>
<tr><td>19</td><td>19</td><td>0
−0.13</td><td>21.33</td><td>180</td><td>70</td><td>19</td></tr>
</table>

035 内六角扳手的使用方法

要选用与六角孔螺栓、顶丝的尺寸合适的内六角扳手。

1）紧　固

开始先将扳手的长杆一头插入螺栓的孔底（手握短杆的一头），往右转动紧固，然后再用短杆的一头（手握长杆的一头）完全上紧。

2）拆卸（松开）

与紧固相反，开始先用扳手的短杆一头松开螺栓、顶丝，松动后再用长杆将螺栓、顶丝卸下来。

036 套筒扳手

成套套筒扳手包括：

① 套筒扳手用套筒。

② 套筒扳手伸展杆。

③ 套筒扳手小转子手柄。

④ 套筒扳手万向节。

⑤ 套筒扳手T形滑动手柄。

⑥ 套筒扳手棘轮手柄。

⑦ 套筒扳手纵横手柄。

⑧ 套筒扳手快速回转手柄。

1）套筒扳手的套筒

套筒的种类按套筒部分的形状分有十二角套筒和六角套筒两种。套筒的形状和尺寸分别示于图1.38和表1.9中。

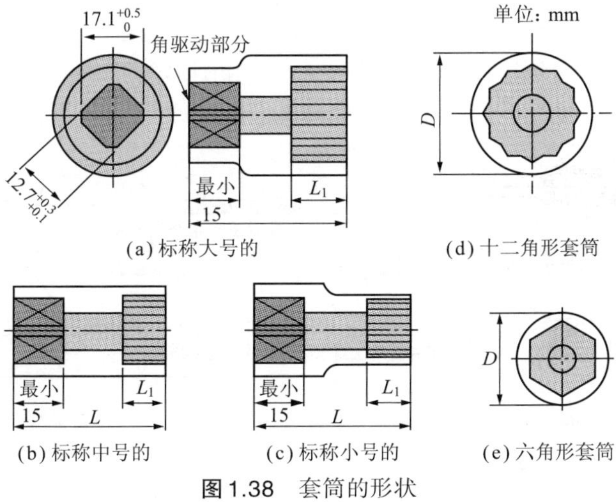

图1.38 套筒的形状

表1.9 套筒的尺寸例子 （单位：mm）

标 称	双面宽度		D（最大）	L（最大）	L_1（最小）
	基本尺寸	容 差			
8	8	+0.15 +0.03	13	38	6
10	10	+0.19 +0.04	16		7
13	13	+0.24 +0.04	21		8
16	16	+0.27 +0.05	24		10
18	18	+0.30 +0.05	26	40	
21	21	+0.36 +0.06	31		14
24	24		36	44	16
30	30	+0.48 +0.08	44	48	20

2）套筒扳手用棘轮杆

套筒扳手用棘轮杆的种类有不倒翁形和圆形两种。

棘轮杆的形状、尺寸示于图1.39中。

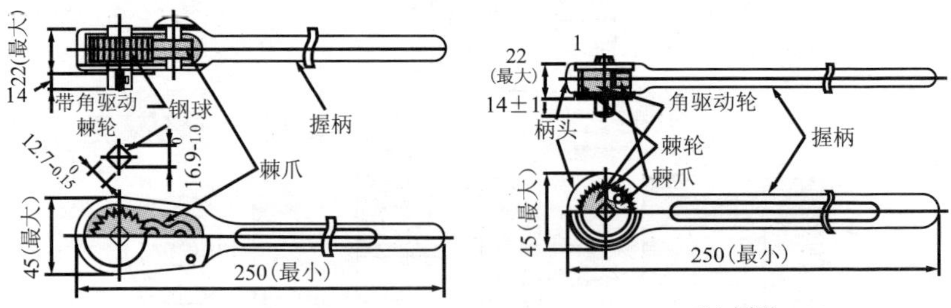

(a) 不倒翁形 (b) 圆形

图1.39 棘轮杆的形状和尺寸（单位：mm）

套筒扳手用于组装和拆卸配电盘、设备及紧固、拆卸导体、端子（电线、电缆的连接）的作业。套筒扳手用棘轮杆使紧固、安装、拆卸作业更有效（图1.40、图1.41）。

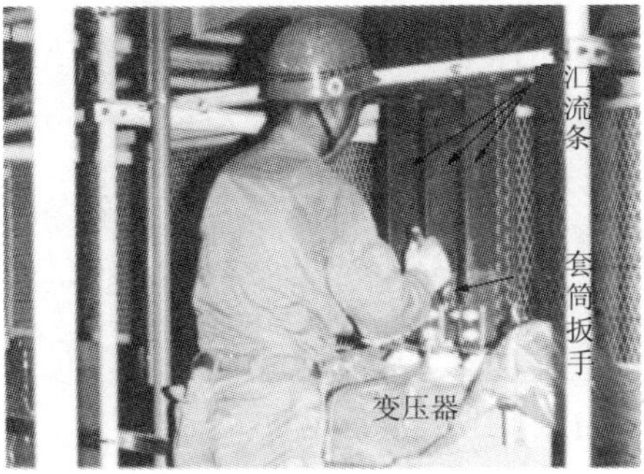

图1.40 汇流条紧固作业（变电室）

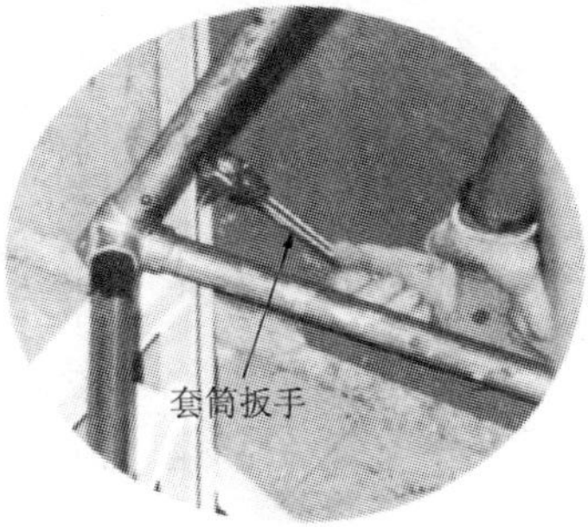

图1.41 套筒扳手与台架安装作业

037 套筒扳手的使用方法

① 要使套筒符合紧固、拆卸螺栓、螺母的尺寸，把套筒的角驱动部分插入棘轮杆的头部，转动棘轮杆进行紧固或拆卸作业。

② 通过转换棘轮杆上的转换销钉，向左或向右扳动［图1.42（a）］。

③ 根据作业内容的需要，选用伸展杆或T形滑动杆，更有效地进行作业。

④ 伸展杆用于配电盘内等场地狭小、螺栓位置处于深处作业困难的情况，可接上棘轮杆或T形滑杆进行作业。

⑤ T形滑杆能使棘轮杆左右滑动，用于螺栓的紧固。

⑥ 小转子手柄用于配电盘等靠里面深处的作业，可以任意改变安装的套筒角度［图1.42（b）］。

⑦ 万向节可以在要求复杂角度的作业中得到任意角度，可以倾斜扳头部分直接转动螺栓［图1.42（c）］。

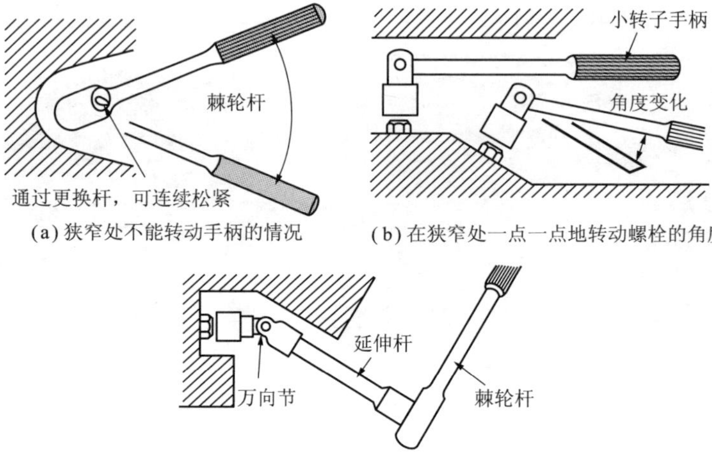

(a) 狭窄处不能转动手柄的情况 (b) 在狭窄处一点一点地转动螺栓的角度

(c) 不能直接转动手柄轴的情况

图1.42 套筒扳手的使用方法

038 套筒扳手的产品例子

图1.43所示为“MITOLOY”S414M型14件套十二角套筒扳手。

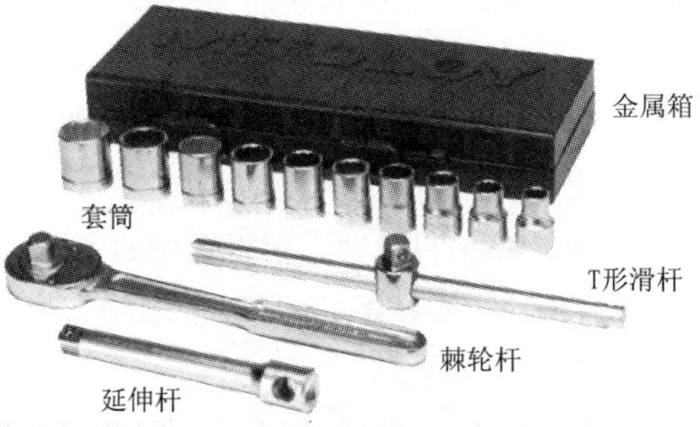

套筒的尺寸（从左起）：26、23、21、19、17、15、14、13、12、10

图1.43 全套件套筒扳手

039 套筒扳手使用方面的注意事项

注意不要过于使劲上紧，防止拧断螺栓，还应注意不要丢失部件（套筒等）。

040 手电钻的用途

手电钻在端头部位安装螺丝刀头等附件即可作为螺钉旋具使用，其外形结构如图 1.44 所示。

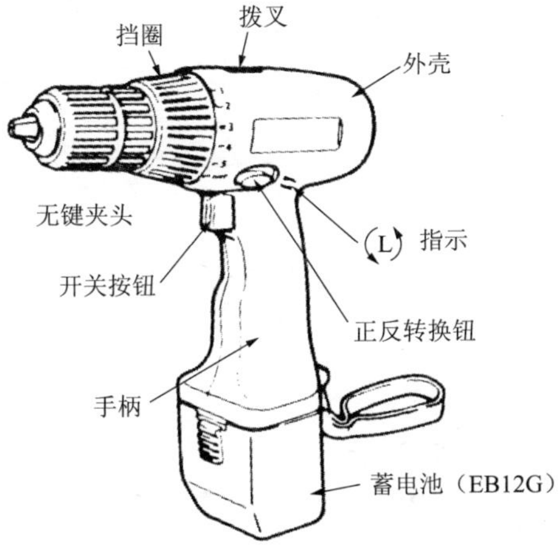

图 1.44 充电式螺栓旋具/手电钻

手电钻的用途如下：

① 小螺丝、木螺丝、自攻螺丝等的紧固和拆卸。

② 各种金属（铁板、铅板等板材）的钻孔（用铁钻头）。

③ 各种木材的钻孔（用木工钻头）。

④ 螺栓、螺母的紧固和拆卸。

041 手电钻的充电方法

由于蓄电池即使充了电，但搁置不用也会自行放电，因此在使用手电钻之前要充电。

① 蓄电池的安装。将蓄电池推向手柄下部，对准手柄的开关钮方向准确插入。取下时，一边按下与主体紧连的蓄电池前半部分的止动钮，一边拔出蓄电池（图 1.45）。

② 充电要在规定的温度范围内进行。快速充电时要采用特殊的充电

控制器，要在0~40℃温度范围进行充电。

③ 先确认电源电压，再将充电器的插头插入电源插座。插入后，充电指示灯（红色）会不停闪亮。

④ 按照图1.45所示蓄电池的方向，将蓄电池牢固地插入充电器的底部。

插入即开始充电，充电指示灯（红色）连续闪亮，反向插入会造成充电器故障。当充电指示灯（红色）熄灭时，关掉电源，取下蓄电池，约充12min即可充满。

⑤ 充电完毕后，将充电器的插头从电源插座拔出，然后取下蓄电池，将蓄电池正确无误地装到工具主体上。

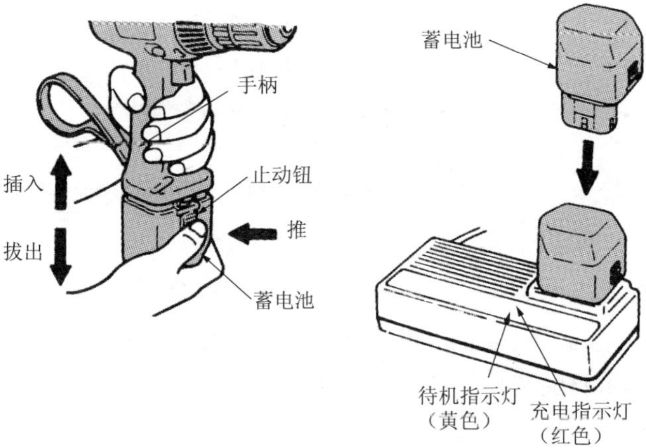

图1.45 蓄电池的拆卸和充电方法

042 手电钻的使用方法

1）作业环境的整顿、准备和确认

确认作业场地是否达到了注意事项中所要求的适当状态。

2）端头工具的安装（图1.46）

① 将空心轴扳向FREE（解除）一侧，握住环，向左旋转空心轴，

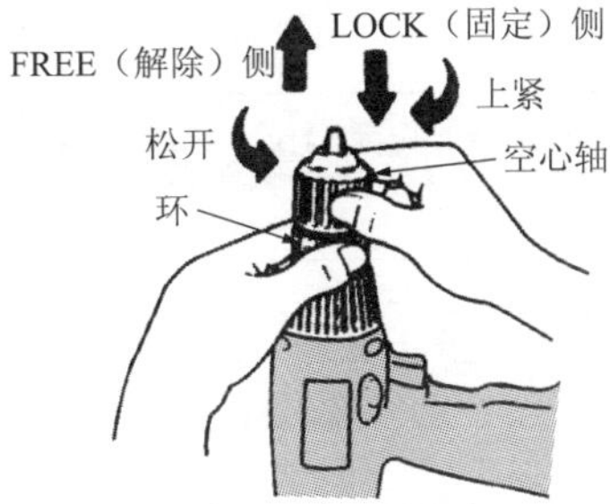

图1.46 端头工具的安装方法

即可打开无键夹头。

② 将螺丝刀头等附件插入无键夹头，握紧环，向右旋转空心轴就安好了。

③ 安好后将空心轴扳向LOCK（固定）一侧。

3）旋转方向的确认（图1.47）

从R侧按下开关部分的正反转钮时，从后面向右转动；从L侧按下时，向左转动。转速随开关钮按下的程度而变化，在开始上螺栓和钻孔中心定位时，稍微按下开关钮，就会慢慢地开始转动，松开按钮时加上制动，立即停止转动。

4）功能挡圈位置的确认

调整功能挡圈的位置可改变工具的紧固力。

① 用作螺栓旋具时，使功能挡圈上的白线与机壳上显示的数字“1～5”的位置重合（图1.48）。

② 用作电钻的情况，使功能挡圈上的白线与电钻标志重合（图1.48）。

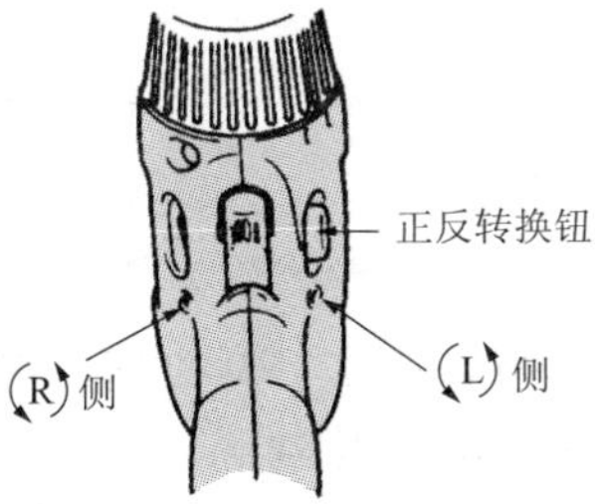

图1.47 旋转方向的确认

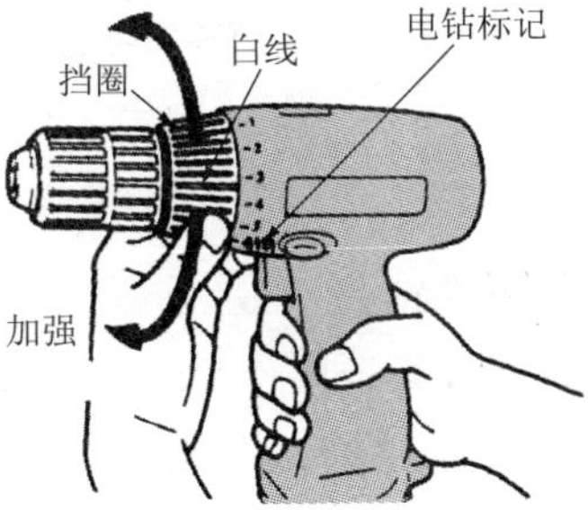

图1.48 挡圈位置的确认

5）紧固力的调整

紧固力要根据螺栓直径选择强度，1为紧固力最弱，2、3、4、5依次加强（表1.10）。

表1.10 紧固力的选定

<table>
<tr><th>功能挡位</th><th>紧固力（kg.cm）</th><th>作业目标</th></tr>
<tr><td>1</td><td>约10</td><td rowspan="3">紧固小螺丝
对软木材紧固螺丝</td></tr>
<tr><td>2</td><td>约20</td></tr>
<tr><td>3</td><td>约30</td></tr>
<tr><td>4</td><td>约40</td><td rowspan="2">对硬木材紧固螺丝</td></tr>
<tr><td>5</td><td>约50</td></tr>
<tr><td rowspan="2">电　钻</td><td>高速：约70</td><td rowspan="2">紧固粗螺丝
用作电钻时</td></tr>
<tr><td>低速：约210</td></tr>
</table>

6）转速的转换

转换转速时扳动调节钮，扳向“LOW”侧为低速，扳向“HIGH”侧为高速。扳动调节钮改变转速时，必须在断开电源开关后进行（图1.49）。

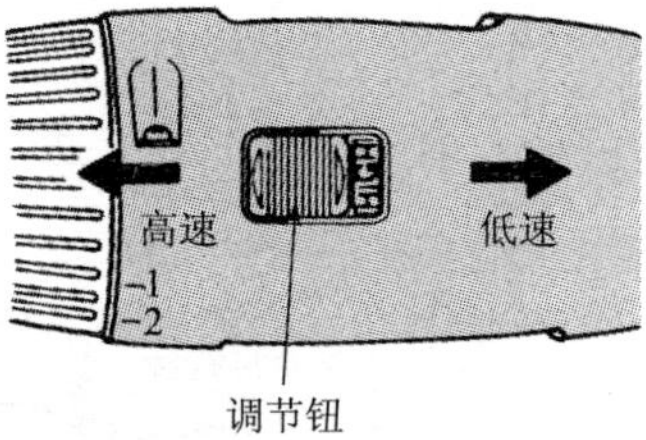

图1.49 转速的转换

7）金属件钻孔

① 在钢板等金属件上钻孔时，要事先在工件上用中心冲子打钻孔定位点，这样钻头就不易打滑，同时，可以先在钻孔处滴一点机油或肥皂水再钻孔。

② 过于使劲未必能很快钻好孔，相反会损伤钻头，降低工作效率。

③ 孔快要钻透时，使过大劲钻头会在夹头上打滑，降低其夹紧力，所以不要使钻头打滑。

043 电锤的用途

电锤的体积小，重量轻，适合在难以确保交流电源的情况下，给混凝土钻孔（后期施工打锚栓底孔）作业。

① 依靠“旋转+冲击”的振动完成给混凝土、瓷砖、砖石等作业面钻孔（后期施工打锚栓底孔）。

② 通过“旋转”挡，给木材、金属等材料钻孔。

③ 小螺丝、木螺丝、自攻螺丝的紧固和拆卸。

044 电锤各部位的名称及规格

图1.50示出了DH15DV型充电式电锤的主体和蓄电池的结构、名称。图1.51示出了电锤附件中的特殊附件。

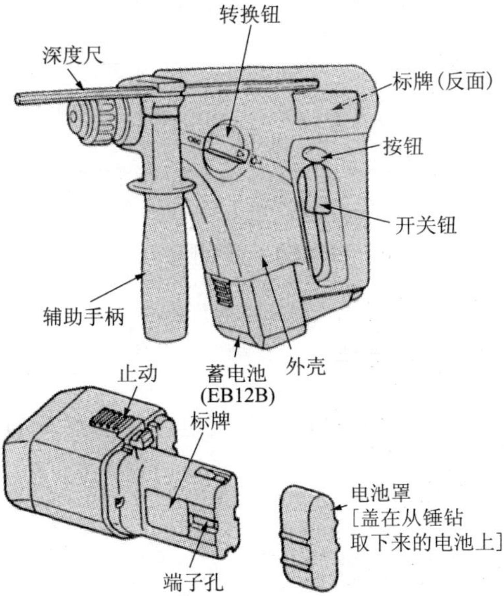

图1.50 DH15DV型充电式电锤

选购部件如下：

① 蓄电池。

② 备有图1.51所示的用于安卡锚栓打孔作业（旋转+冲击）及安卡锚栓打入作业的附件。

用于锚栓打孔作业（旋转+冲击）的附件包括细径钻头、细径钻头用的接口、直柄钻头、钻头（锥柄）、锥柄用的接口、振动钻用的13mm锤钻夹头和夹头钥匙。

③ 安卡锚栓冲头有装在电锤上用的和手锤用的两种。

④ 用于钻孔和紧固螺栓作业（旋转）的附件有特种螺丝、13mm钻头夹头、夹头接口、夹头钥匙、十字螺栓旋具（螺丝刀）、螺栓旋具（一字螺栓用）。

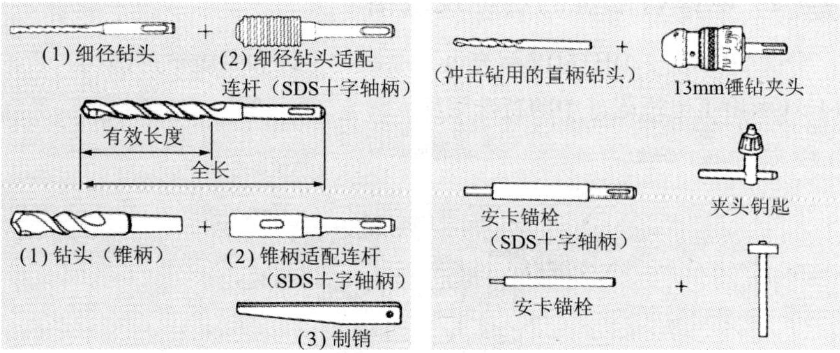

图1.51 选购附件

045 电锤的充电方法

关于电锤蓄电池的安装和卸下及充电方法请参见前面章节介绍的充电式手电钻/螺栓旋具。

046 电锤使用前的确认

① 作业环境的整顿、确认。

② 蓄电池的安装确认。

③ 旋转方向的转换（图1.52）。

将按钮的R侧按入时右转（正转），将L侧按入时左传（反转）。注意正在旋转时不得转换旋转方向。

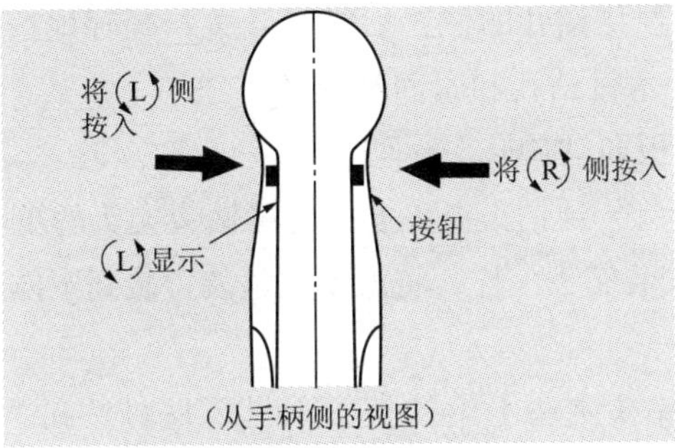

图1.52 旋转方向的转换

④“旋转+冲击”和“旋转”的转换。

将转换钮扳到“旋转+冲击”符号一侧，或者扳到“旋转”符号一侧即可完成转换（图1.53）。

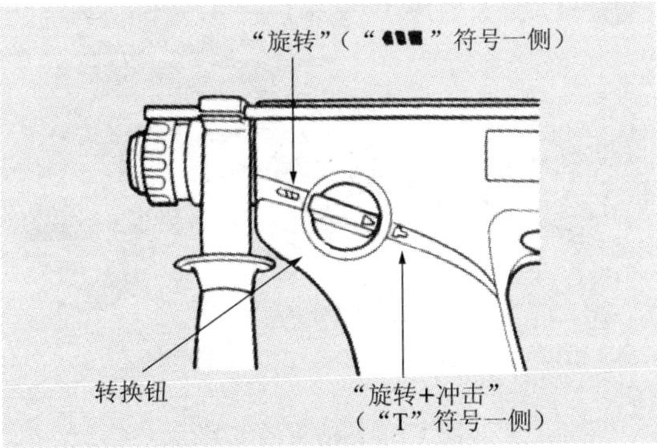

图1.53 “旋转”与“旋转+冲击”的转换

047 电锤的使用方法

1）在混凝土等材质上钻孔的方法

① 钻头的安装。将滑动夹紧装置拉到底，一边转动钻头一边插入到最里面。松开滑动夹紧装置即可回位，钻头被锁定（图1.54）。取下钻头

时，将滑动夹紧装置拉到底，拔出钻头。

② 将转换钮扳到“旋转+冲击”一侧。

③ 将钻头尖顶住钻孔的位置后打开开关，轻轻地按住进行钻孔。

2）给金属、木材钻孔和紧固螺栓的方法

① 将转换钮扳向“旋转”一侧。

② 将夹头接口装到钻头夹头上，再将钻头夹头的爪（3只）打开，上紧特殊螺栓，与安装钻头一样，将滑动夹紧装置装到主体上（图1.55）。

3）钻孔作业

将钻头装到钻头夹头上给铁板、木材等材料钻孔。将钻头装到钻头夹头上时，必须用夹头钥匙上紧，将卡头钥匙依次插入三个孔均匀上紧。

4）螺栓的紧固和拆卸

将十字螺栓旋具或普通螺栓旋具（一字螺栓用）装到钻头夹头上，紧固或拆卸螺栓。

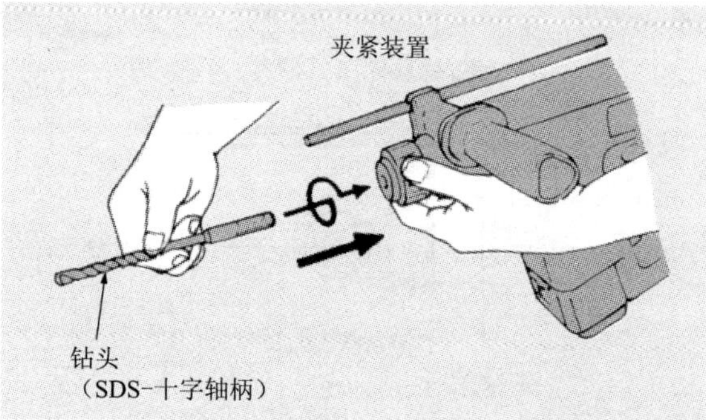

图1.54 钻头的安装

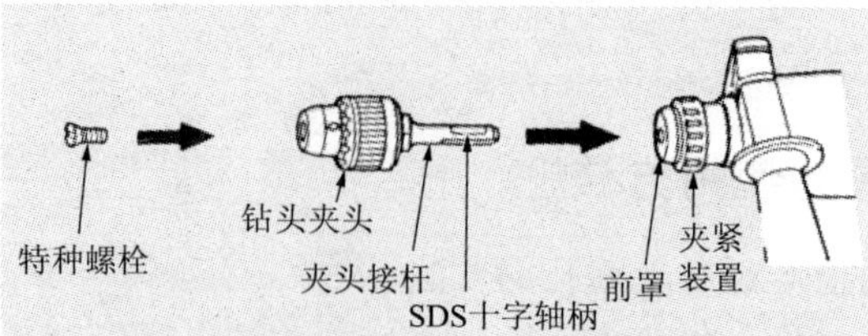

图1.55 钻头夹头、夹头接杆的安装

048 圆盘锯切割机的用途

对于切割软钢型之类的材料，采用切割用砂轮片的切割机曾成为主流，但最近开发了圆盘锯切割机，并已在施工现场得到普遍使用。

① 软钢管（自来水管、钢管、乙烯基金属复合管等）的切割。

② 软钢型材（角钢、槽钢等）的切割。

③ 软钢圆棒的切割。

049 圆盘锯切割机各部位的名称

CD12F型圆盘锯切割机各部位的名称示于图1.56。

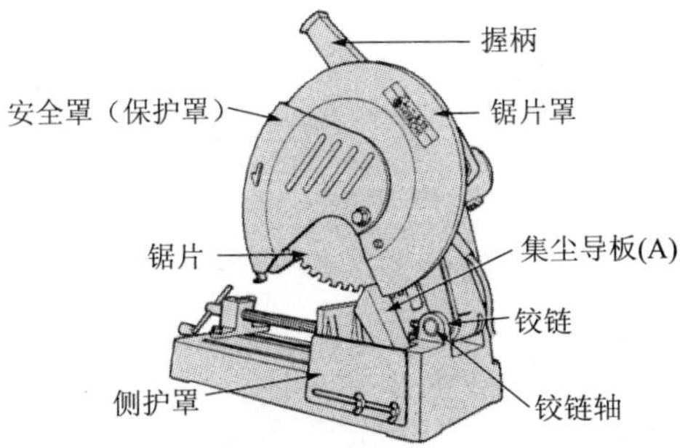

图1.56 CD12F型圆盘锯切割机

050 圆盘锯切割机的标准附件

圆盘锯切割机标准附件如图1.57所示。

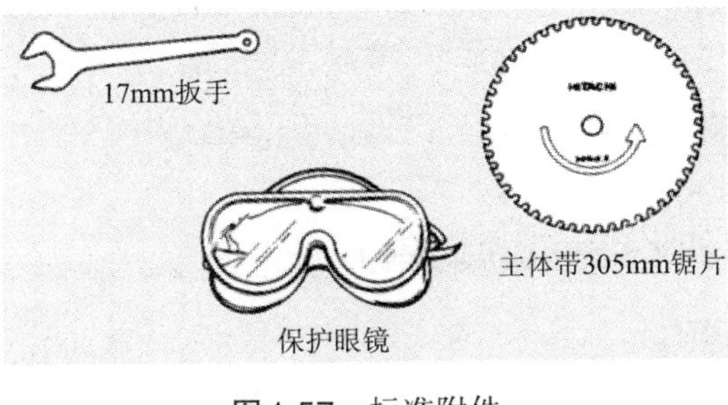

图1.57 标准附件

051 圆盘锯切割机作业前的准备工作

1）使用前的准备工作

① 作业环境的规整和确认。

② 安置并取下固定链。将设备安置在不倾斜的平坦场地，确认其稳定状态，取下搬运时的固定链。

③ 使用前电源电压的确认。

2）使用前的检查工作（插入电源插头之前）

① 确认开关处于断开状态。

② 确认锯片的紧固情况。

③ 安全罩的确认。当松开开关钮时要确认其复位状况。安全罩是为了防止人身触及锯片的事故发生，以及防止切割层飞溅出去的安全设施。使用不灵活的安全罩或者卸下安全罩后使用设备，都非常危险，所以绝对不要这样做。必须确认安全罩活动自如，切勿固定起来使用。

④ 锁定销的确认。要确认用于安装拆卸锯片的锁定销已经拆下来（图1.58）。

⑤ 锯片的振摆检查。使锯片转起来，检查其是否振摆。振摆严重时，则不能正确地切割。此时，需要向厂家咨询。

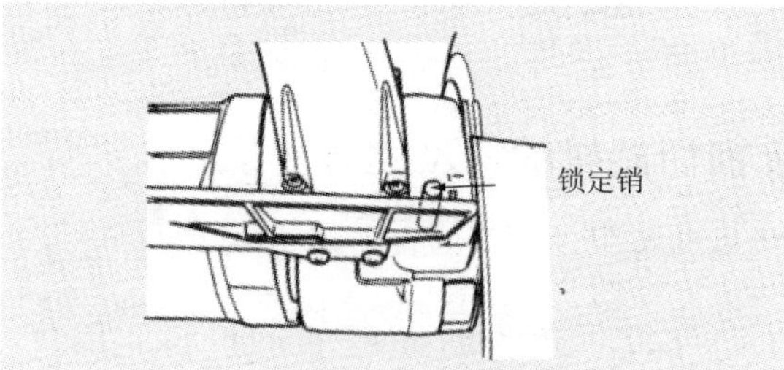

图1.58 锁定销的确认

052 圆盘锯切割机的切割方法

1）开关的操作

用手指按下开关钮即打开开关，手指离开开关钮即弹起，电源开关切断，在切断开关的同时制动。

2）切割材料的固定

① 单手柄虎钳的使用方法。

铰链垂立的状态下（图1.59），可以很快地推送拉回丝杠。

铰链倒平的状态下（图1.60），旋转丝杠摇把可以使虎钳（A）前后移动。

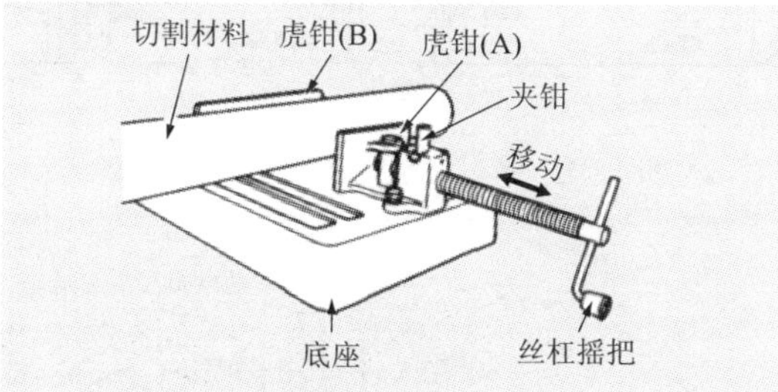

图1.59 铰链垂立的状态

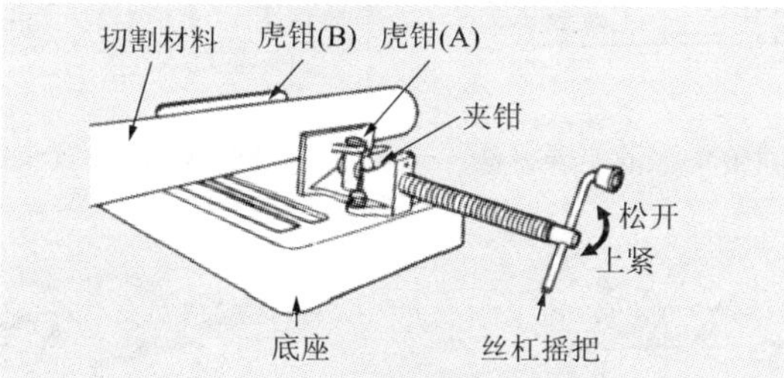

图1.60 铰链倒平的状态

② 切割材料的固定。放上切割材料，勿使其接触虎钳（B），铰链处于垂直状态，推进丝杠摇把，将虎钳（A）轻轻地向前推靠住切割材料，接着放倒铰链，旋转丝杠摇把，靠实并固定住切割材料。

切割角钢和槽钢时，按图1.61所示固定，不得按图1.62所示那样固定角钢。

当切割材料固定不妥时，切割材料易飞出去，容易引起锯片损坏，因此，要确实固定妥当。

③ 角度切割。如图1.63所示，可以做到最大45°角的切割，用附件中的17mm扳手松开M10螺栓（3只）、使指针对准角度刻度，即可设置虎钳（B）的角度。角度设置完后，彻底拧紧3只M10螺栓。同时，松开2只M6蝶形螺母，并与设置的角度一致，使侧护罩移动（图1.64）。

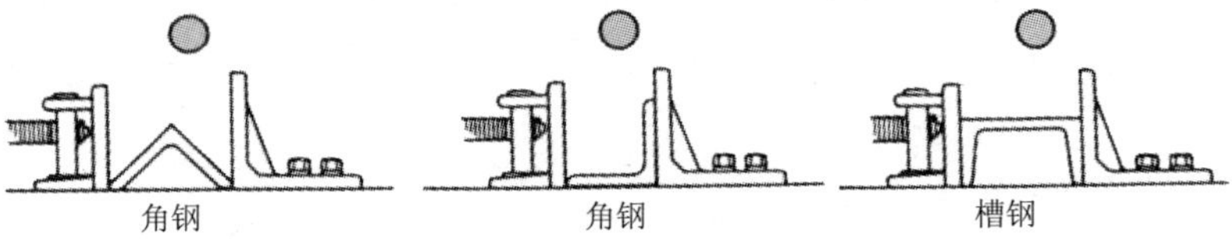

图1.61　固定角钢和槽钢的正确方法

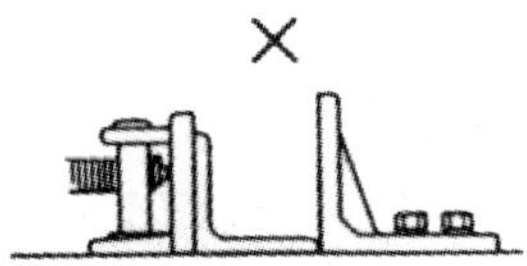

图1.62　固定角钢的错误方法

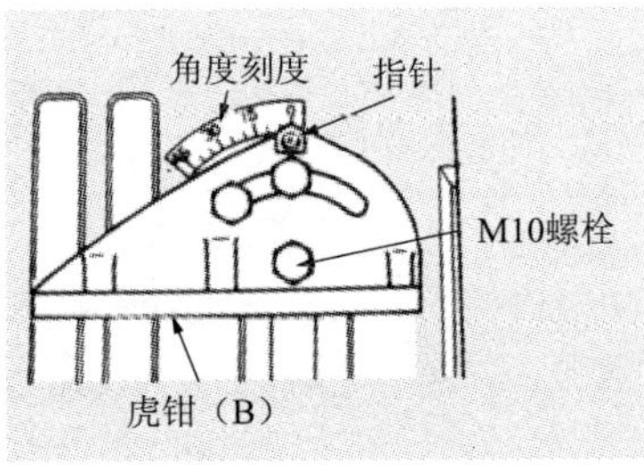

图1.63　设置角度

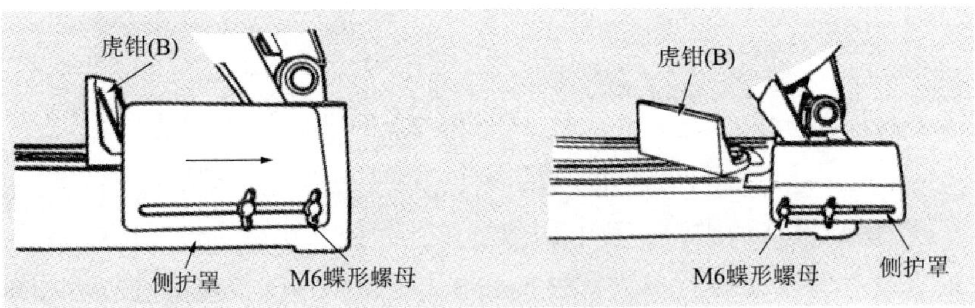

图1.64　移动侧护罩

3）切割作业

为了保证切割作业的安全，必须带上保护眼镜。

① 打开开关，等锯片完全转起来且速度稳定后，轻轻压下手柄接近材料。不得很快地将锯片挨在材料上，这一点很重要。

② 锯片接触到材料后，渐渐地按下手柄切入。以火花最少的状态为限进行切割。切入量过少火花会多起来，这是锯片磨损的原因。另外，过于用力也未必能快速切割，还会使电动机受损，效率下降，成为锯刃缺失和胎板裂开的原因。在切割过程中，虽然多少会有点锯刃缺失，并不影响切割，但是，发生胎板裂开情况时，必须立即停止使用。一旦在切割过程中发生锯片停止转动的情况，应立即断开电源，从材料中退出锯片。之后，进行空载运转，确认无异常现象，可继续进行作业。

③ 切割完毕后关闭开关，等锯片完全停下来后，抬起手柄回到原来的位置。切割中途要中断作业时，锯片仍持续运转，不可直接抬起手柄。

④ 一次切断，或者每次切入完毕，都应关掉开关，确认锯片停下来后，取出切割下来的材料，再进入下一个步骤。

053 圆盘锯切割机锯片的安装和拆卸

为了防止发生事故，装卸圆盘锯切割机的锯片时务必切断电源开关，从电源插座上拔下电源线插头后方可进行操作。

① 等到安全罩触及内六角螺栓再拿起来（图1.65）。

② 一边按下锁定销（图1.66），一边用17mm扳手夹住螺栓，按住转动。用17mm扳手按图1.65所示松开方向左旋松开螺栓。

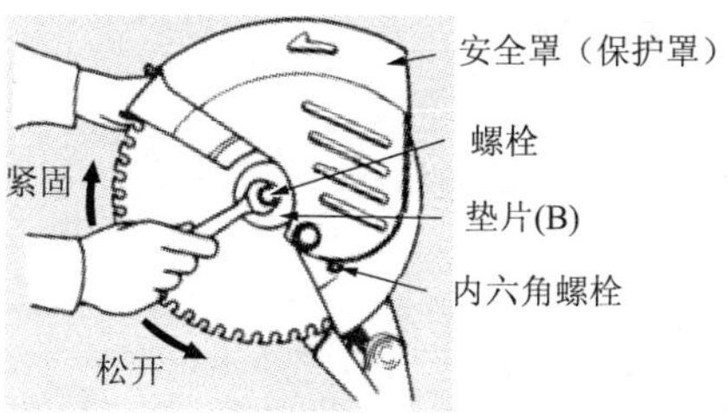

图1.65　锯片的安装和拆卸（I）

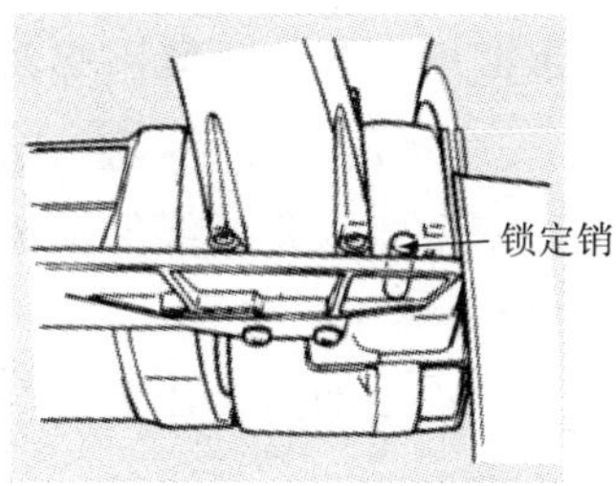

图1.66　锯片的安装和拆卸（II）

③ 卸下螺栓和垫片（B）。

④ 装上锯片（本设备专用锯片）。确认安全罩上的箭头与锯片的旋转方向相同。

⑤ 清除掉垫片（B）和螺栓上的切屑，然后安装到锯片安装轴上。

⑥ 按下锁定销，用17mm扳手夹住螺栓，向右旋转上紧。确认螺栓上紧后，锁定销回到原来的位置上。

054 圆盘锯切割机的保养和检查

检查圆盘锯切割机时必须切断开关，从电源插座上拔下插头。

1）锯片的更换

继续使用锯刃已经变钝的锯片，不仅对电动机不好，而且效率下降，因此，要更换新的锯片。

2）碳刷的更换

碳刷达到磨损限度线（6mm）时要更换新的碳刷（图1.67）。

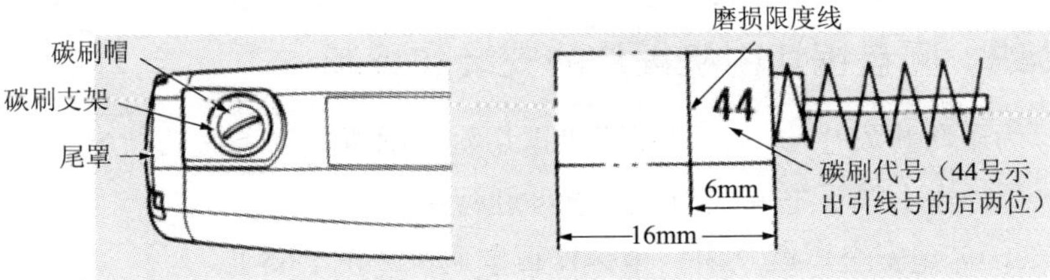

图1.67

3）各部位紧固螺丝的检查

要定期检查各部位紧固螺丝有无松动现象。

4）安全罩的灵活性检查和保养

检查安全罩，要始终保持灵活好用。

5）注 油

每月一次定期对需注油的部位注油。

注油部位如下：铰链的转轴部分、虎钳（A）的滑动部分、虎钳的丝杠部分、单手柄虎钳部分、弹簧、安全罩安装连接部分。

6）清 扫

要定期地对设备主体用抹布清除切屑等脏东西。

055 砂轮片切割机的种类

砂轮片切割机的切割研磨片外径有305mm、355mm和405mm几种。一般情况下，在施工现场较多使用的切割机为外径305mm。下面以CC12SA型高速切割机（图1.68）为例进行说明。

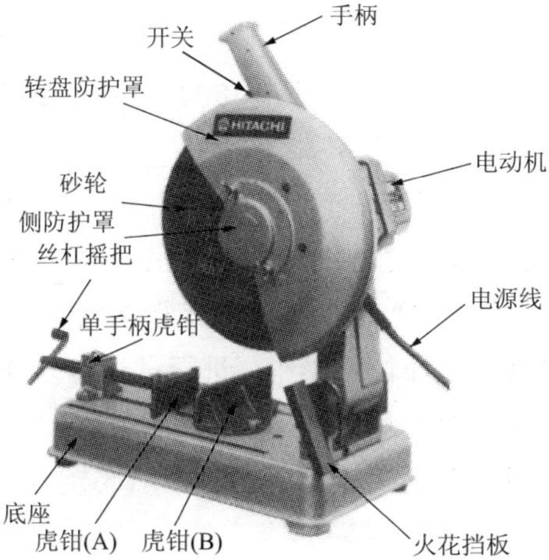

图1.68 CC12SA型高速切割机

056 砂轮片切割机的用途

砂轮片切割机主要用于钢筋、金属管材和各种型钢的切断。

057 砂轮片切割机的使用方法

1）使用前的准备工作

① 将砂轮片切割机安置在不倾斜的平坦场地上，确认其稳定状态，卸下移动时的固定链。

② 连接的电源要符合电气设备技术标准的规定，确认是否安装了防触电用漏电断路装置，必须接地良好。

2）使用前的检查（将电源插头插入插座前）

① 确认开关处于关闭状态。

② 确认切磨片没有损伤，没有裂纹。

③ 确认切磨片已装好。一旦紧固螺栓松动，切磨片转轴旋转时，会造成切磨片破损，这是发生事故的主要原因。

④ 确认保护装置（转盘保护罩、侧面保护罩）已上紧。

⑤ 确认切磨片的最高圆周速率（3800r/min），此参数在标牌的规格栏已标明。

⑥ 确认用于安装和拆卸切磨片的止动销已经取下来。

⑦ 进行试运行（由受过特别培训的人员操作）。如果切割片已产生龟裂和裂纹，但未及时发现，继续作业会非常危险。在作业开始之前，操作人员的身体要避开正面位置操作，进行试运行，并确认无异常现象。试运行为空转，更换切磨片后要试运转3min以上，平时在作业开始之前试运行1min以上，注意试运行期间是否有振动或异常声响。

3）切割作业

① 要确实放好切割件。对准切割件的位置后，彻底固定在虎钳上。如果固定不牢，切断的碎片飞溅起来或者切磨片破裂都是十分危险的。

② 切入方法。打开开关，使转速完全提起来之后，轻轻地向下按手柄，开始切入。使劲按手柄，未必会很快切断。过于用力会使电动机吃力，效率下降。火花最多时，能提高切割效率。

③ 切割完毕后抬起手柄，恢复到原位，切断开关，切磨片停止旋转。

4）切磨片的拆卸和安装

① 切磨片的拆卸。用左手将止动销按入，主轴安装在10mm螺栓上，慢慢地转动主轴，止动销被按入，主轴被锁住（图1.69）。在这种状态下，转动扳手，松开10mm螺栓，取下切磨片。

② 切磨片的安装。彻底清除附着在旋转垫片、10mm螺栓上的脏东西，按照拆卸切磨片的相反顺序进行。切磨片上有标记的一面必须在10mm螺栓一侧（外侧），还要安装好侧面保护罩。以上作业必须是在电源插头从电源插座上拔下来后进行。

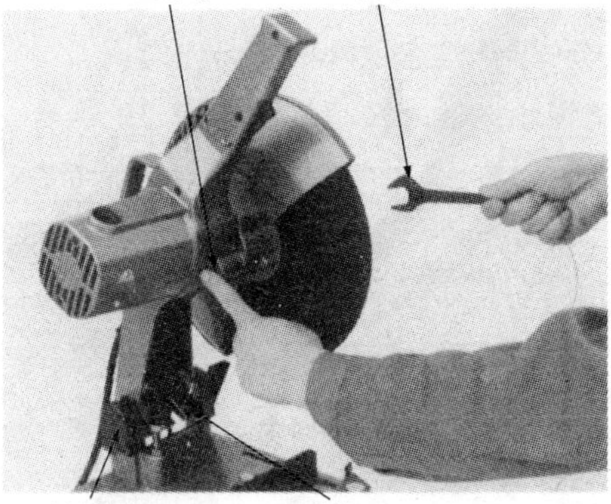

图1.69 切磨片的拆卸

058 砂轮片切割机使用方面的注意事项

① 要穿着适合作业的工作服，不被旋转部分卷入，还要防止磨削火花直接飞溅到手脚。

② 为了保证作业过程中的安全，要穿戴安全帽、保护眼镜、防尘口罩（图1.70）。

③ 进行试运行，确认无异常状况。

④ 妥善管理切磨片，不要使其受到冲击。

⑤ 切割作业要等到切磨片转速完全提起来之后再开始。

⑥ 注意切磨片的最高使用速率，要使用切磨片的标牌上标有圆周速率的增强型热固树脂切割切磨片。

⑦ 不得用切磨片外周面以外的部位切磨加工件。切磨片是一个薄片，经不住来自侧面的力，因此，按规定禁止侧面使用。

⑧ 切磨片的安装零件要妥善管理使用，要把标准零件安装到正常的位置上（图1.71）。

⑨ 切磨片的更换或更换后的试运转要由受过特殊培训的人员操作。

⑩ 作业人员必须接受安全及卫生方面的教育培训。

⑪ 非作业人员不得接近作业场地。

⑫ 不要在火灾和爆炸等有危险性的场地使用。

⑬ 不得用于指定用途以外及超过设备能力的场合。

图1.70 切割作业

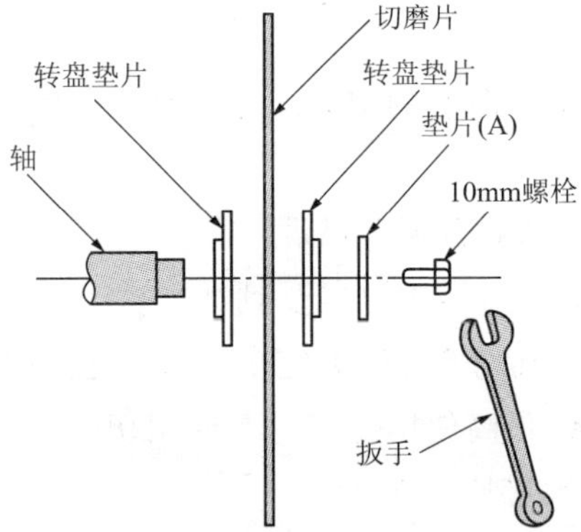

图1.71 切割用切磨片的拆卸

059 砂轮片切割机的保养和保管

① 平面型磨削切磨片的使用界限为转盘垫片向外约十分之一处为止。切磨片变小后，刀刃变钝，效率下降，应及时更换新件。

② 应定期检查各部分零件有无松动，并重新紧固。

③ 作业完毕后，要用抹布清除设备主体上附着的切磨粉末。

④ 每月给下列部位注油一次。

· 轴的旋转部分（卸下铰链罩注油）。

· 虎钳的旋转部分。

· 虎钳（A）的滑动部分、丝杠部分。

· 弹簧部分。

· 单手柄虎钳部分。

⑤ 电动机的碳刷磨损到限度线时要更换新件。

⑥ 电源线、插头有损伤时，要更换或修理。

⑦ 要保管在干燥处，定期测量和记录绝缘电阻，不要使用绝缘差的砂轮片切割机。

⑧ 水分和潮湿会令切磨片的强度下降，应注意保管。

060 圆盘砂轮机的种类

圆盘砂轮机研磨片的外径有100mm、125mm、150mm、180mm几种，通常多使用的研磨片外径为100mm。图1.72所示为G10YH型电子控制无级变速角磨机。

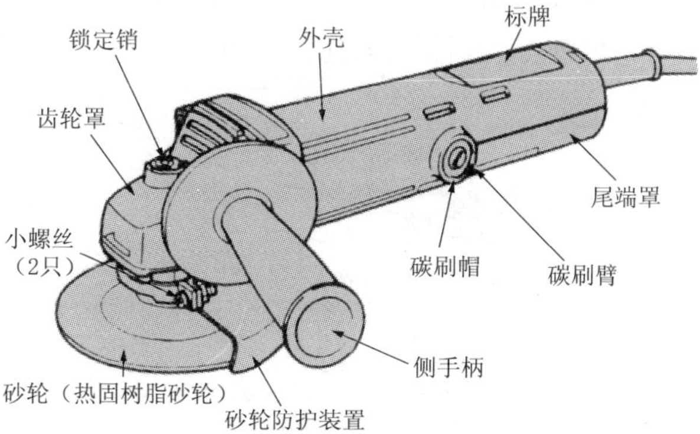

图1.72 G10YH型电子控制无级变速角磨机

061 圆盘砂轮机的用途（手持式研磨工具）

① 铁、铸铁等工件的去飞边、加工。

② 焊接、电气割件的研磨、除锈。

③ 合成树脂、砖石、大理石等工件的表面加工。

④ 装上金刚石砂轮，对砖石、瓷砖和石材等开槽。

062 圆盘砂轮机的使用方法

1）使用前的准备工作

① 确认使用电源。

② 双重绝缘保护结构免去接地操作。

2）使用前检查

圆盘砂轮机使用前的检查步骤与移动切割机相同。

3）磨削作业（使用适合用途的砂轮）

① 磨削作业时，加工材料要固定好，不能移动，不要使砂轮片的整个面都接触到磨削材料面，而是用外周部分磨削（图 1.73）。

② 推压角度倾斜 15° ~ 30° 使用。

③ 只轻轻地推压即可获得充分的磨削量。使劲推压会增加异常负载，致使保护电路开始工作，停止旋转。此时，应直接在空载状态下重新打开开关，等待转速提升到正常转速后使用。

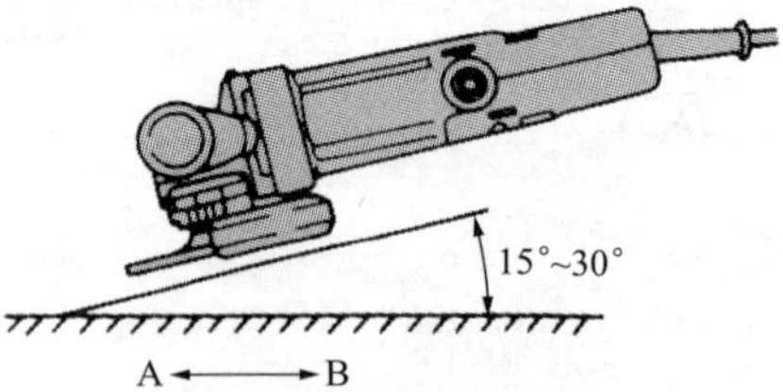

图 1.73 磨削作业

4）砂轮片的安装和拆卸（图 1.74）

① 主轴向上，将砂轮垫片的椭圆形凹部分与主轴的切槽部分吻合后

安装砂轮片。

② 砂轮片的突出部分挨着砂轮垫片。

③ 从砂轮片上面将砂轮螺母的凸部面向砂轮片，装到主轴上。安装3mm厚的砂轮片时，砂轮螺母的方向与上述装法相反。

④ 按下锁定销，固定主轴，用扳手完全上紧砂轮螺母。

⑤ 上紧后使锁定销复位。

⑥ 拆卸砂轮片时，顺序与上述安装顺序相反。

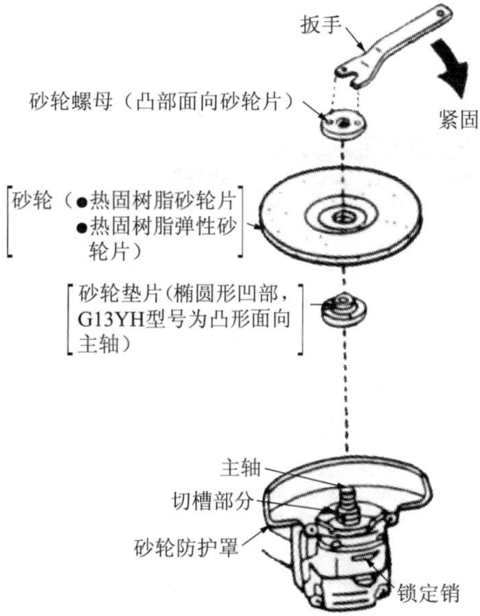

图1.74 磨削砂轮片的安装

063 圆盘砂轮机使用方面的注意事项

① 使用新砂轮片时，若向前推，砂轮片的尖会刺入加工件，因此，宜往后面拉着用。等砂轮片的尖磨掉之后，前后方向均可以使用。

② 必须装上砂轮防护罩后再使用角磨机。松开两只小螺丝可以调整到适合作业的角度，调整好后要上紧螺丝。

③ 使用符合规格的砂轮片。

④ 砂轮片的更换。当砂轮片外径磨损到60mm左右就应更换新砂轮片。

064 手动压接钳的规格

以手钳式压接工具5N18型压接钳（图1.75）为例进行说明。

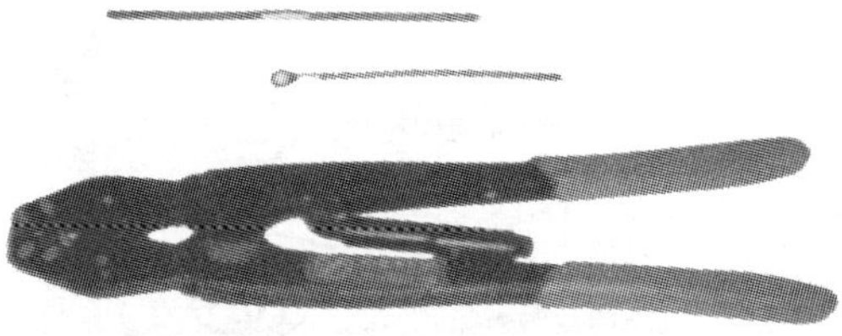

图1.75 5N18型压接钳

① 适用端子套管的尺寸为1.25mm^2、2mm^2、5.5mm^2、8mm^2。

② 适用端子套管的形状为R型、B型、P型、棒型（图1.76）。

③ 重量为460g，全长为275mm。

图1.76 适用端子套管形状

065 手动压接钳的使用方法

① 紧握手柄时，手柄自行全部张开。

② 将裸压接端子及套管插入凹齿形部分。使端子上镀锡处位于凸形部位的中心，在端子中心处定位，然后轻轻地握住手柄，以不脱落为准。

③ 将剥去所定长度外皮的芯线弯曲部分弄直，把外皮的头收到一起

插入。外皮与端子的间隔为2~5mm进行压接（图1.77）。

④ 取下限压装置，直至手柄自行全开为止。

⑤ 打开手柄，取出压接好的端子。

⑥ 检查压接部位是否处于端子中心，线芯有没有松捻，将头弄光滑。

⑦ 该工具的结构依靠限压装置，在完全压接好之前手柄不能打开。

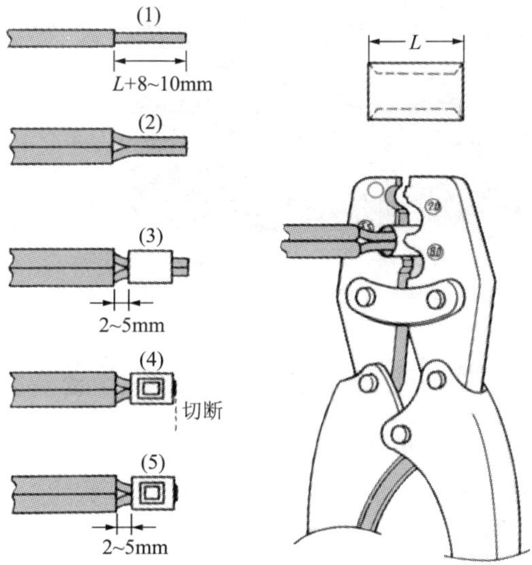

图1.77 压接的顺序

066 管子虎钳（带三脚架）的用途

管子虎钳主要用于配管作业，还用于金属管、圆钢的切割及螺纹切削，甚至钢铁等材料的切断。这里以VL-I型管子虎钳（带三脚架）产品为例进行说明。各部位名称示于图1.78。

图1.78 VL–I型带三脚架管子虎钳

067 管子虎钳（带三脚架）的使用方法

① 将管子虎钳的脚完全展开。

② 挂上钩头螺栓，拉长拉线螺丝，将脚撑开固定。

③ 松开管子虎钳的上紧手柄，放下挂钩，打开齿部。

④ 将管材夹到齿部，用手柄上紧，进行切断或螺纹切削（夹住的尺寸为10~75mm）操作。

068 管子虎钳（带三脚架）使用方面的注意事项

① 管子虎钳要安置在平坦的作业场地上，要选择不影响其他作业且易搬运材料的场所。

② 铺设养生垫收集切屑。

③ 在使用润滑油的情况下，在管子虎钳下面要放一个接油盘，以免污染混凝土地面和地垫。

④ 管子虎钳要安置稳当，不得晃动。

⑤ 从齿部到管子切断处要留出150mm左右。

⑥ 牢牢上紧管子，以不弄伤管子为准。

⑦ 事先推一圈上紧手柄，其前方不能有障碍。

069 管子虎钳（带三脚架）的维护和保管

① 除去附着在上面的油渍和切屑。

② 若各部位有螺丝松动，要予以紧固。

③ 要时常给紧固主轴、拉线螺丝的螺纹部分滴油，使其能平滑转动。

④ 保管和搬运管子虎钳（带三脚架）时可以将齿部轻轻上紧，将折叠起来的拉线螺丝和三只脚绑起来。

070 弓形锯（钢锯）的用途

弓形锯（钢锯）用于切断金属管、钢材或粗电线等材料。

071 弓形锯（钢锯）的种类

① 固定型弓形锯（图1.79）。

② 单开万向型弓形锯。

③ 双开万向型弓形锯。

072 弓形锯（钢锯）的使用方法

1）将锯条装到锯弓上

① 用右手松开锯弓头上的蝶形螺丝，左手握住手柄（握轴）。

② 安装锯条时要把锯齿朝向推的方向。

③ 上紧蝶形螺丝，固定锯条。

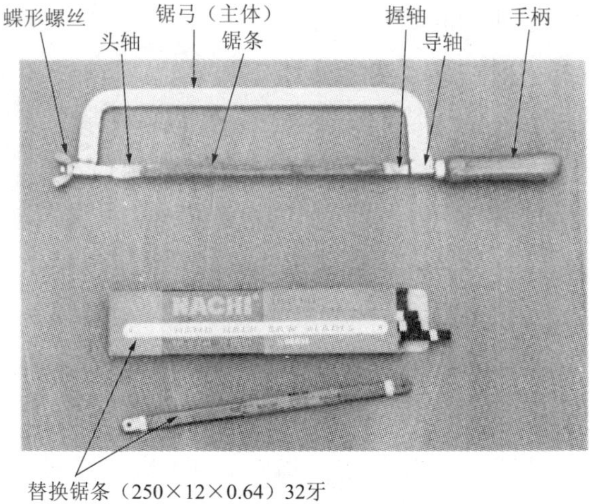

图1.79　固定型弓形锯

2）给切断处刻一个槽（图1.80）

① 把锯条搭在要切断处，呈直角。

② 左手拇指挡住锯条，充作导向轨，前后一点点地推拉锯。

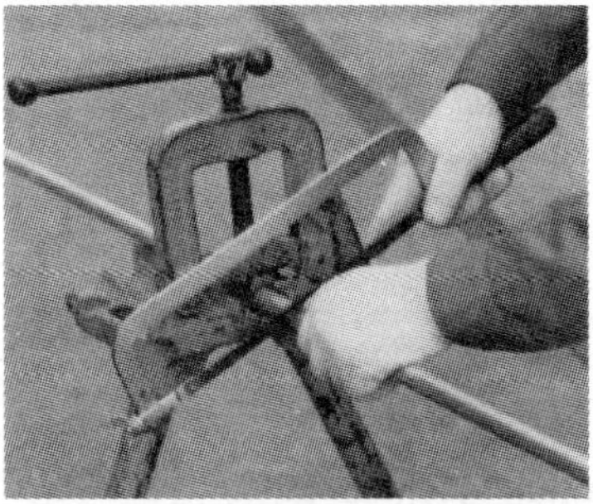

图1.80　给切断处刻一个槽

3）锯割管材

① 右手轻握锯柄，用手心按住进行推拉。

② 用左手的拇指、食指和中指三个手指轻轻地按住锯弓的前端。

③ 左脚向前跨出半步左右，两腿分开，向推的方向用力，要用上半身的力气而不只是手上的劲。

④ 锯条和锯断的管材始终要保持直角，如图1.81所示，用整个锯条的齿按1→2→3→4的顺序来锯。

⑤ 锯下一些管材时，稍滴上一点机油会好锯些。

4）锯断管材

① 在将要完全锯断之前，要用左手扶住，不要让它掉下去。

② 右手慢慢地松动，一点一点地挪动，一直锯到最后。

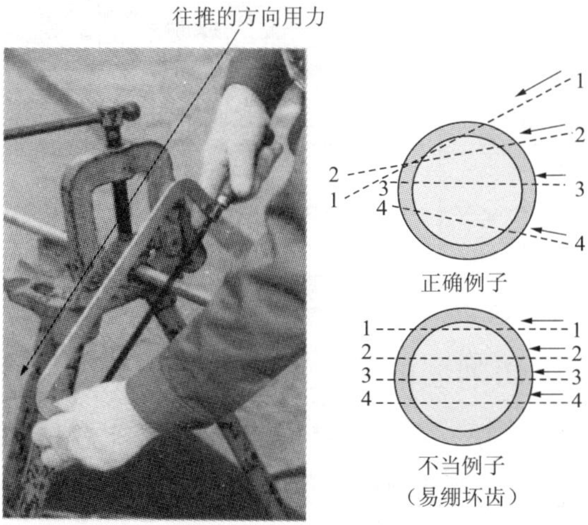

图1.81 锯断的顺序

073 弓形锯（钢锯）使用方面的注意事项

① 锯弓有无弯曲现象。

② 蝶形螺丝转动是否平滑，不要用钳子等工具紧固。

③ 锯条是否被拉得太紧。

④ 锯条有无扭曲现象。

⑤ 柄是否脱落。

⑥ 锯条在锯断处长度太长时，管子摆动，不易作业，太短时则不能作业（最好在150mm左右长度上推拉）。

⑦ 锯横向摆动时，锯条易折断，而且不能锯成直角。

074 弓形锯（钢锯）锯条的选择

① 钢电线管、铜带和铜材等用24牙（齿数）锯条，薄钢电线管、金属薄板等以32牙（齿数）锯条为佳。上述齿数指25.4mm长度上的数值。

② 弓形锯（锯条）的标称尺寸见表1.11。

表1.11 弓形锯钢锯条的形状和尺寸

<table>
<tr><th rowspan="2">标称尺寸
（$l*W*T$）</th><th colspan="2">安装孔中心距离l</th><th colspan="2">宽度W</th><th colspan="2">厚度T</th><th colspan="2">安装孔d</th><th colspan="2">（参考）</th></tr>
<tr><th>标准尺寸</th><th>容差</th><th>标准尺寸</th><th>容差</th><th>标准尺寸</th><th>容差</th><th>标准尺寸</th><th>容差</th><th>L</th><th>L_2</th></tr>
<tr><td>200*12*0.64</td><td>200</td><td rowspan="3">± 1</td><td rowspan="3">12</td><td rowspan="3">± 0.5</td><td rowspan="3">0.64</td><td rowspan="3">+0.06
−0.04</td><td rowspan="3">4</td><td rowspan="3">± 0.2</td><td>214</td><td rowspan="3">7</td></tr>
<tr><td>250*12*0.64</td><td>250</td><td>264</td></tr>
<tr><td>300*12*0.64</td><td>300</td><td>314</td></tr>
</table>

075 管螺纹切削器的用途

管螺纹切削器用于金属管（厚钢、薄钢电线管）的螺纹切削。这里以导程型（棘轮式）产品为例进行说明，其各个部分名称如图1.82所示。

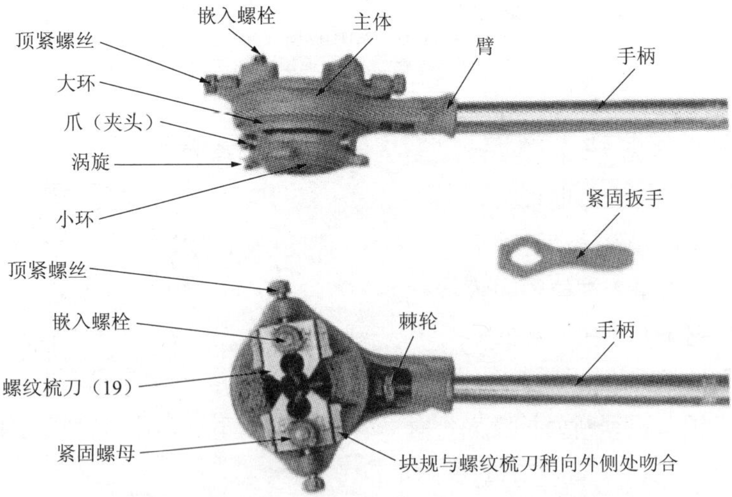

图1.82 SPB No.1导程型（棘轮式）螺纹切削器

076 管螺纹切削器的使用方法

1）将螺纹梳刀（可换式板牙）装到主体上

① 向上放置主体，卸下嵌入螺栓上的螺母。

② 松开左右两边的顶紧螺丝，将要用的螺纹梳刀装入。

③ 与主体的块规吻合，用专用扳手紧固嵌入螺栓上的螺母。

2）将螺纹切削器套在管子上

松开涡旋（通称导程），将螺纹切削器插入管端，螺纹梳刀刃与管子呈直角，接下来紧固涡旋。

3）给管材切削螺纹

① 右旋棘轮。

② 用左手使劲将螺纹切削器一直推向管的方向。

③ 右手握住手柄根部附近。

④ 上下扳动4～5次手柄，直到螺纹梳刀开始咬住。

⑤ 一边给螺纹梳刀的刀刃滴油，一边握住手柄的头部上下扳动。

⑥ 切削螺纹直到所需长度为止（图1.83）。

4）取下螺纹切削器

① 将棘轮更换到左边。

② 上下扳动手柄，使其退出。

③ 螺纹梳刀快要从管子内离开之前，用左手托住螺纹切削器。

④ 松动涡旋，从管子上取下螺纹切削器，取的时候不要弄伤螺纹。

⑤ 用锉刀、绞刀修整管头，去掉毛刺，锉刀可选用中细纹锉。

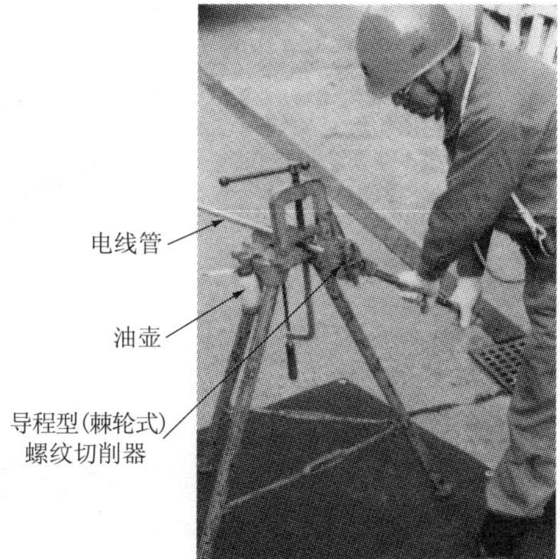

图1.83 螺纹切削作业

077 管螺纹切削器使用方面的注意事项

① 在安装螺纹梳刀之前，要确认其尺寸及前后组号。

② 安装螺纹梳刀时其基准线要比主体的块规稍往外一点，用专用扳手上紧。

③ 切削完一遍螺纹后，要把管子接口安上，确认一下螺纹的深度（图1.84）。

④ 螺纹浅时，再将左右两边的顶紧螺丝紧一紧，调整到合适的程度。

⑤ 螺纹不良可以考虑如下几种情况：螺纹梳刀的前后组号不合适；螺纹梳刀的刀头出现异常现象；螺纹梳刀的固定螺丝松动，还有就是主体与螺纹梳刀的接触面上混进了异物等。

⑥ 螺纹的长度因连接方式的不同而异，故其长度不可过长或过短。

⑦ 在退出螺纹切削器时，若利用其反作用力，任其自行退出而放手不管，则会引起意想不到的事故发生。

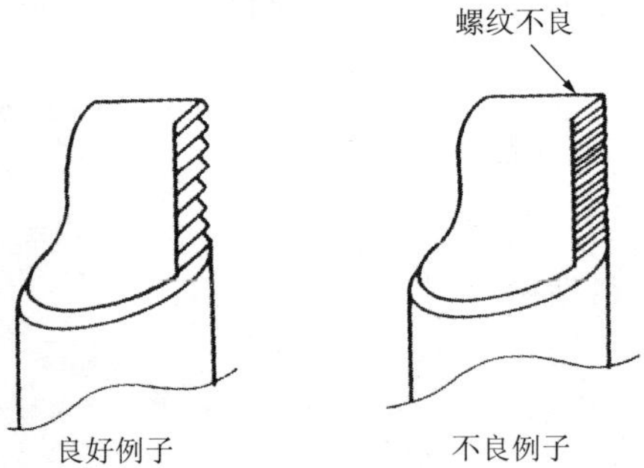

图1.84 螺纹的检查

078 管螺纹切削器的保养和保管

① 要用棉纱彻底擦拭附着在螺纹切削器上的切屑和油渍。

② 在更换螺纹梳刀时，一定要清除安装面。

079 弓摇钻的用途

弓摇钻装上绞刀、叶片刀等工具，可用于给金属管倒棱，给木板等材料开孔（图1.85）。

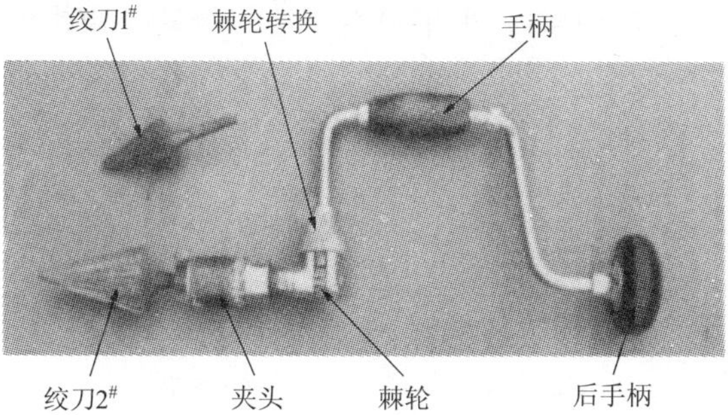

图1.85 弓摇钻

080 弓摇钻的使用方法

① 爪衔住绞刀，上紧夹头。

② 右手抓住手柄中间，将绞刀直插入管口。

③ 左手抓住后手柄，顶在腹部，不使其滑脱向前推。

④ 用右手右旋手柄，削去管后面近二分之一（图1.86）。

⑤ 通过使用棘轮机构，不用旋转360° 即可左旋或右旋。

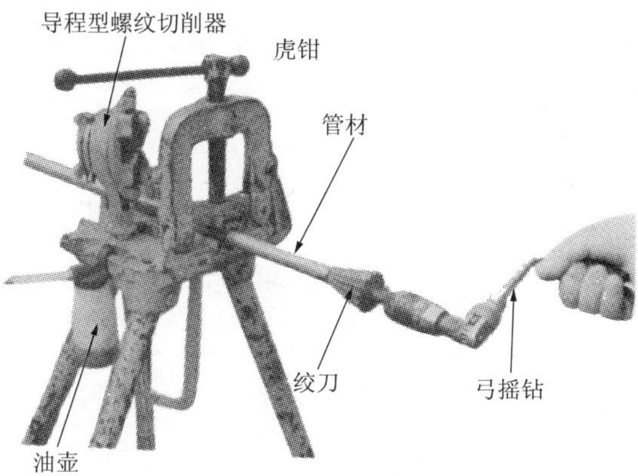

图1.86 金属管的倒棱

081 弓摇钻倒棱时的注意事项

① 要把绞刀牢固地固定在弓摇钻上。

② 若绞刀没有直对管口进去，倒棱就不能均等。

③ 从管口拔出绞刀时，如果没有一边轻轻转一边拔出绞刀，那么绞刀拔出时，绞刀的刃就会留在管里。

④ 管子切口的打卷儿可用中细纹锉将其外缘锉光。

第2章 常用仪表及测量方法

082 万用表的种类

使用万用表可以方便地测量低压电气设备、电机零件等的直流电压、直流电流、交流电压、交流电流，还能测量电阻等。

万用表有模拟式及数字式两种。

1）模拟式万用表

近年来模拟式万用表（图2.1）虽然已经不大使用，但由于一看指针位置就可以大致知道测值，以及其构造简单、经久耐用等优点，模拟式万用表仍是许多人爱用的基本工具。

万用表的内部装有电池（图2.2），因此可以测量电阻。要注意电池的消耗情况，长期不使用时应取出电池。

图2.1　模拟式万用表

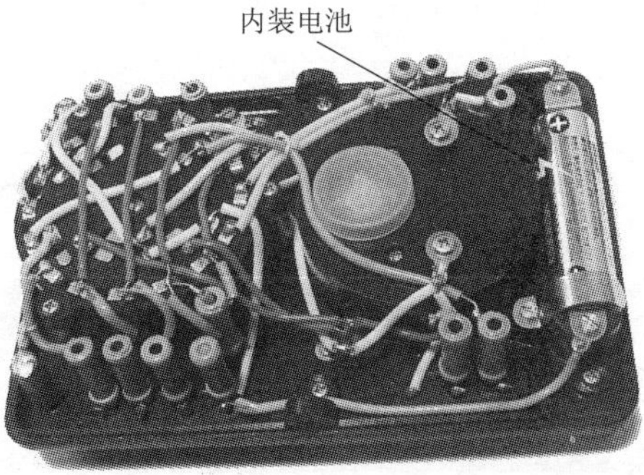

图2.2　装在万用表内的电池

2）数字式万用表

数字式万用表（图2.3）在显示屏上直接显示测量的数值，测量倍率（量程）多可自动切换。数字式万用表精度高、价格低，得到广泛应用。

图2.3　数字式万用表

083 万用表的使用方法

1）测量电阻和压降

用万用表测电阻时将旋转开关转到电阻的量程，用欧姆调整器调整好欧姆零点再测量，如图2.4所示。

用万用表测量时应选择指针接近最大值附近的量程。

① 能大致知道待测电阻值时转到比该电阻高一挡的电阻量程，不知道电阻值时旋转开关应转到最大量程，如图2.5所示。

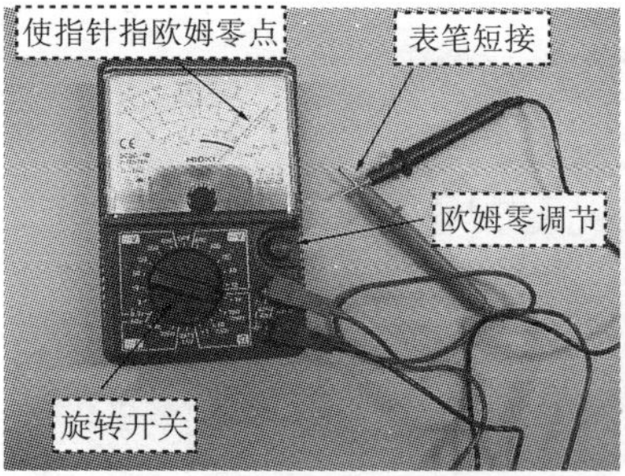

图2.4　欧姆零调节

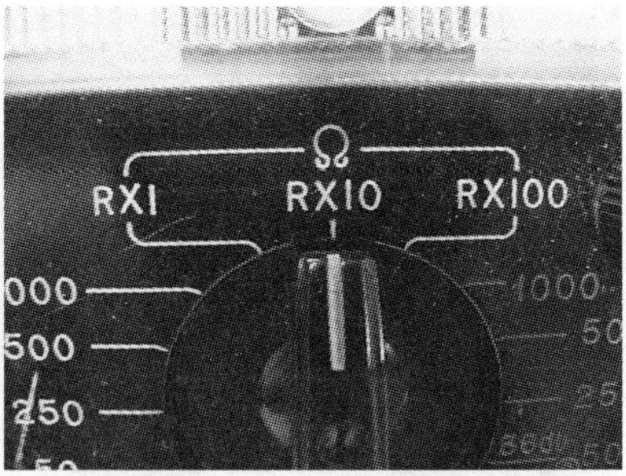

图2.5　测电阻的量程

② 在选定的欧姆量程调整欧姆零点，然后测电阻值。

③ 电阻值低，读数困难时，将旋转开关转到低欧姆挡，调整欧姆零点，然后测电阻值。

测试装在控制电路中电阻上的压降时，红色表笔为+，黑色表笔为－，如图2.6所示。在测试蓄电池的电压或测电流时也要注意极性。

2）测电阻的注意事项

① 测试时手不可触及表笔的金属部分，因为双手接触时就是测人体电阻与待测电阻的并联值，如图2.7所示。

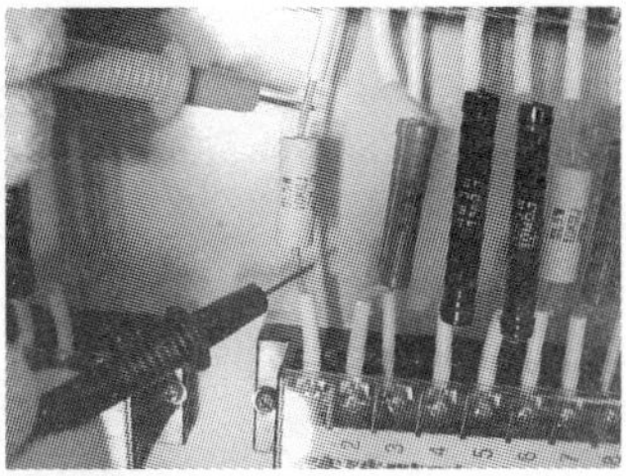

图2.6 测试电阻上的压降

② 测试时电阻要与电路断离。

③ 万用表测电阻时内部的电池是电源，要注意电池的消耗（不能调节欧姆零点时应更换电池）。

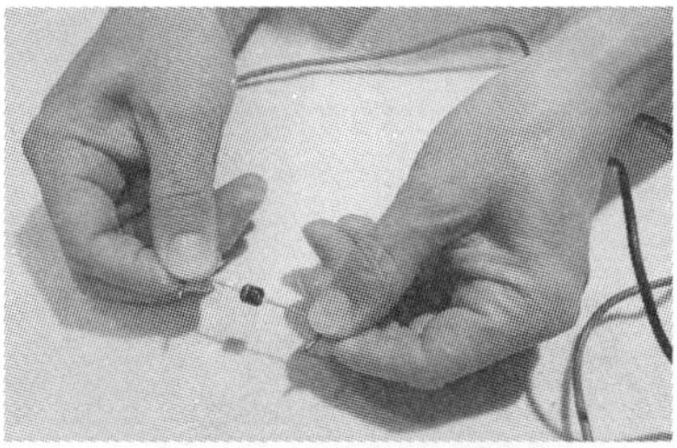

图2.7 测电阻的错误做法

3）用指针读数

从模拟式万用表的指针读数时一定要在指针的正上方读数，如图2.8所示。

万用表的测电阻挡可以做以下检查：

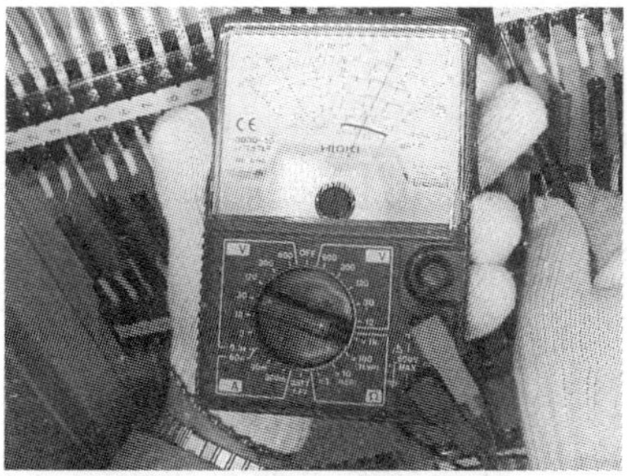

图2.8 读电阻的测值

① 检查电路是否导通。

② 简单检查二极管。

③ 简单检查电容。

4）视觉误差

如果万用表的指针倾斜或从侧面读数（图2.9），会因视觉误差而得不到正确的测值。必须像图2.8所示将万用表平放，在指针的正上方读数。

图2.9　错误的读数方式

5）测试直流电压

测试电池或整流电路等直流电压的场合需将旋转开关转到直流电压挡（DC-V）与被测电压大小适应的刻度。直流电压有极性，测试前要正确区分＋端与－端，如图2.10所示。

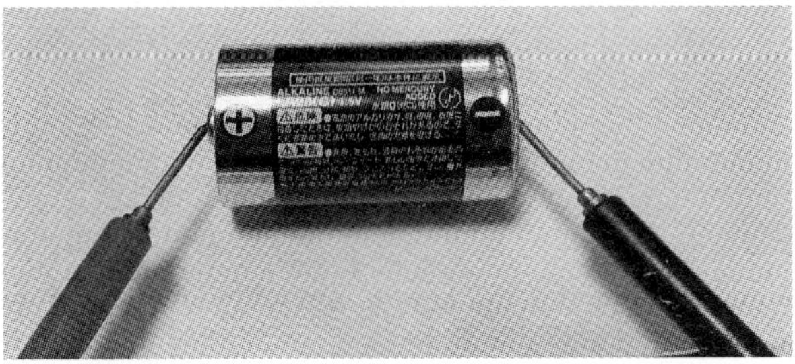

图2.10　测试直流电压

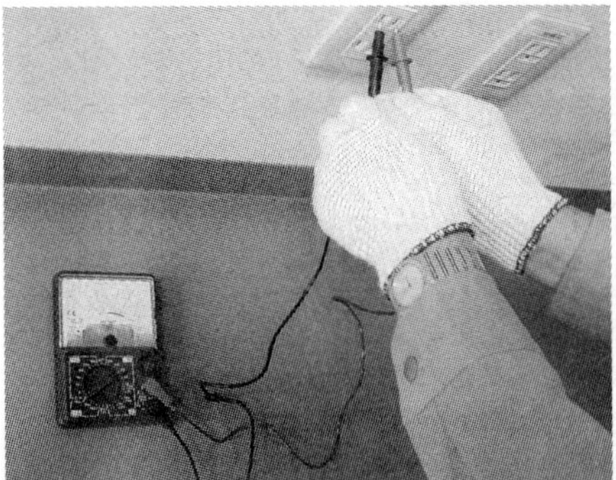

图2.11　测试交流电压

6）测试交流电压

不能预测电压的大小时用最大倍率的量程开始测试，再逐渐试用低倍率量程，尽量使指针最后停止在最大刻度附近为宜，如图2.11所示。

7）测试前的零位调整

测量前的零位调整如图2.12所示。

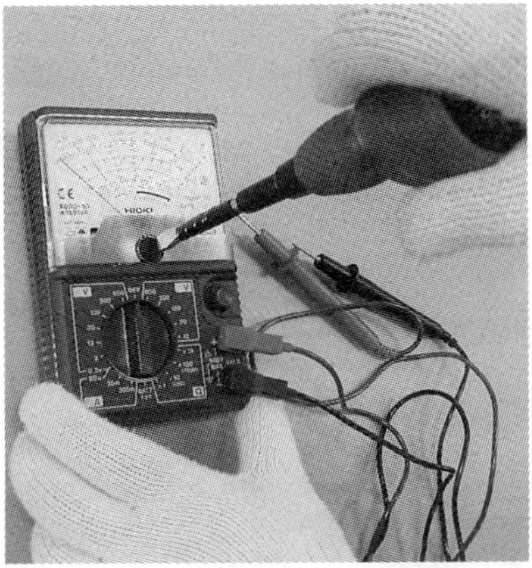

图2.12 测试前调整表针的机械零位

测试过程中不要切换量程以免产生测试误差。表笔一般为红色和黑色，一般规定红色为+端。表身与表笔导线的连接多使用香蕉插头。

有的万用表虽然可测试高压电路，但是是指弱电的高压电路。即使万用表有测试高压的量程也不可测试强电的高压电路。

084 钳形电流表的构造及原理

钳形电流表与万用表或普通电流表不同，不必串联在电路中，因此容易测试运行中的电流。而且从大电流到微小电流都能测试，也能测试负荷电流或漏电流，是重要的现场测试仪器，其外观如图2.13所示。

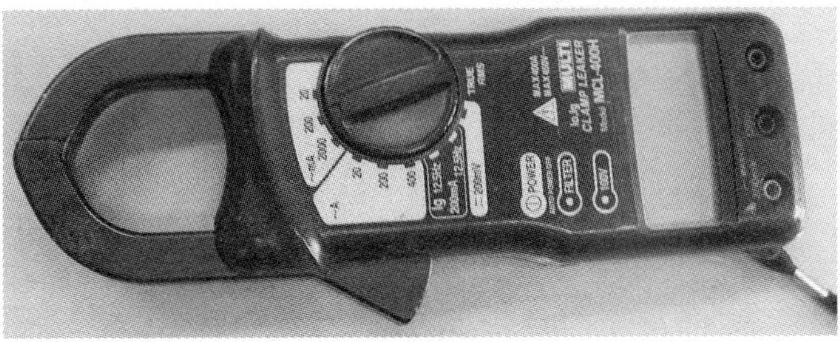

图2.13 钳形电流表的外观

电气设备技术基准中规定了“在使用电压为低压的电路测试绝缘电

阻有困难的场合，应保证漏电流在1mA以下”。

据此，对不停电就不能测试的绝缘电阻要使用钳形电流表进行测量，测试漏电流在1mA以下，即可不停电确认绝缘电阻的状态。

钳形电流表有模拟式及数字式，最近多使用数字式。数字式钳形电流表如图2.14所示。

图2.14 数字式钳形电流表

钳形电流表的构造及接线示于图2.15。图2.16是钳形电流表测量电路的原理。钳形电流表的测试方法与等效电路示于图2.17。

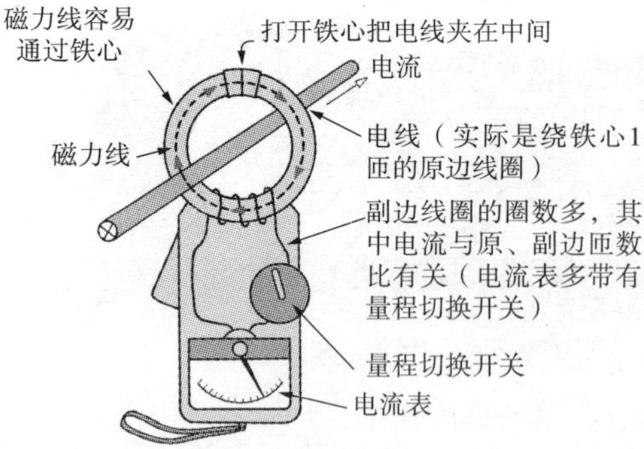

图2.15 钳形电流表的构造及接线

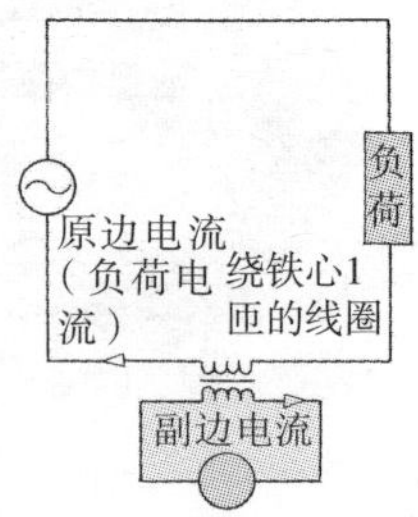

图2.16 原理图

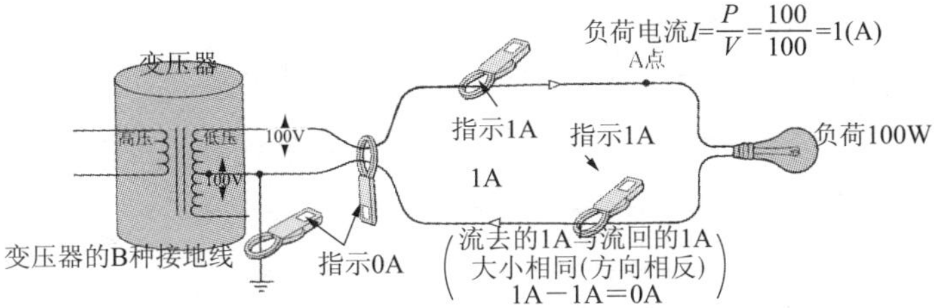

(a) 测试电路中的电流

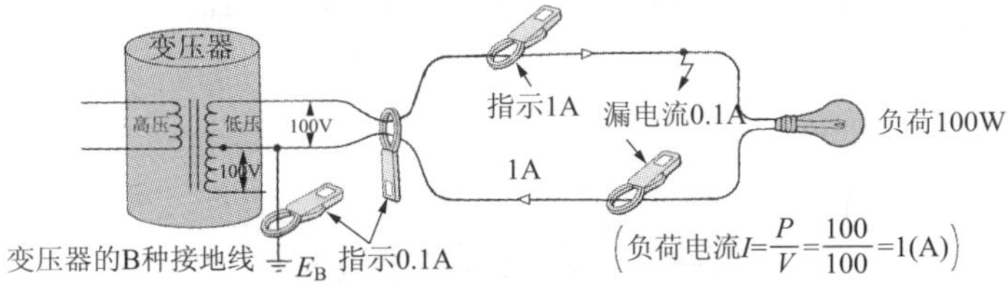

(b) 测试电路电流结果表明在A点处绝缘不良

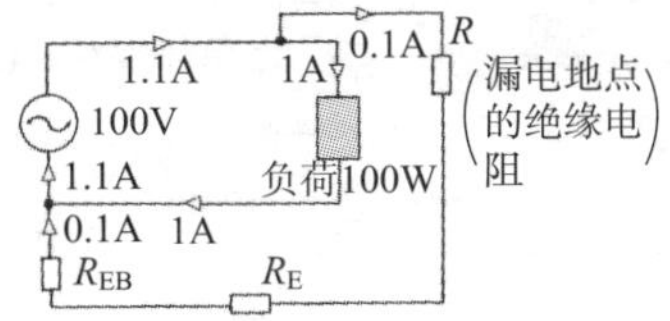

(c) 等效电路

图2.17 钳形电流表的测试示例与等效电路

085 测试负荷电流及漏电流

握住钳形电流表的开关把手使铁心打开后夹住要测试的电线，如图2.18所示。用钳形电流表测试负荷电流如图2.19所示。

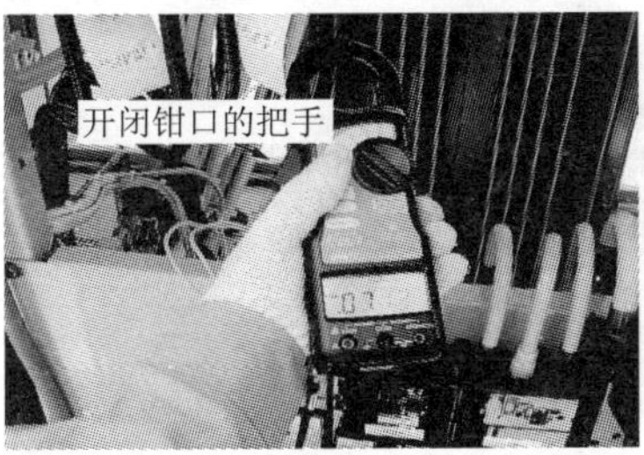

图2.18 打开钳口，套住电线

图2.19 测试负荷电流

测试时注意以下几点：

① 钳口所在平面应与电线垂直。

② 在不易读数的地方可先锁定指示值，再拿到身边看指示值。

③ 钳口要完全闭合。

④ 电线应尽量处于钳口中间。

⑤ 在被测电线附近尽量没有其他电线（特别是测试漏电流时）。

测试漏电流时用钳口夹住电灯变压器的B种接地线，此电流就是电灯变压器的漏电流，如图2.20所示。测试动力变压器的漏电流也用同样方法。

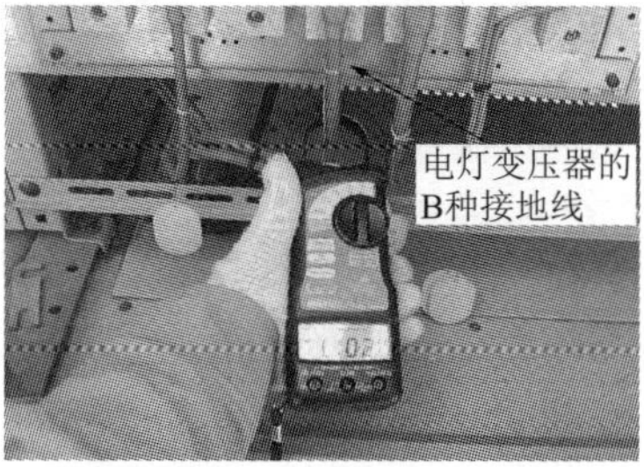

图2.20 测试电灯变压器的漏电流

086 使用钳形电流表的注意事项

钳形电流表的钳口铁心部分是可开闭的构造，如图2.21所示。如果铁心接触面生锈、污损或夹入尘土异物等将加大测试误差，要经常保持铁心接触面的清洁。

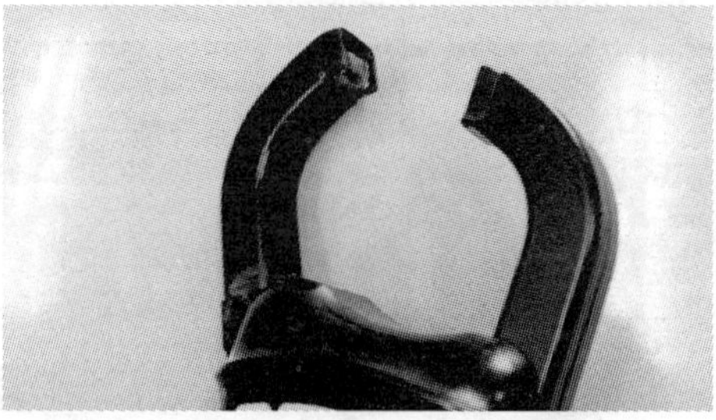

图2.21 钳形电流表钳口铁心的咬合部

勉强测量比钳口铁心内径粗的电线会增大误差，应选用适合电线尺寸的钳形电流表，如图2.22所示。

图2.22　勉强测量粗电线

一般在市场上销售的钳形电流表多用于低压电路，不可测量高压电路。测量高压电路必须使用高压用钳形电流表（图2.23）。

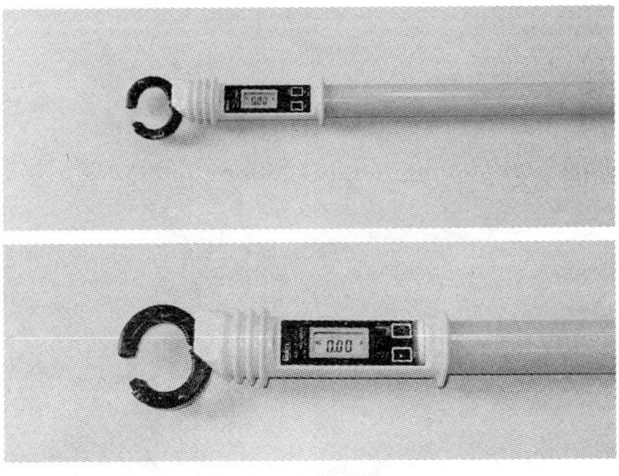

图2.23　高压用钳形电流表

087 用钳形电流表测试高次谐波电流

电路中的负荷电流含有高次谐波。有的钳形电流表（图2.24）可以抽出某高次谐波只对其进行测试。负荷电流中基本频率成分叫做基波，3

倍频率的成分叫做3 次谐波，5倍频率的成分叫做5次谐波。通常可从第5次谐波测到第25次谐波。

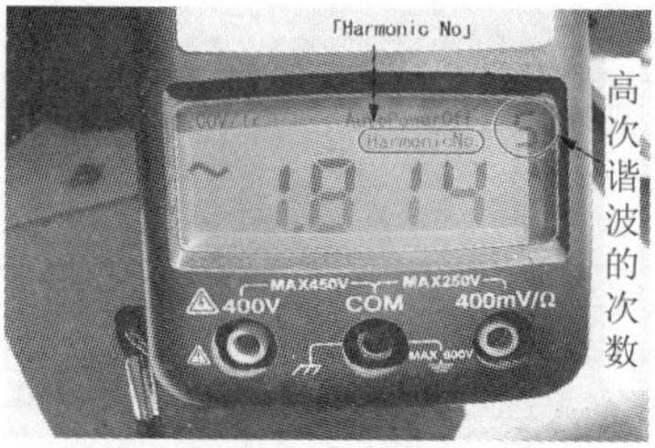

图2.24 测试各谐波成分的钳形表

1）基波的测试

将谐波编号设定在代表基波的“1”，即可测量此时的电流值，如图2.25所示。

2）3次谐波的测试

将谐波编号设定在代表3次谐波的“3”，即可测量此时的电流值，如图2.26所示。

图2.25 测试基波

图2.26 测试3次谐波

3）5次谐波的测试

将谐波编号设定在代表5次谐波的“5”，即可测量此时的电流值，如图2.27所示。

4）其他高次谐波的测试

同样可测试第7次、第9次高次谐波。如果第9次高次谐波还大，再测试第11次、第13次、第15次，如图2.28所示。

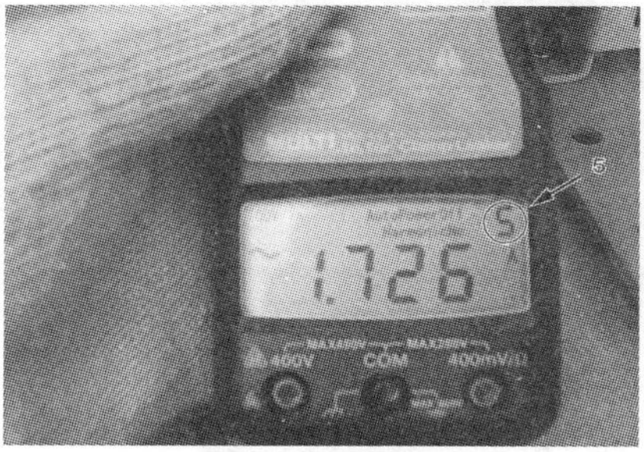

图2.27 第5次高次谐波的测试

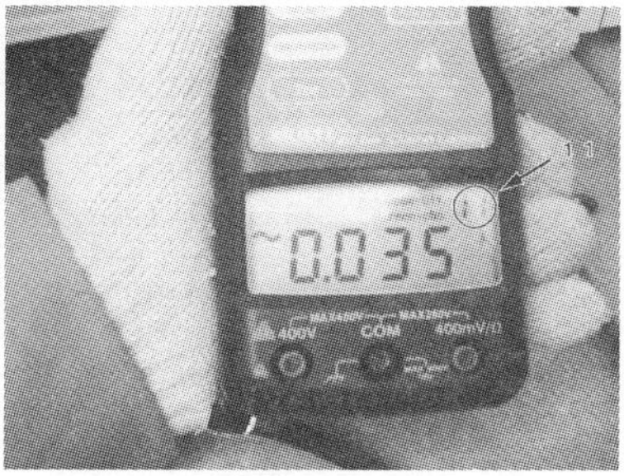

图2.28 其他高次谐波的测试

5）测试微电流用的钳形电流表

图2.29所示是测试避雷器接地线电流的微电流钳形电流表。

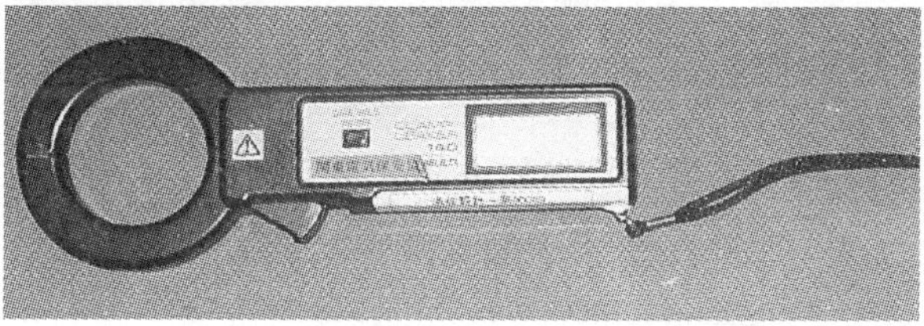

图2.29 测试微电流用的钳形电流表外观

088 绝缘电阻表简介

电气设备或配线都有绝缘物覆盖，使电线之间以及电线对地之间绝缘。

当然绝缘并不是完全不导电，当绝缘物的两端加电压时仍有极为微小的电流流过。此电流的大小为皮安（pA）到微安（μA）。根据所加的电压与电流可求得绝缘物的电阻值。

此电阻从1兆欧（MΩ）到1000兆欧左右，数值非常大，叫做绝缘电阻。测量绝缘电阻的仪表叫做绝缘电阻表。几种绝缘电阻表如图2.30~图2.32所示。

图2.30 发电机式绝缘电阻表

图2.31 积层电池式绝缘电阻表

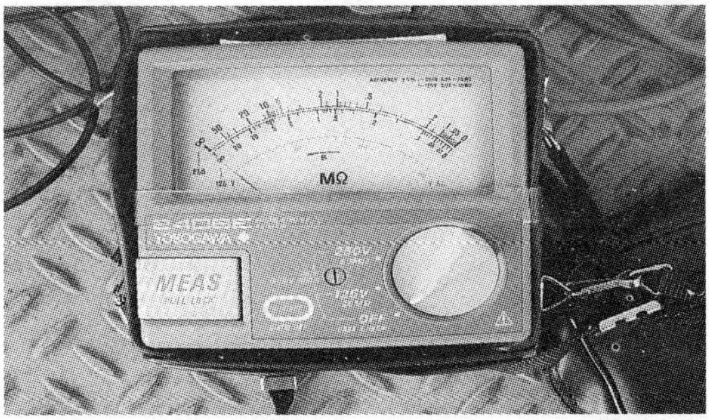

图2.32 最新出品的电池式绝缘电阻表

日常巡视检查确认绝缘状态的方法如下：

① 对运行中的电路主要用钳形电流表测试漏电流。

② 对不使用的机器或配线用绝缘电阻表测试。

定期检查时确认绝缘状态的原则是要停电，用绝缘电阻表测试电路与大地之间以及电线相互之间的绝缘电阻。

089 绝缘电阻的测试方法

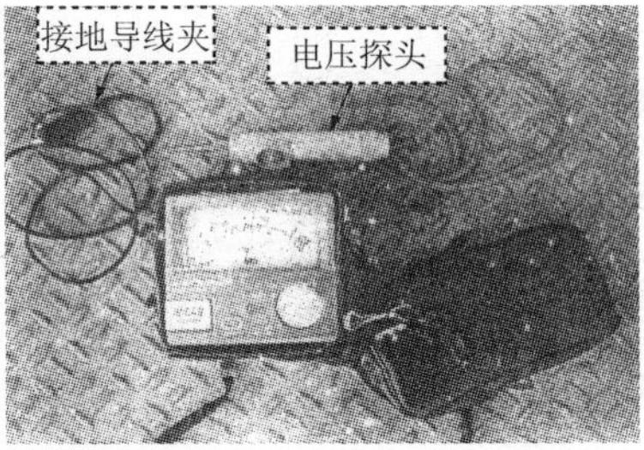

图2.33 低压用的绝缘电阻表

低压用的绝缘电阻表（兆欧表）有接地导线夹（earth）及电压探头（line），如图2.33所示。

绝缘电阻表是通过给被测物加直流电压求电阻值，因此要根据电路的电压选用相应额定测试电压的绝缘电阻表。在低压电路中使用额定测试电压为100～500V的绝缘电阻表。

用接地导线夹（earth）夹住接地线的端子，如图2.34所示。当测试场所没有接地线时可以夹在电路的接地电线上（在低压电路是用中线或把低压侧的1个端子做B种接地，将其作为接地极使用）。

将电压探头（line）接触到被测电路并按下装在探头上的按钮开关，如图2.35所示。

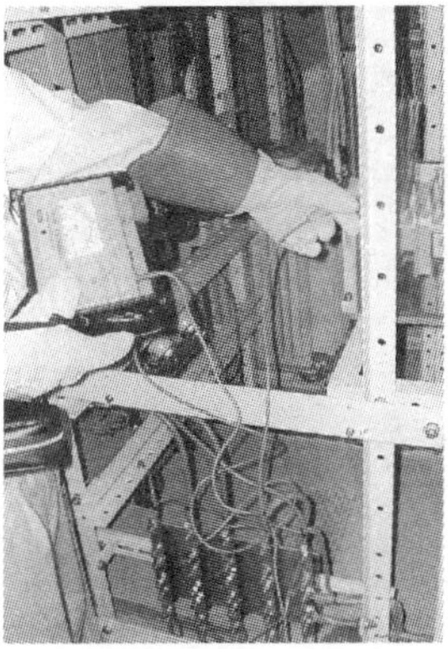

图2.34　使用接地导线夹

图2.35　用电压探头接触电路

按下装在电压探头上的按钮开关的瞬间虽然能显示低的绝缘电阻值（图2.36），但测试值会随着时间渐渐增大，经过1min左右显示的测值能稳定，此时的数值就是电路的绝缘电阻值。

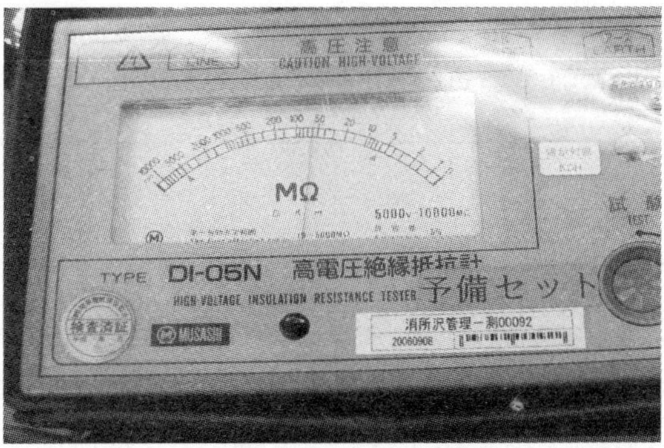

图2.36　加电压瞬间的指针

各相都要测试，记录下其中最低的绝缘电阻值，如图2.37所示。

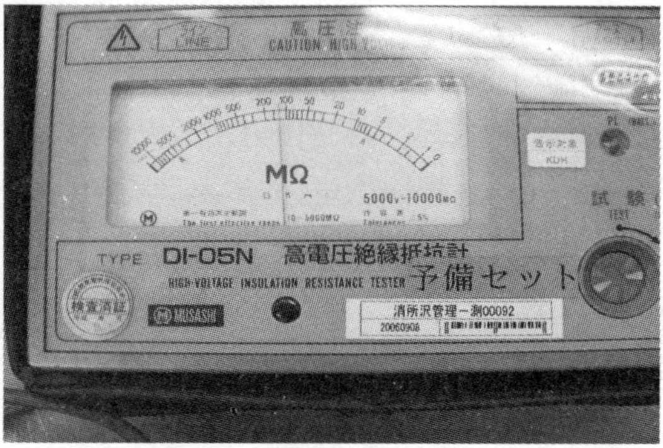

图2.37　指针稳定后的绝缘电阻值

低压电路绝缘电阻的判断值见表2.1。

表2.1　低压电路绝缘电阻的判断值

<table>
<tr><th colspan="2">按使用电压区分电路</th><th>绝缘电阻值</th></tr>
<tr><td rowspan="2">对地电压（非接地式电路指线间电压）</td><td>150V以下</td><td>0.1MΩ以上</td></tr>
<tr><td>超过150V不到300V</td><td>0.2MΩ以上</td></tr>
<tr><td colspan="2">超过300V</td><td>0.4MΩ以上</td></tr>
</table>

低压电路的绝缘电阻：
低压电路的电线与大地之间以及电线线心相互间的绝缘电阻，相对于所用电压的漏电流不可超过最大供给电流的1/2000
以单相2线制20A的供电线路为例：
20A × 1/2000=0.01A
因每条电线的漏电流是0.01A，相对于所用电压，每条电线绝缘电阻的容许值是100V/0.01A=0.01MΩ

090　测试高压电路的绝缘电阻

通常用E端子法测试高压电路的绝缘电阻，E端子法是把绝缘电阻表的E端子（earth）夹在电路的接地端子上，再用L端子的探头接触被测电路，按下按钮（G端子不使用）保持1分钟，1分钟后读取的值就是绝缘电阻值。

绝缘电阻表能发出高电压，测试时如果触摸电路或端子会触电。测试时要戴高压橡胶手套，如图2.38所示。在L端子和E端子之间有额定电压1000V或5000V，必须十分注意。

G端子（guard）也叫屏蔽电极或保护电极，在绝缘物的体积电阻及表面电阻中，是为了去除外表面电阻，只测体积电阻的电极，如图2.39所示。

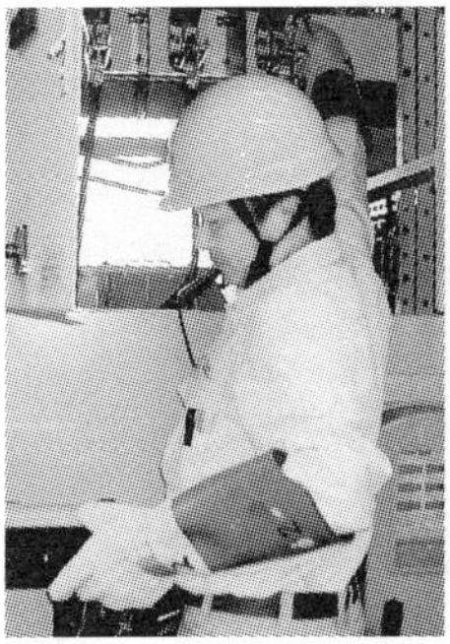

图2.38 测试时要戴高压橡胶手套

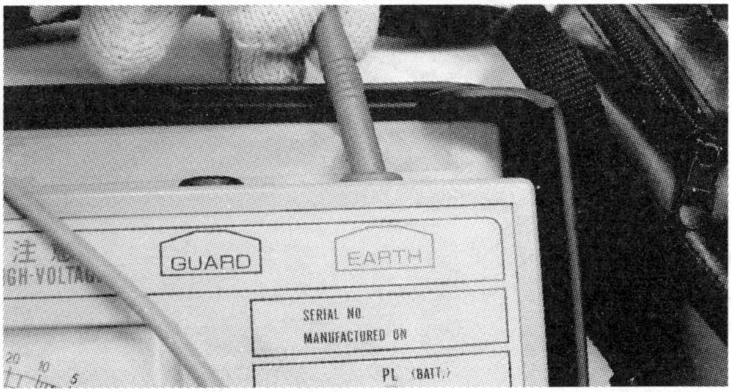

图2.39 G端子（屏蔽极）与E端子（接地极）

高压电路整体来说并没有规定绝缘电阻值，但日常维护检修的大致范围如表2.2所示。绝缘电阻值受湿度等影响，要根据历年的数据推移及当日的气象状况等综合考虑判断。

表2.2 高压电路的绝缘电阻值

电路的电压	绝缘电阻的目标值
3000V	3MΩ 以上
6000V	6MΩ 以上

高压CV电缆的绝缘电阻目标值如表2.3所示。

表2.3 高压CV电缆的绝缘电阻值

	通常测试（E端子法）	用G端子法测试
绝缘体	2000MΩ 以上	5000MΩ
外　皮	1MΩ 以上	1MΩ

091 绝缘电阻表的额定电压及主要使用示例

绝缘电阻表（兆欧表，图2.40）的极性是将负极接到L端子，正极接到E端子。这是因为把正极接到大地一侧的绝缘电阻小，从安全角度考虑选用这种接法。

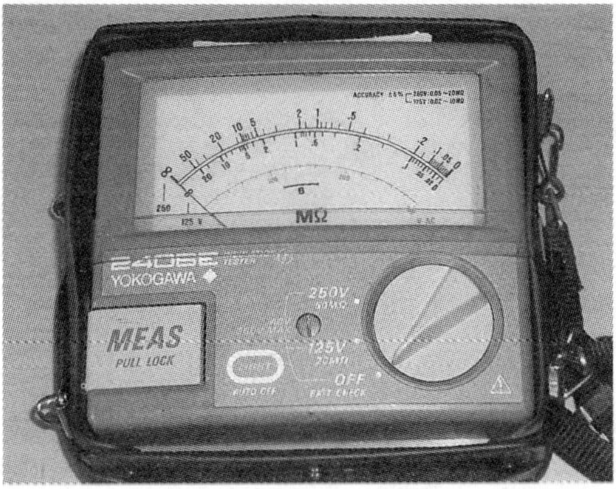

图2.40　125/250V绝缘电阻表的外观

绝缘电阻表的额定电压及主要使用示例见表2.4，有效最大示值见表2.5。

表2.4　绝缘电阻表的额定电压及主要使用示例

<table>
<tr><th>额定测量电压（V）</th><th>主要使用示例</th></tr>
<tr><td>25，50</td><td>测试电话线路的机器或配线，防爆电机电路等的绝缘电阻</td></tr>
<tr><td>100，125</td><td>测试对地电压在100V以下的低压电路（电灯电路）的绝缘电阻</td></tr>
<tr><td>200，250</td><td>测试200V以下电路（动力电路）的绝缘电阻</td></tr>
<tr><td>500</td><td>测试低压配线及低压电气设备的绝缘电阻</td></tr>
<tr><td>1000</td><td rowspan="4">测试高压配线及高压电气设备的绝缘电阻</td></tr>
<tr><td>2000</td></tr>
<tr><td>5000</td></tr>
<tr><td>10000</td></tr>
</table>

表2.5　绝缘电阻表的有效最大示值

额定测量电压（V）	模拟式（MΩ）	数字式（MΩ）
25，50	5，10	1，2，5，10，20，50，100，200，500，1000，2000，3000，4000，适宜
100，125	10，20	
200，250	20，50	
500	50，100，1000	
1000	200，1000	
2000		
5000	适宜	
10000		

092 绝缘电阻表使用前的检查及精度管理

1）检查电池

用绝缘电阻表的测试探头（line）接触电池检查部。确认电池的容量是否在规定范围内，如图2.41所示。

2）检查配线

在接地导线夹（earth）与测试探头（line）连接的状态，按下探头的开关，检查示值是否为0 MΩ，如图2.42所示。

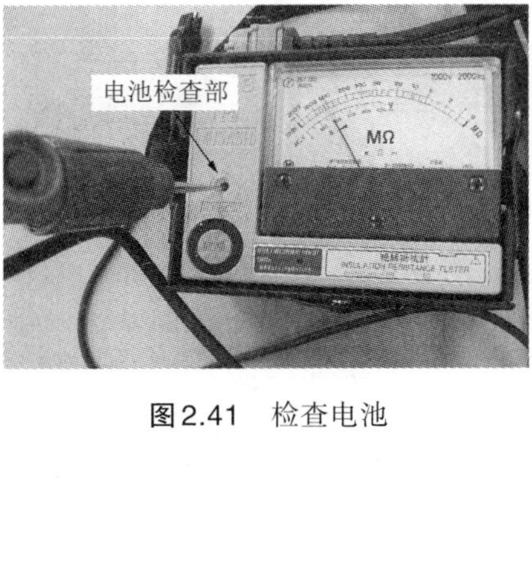

图2.41　检查电池

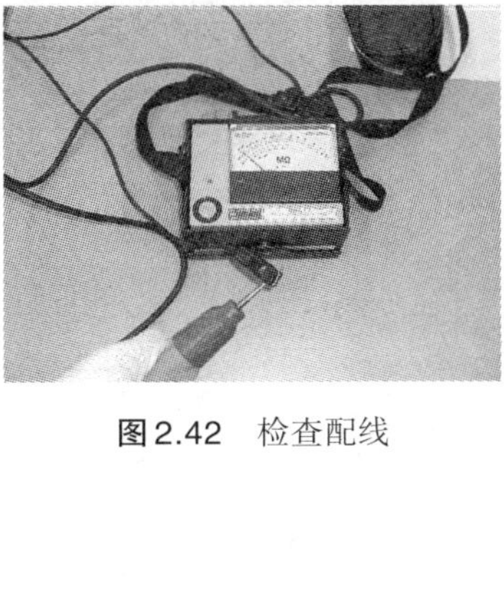

图2.42　检查配线

3）检查精度

绝缘电阻表必须定期进行精度管理。用0.1 MΩ、1 MΩ、10 MΩ的标准电阻器抽点测试，检查误差是否在规定值以内。误差超过规定值要进行修理，如图2.43所示。

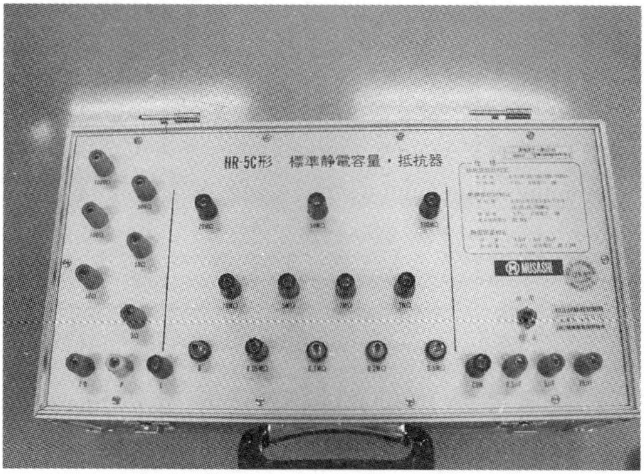

图2.43 用标准电阻器做精度检查

093 什么是接地电阻

为了使人和机器能避免因漏电引起触电、火灾的危险，对电气设备都要实施接地操作。接地是保证人和机器安全的重要措施。

根据接地的使用目的可分类如下：

① 将电力系统直接实施接地的系统接地（B种接地施工）。

② 对电气机械的外壳实施的保护接地（高压机器是A种接地施工，低压机器是C种接地施工及D种接地施工）。

③ 为抑制电路出现异常电压而实施的接地（避雷器接地，电涌吸收器接地）。

④ 为使保护装置可靠动作实施的接地（在非接地电路的中线等处设置对地短路的切断装置就是为保护装置可靠动作的接地）

各种接地如图2.44所示。接地电阻测试原理如图2.45所示。

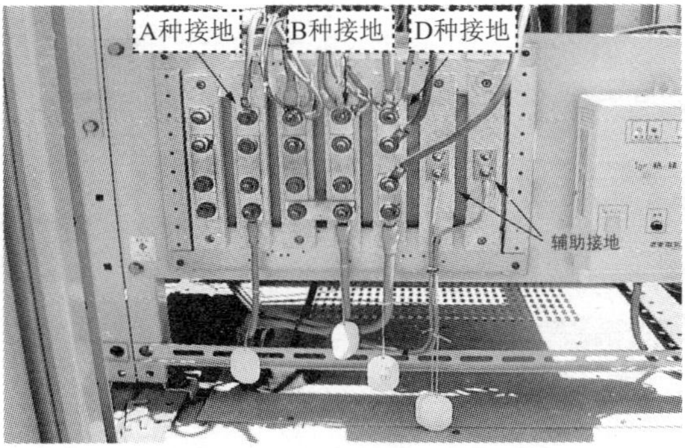

图2.44　将各种接地施工的端子集中的接地端子盘

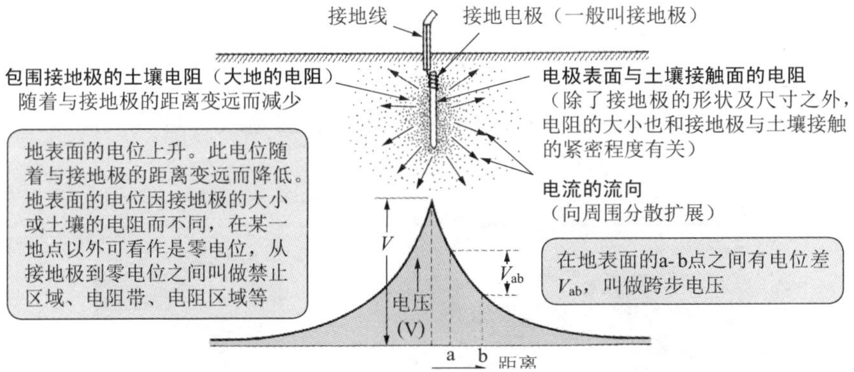

图2.45　接地电阻的测试原理

094　接地电阻测试器的种类

测试接地电阻可使用以下测试器。

1）直读式接地电阻表

图2.46所示的直读式接地电阻表是目前现场使用最多的接地电阻表。由指针可直接读出数据。

2）内装发电机的接地电阻表

用图2.47下边的摇把使装在测试器内的发电机发电以测试电阻。

图2.46 直读式接地电阻表

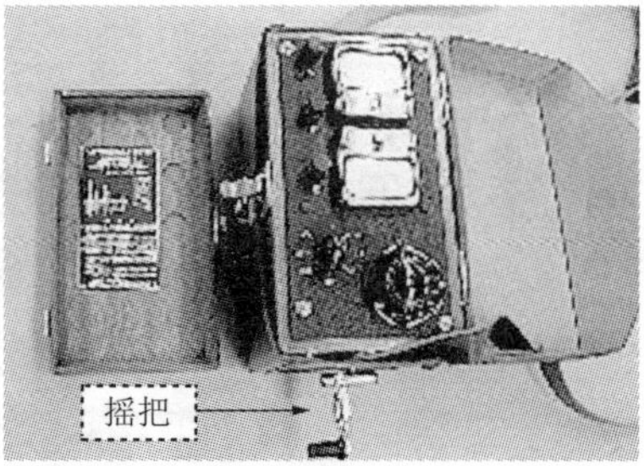

图2.47 内装发电机的接地电阻表

3）大地电阻率计

在变电所等大范围实施接地的场合使用大地电阻率计（图2.48）来测试接地电阻。

4）钳形接地电阻表

用2个连接测试器的钳形电流互感器夹住接地线，可测试此接地线的接地电阻，如图2.49所示。

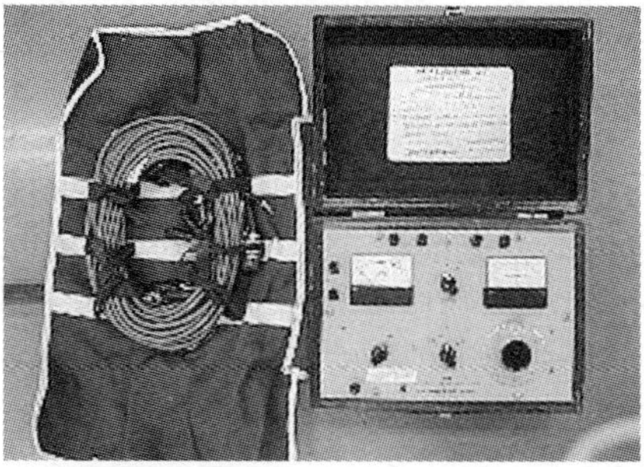

图2.48 大地电阻率计

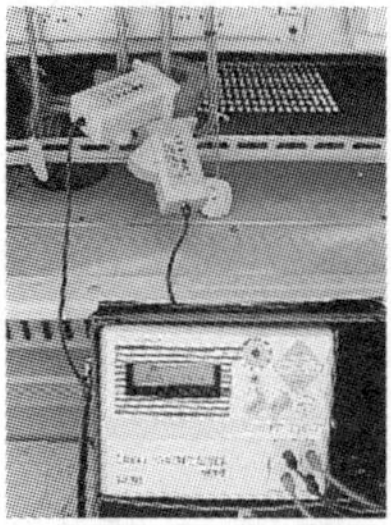

图2.49 钳形接地电阻表

095 用钳形接地电阻表测试接地电阻

接通电源开关后将写有“注入用电流互感器”的导线插入注入用电流互感器输入端子，接着把写有“电流互感器传感器”的导线插入电流互感器输入端子，如图2.50所示。

把注入用电流互感器夹在测接地电阻的接地线上，如图2.51所示。

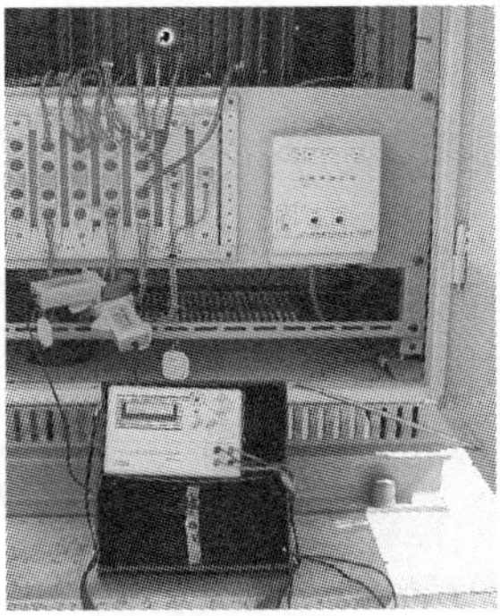

图2.50 用钳形接地电阻表测试接地电阻

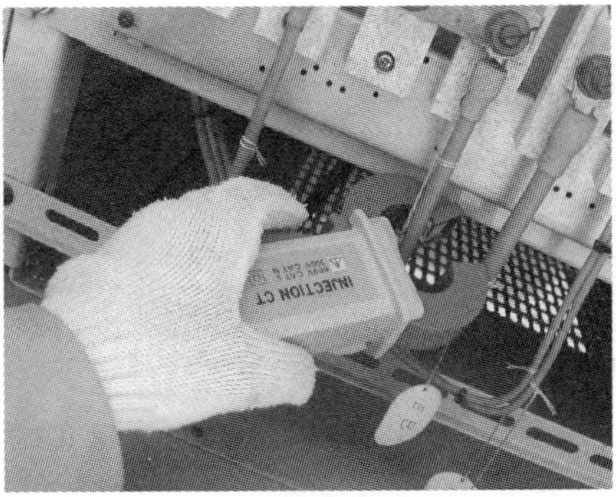

图2.51 注入用电流互感器夹住接地线

把电流互感器传感器夹在同一接地线上，如图2.52所示。此时要使两个电流互感器侧面的箭头指向同一方向。

使光标位置指向“电流”，按下确认键后测试流过接地线的电流，如图2.53所示。

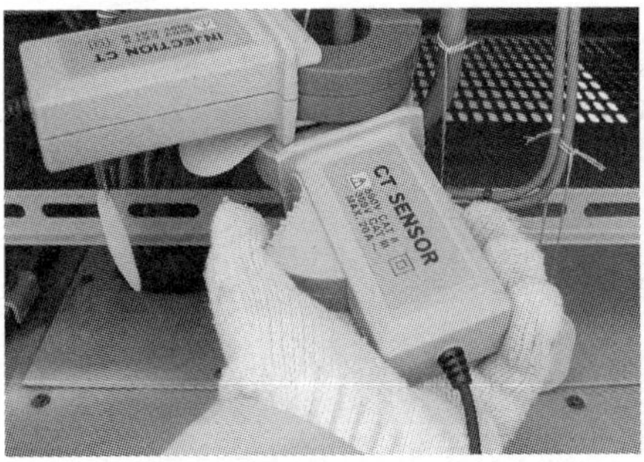

图2.52 电流互感器传感器夹住接地线

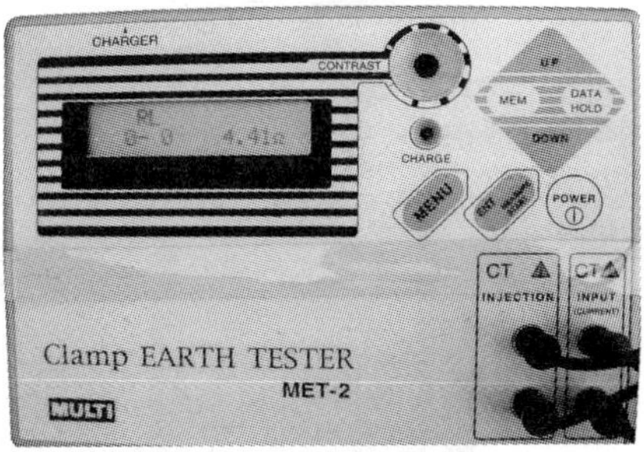

图2.53 测试电流值

按下“菜单”按钮后显示初始画面，使光标位置指向“接地”，按确认键即开始测试，如图2.54所示。

大约30s后显示该接地线的接地电阻值，如图2.55所示。

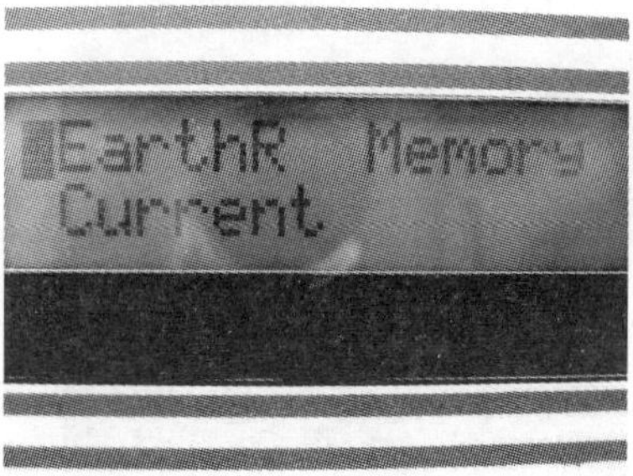

图2.54 开始测接地电阻时的显示

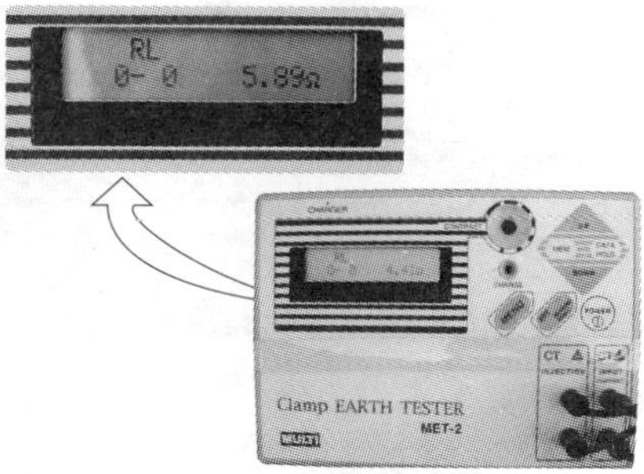

图2.55 显示接地电阻值

096 用直读式接地电阻表测试接地电阻

① 确定要测接地电阻的接地极埋设位置。

② 将直读式接地电阻表（图2.56）的E端子与被测物连接。

③ 在距离接地极埋设点10m以上的一条直线上，向地下打入P辅助接地极（图2.57）。将P辅助接地极的导线连接在接地电阻表的P端子。

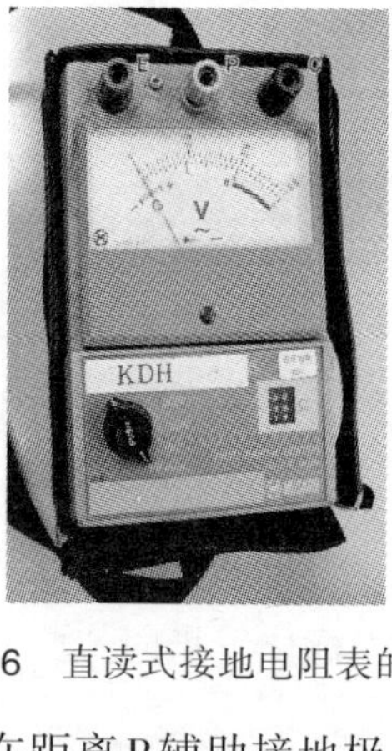

图2.56 直读式接地电阻表的外观

图2.57 打入辅助接地极

④ 在距离P辅助接地极10m以上的距离，再向地下打入C 辅助接地极。将C辅助接地极的导线连接在接地电阻表的C端子。

⑤ 测试前将切换开关拨向“检查电池”，按“测试”按钮，确认电池电压在可用范围内，如图2.58所示。

⑥ 将切换开关拨向“电压测试V”，确认地电位足够小。

⑦ 将切换开关拨向“接地电阻Ω”，按下测试开关。缓慢旋转转盘使检流计的指针逐渐趋向零位。指针指零时转盘刻度的Ω数即所求的接地电阻值，如图2.59所示。

图2.58 按下测试开关

图2.59 转盘刻度的欧姆数

097 接地电阻的容许值

接地电阻的容许值见表2.6.

表2.6 接地电阻的容许值

接地施工的种类	接地电阻容许值	主要使用场所
A种接地施工	10Ω以下	高压电气设备的外壳等的保护接地避雷器的接地
B种接地施工	在“用150除以电路的1线对地短路电流”以下	抑制系统电位上升的系统接地
C种接地施工	10Ω以下	超过300V低压电气设备的外壳保护接地
D种接地施工	100Ω以下	100V系列及200V系列低压电气设备外壳的保护接地

B种接地是当变压器等的高压线与低压线接触时能将低压侧电路的电位上升抑制在150V以下；从发生故障起超过1s不到2s切断高压侧时

能缓和到300V；在1s以内切断高压侧时能缓和到600V。

1线对地短路时的短路电流为10A，电路的B种接地电阻容许值是150/10＝15Ω；超过1s不到2s能切断时接地电阻容许值是30Ω；1s以内能切断时接地电阻容许值是60Ω。

对于在漏电断路器保护电路中使用的电气设备，C种接地及D种接地的接地电阻容许值放宽到500Ω以下。

第3章 电动机基础

098 永磁直流电动机

永磁直流电动机的工作原理非常容易理解，其示意图如图3.1所示。永磁直流电动机是依靠永磁铁和电磁铁两个磁场相互作用来实现旋转的。当转子的两极呈竖直状态时，电流通过转子线圈，在转子中心产生磁场。两个磁场相互吸引，使转子转向与永磁铁对齐的方向（图3.1中虚线）。当转子刚旋转到水平位置时，转子电枢断开，切断转子线圈的电流，转子向竖直方向自由旋转。随着转子旋转到竖直方向，电枢重新连接供电，这时在转子铁心的内部会产生一个与刚才方向相反的磁场。通过这种方式，转子每旋转半周，转子磁场改变一次方向，由此就产生了旋转运动。图3.2所示为一个两极永磁直流电动机的原理图，图3.3示出了永磁直流电动机的外形。

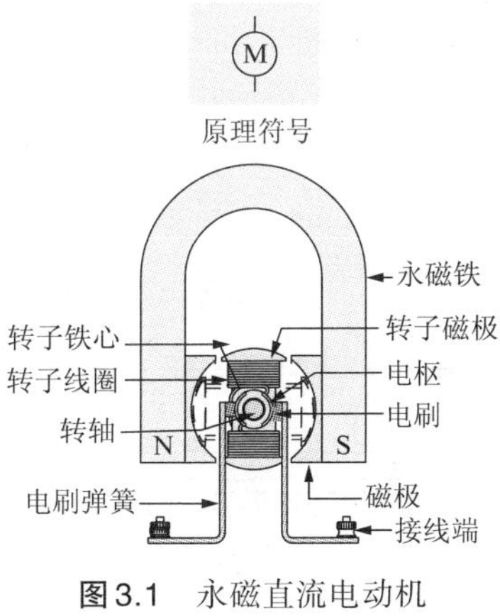

图3.1　永磁直流电动机

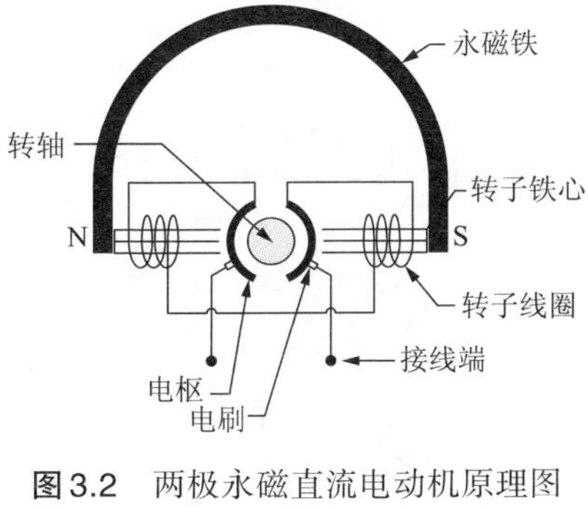

图3.2　两极永磁直流电动机原理图

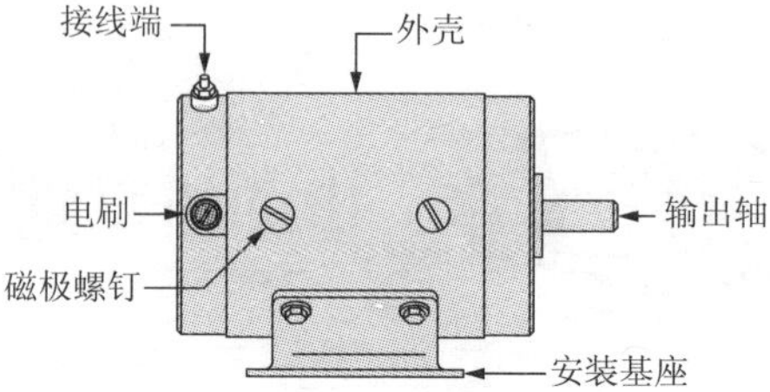

图3.3 永磁直流电动机外形

值得注意的是，绝大多数的永磁电流电动机都能够方便地更换电刷，因为电刷是直流电动机中最容易磨损的一个部件。

099 并励直流电动机

并励直流电动机是永磁直流电动机的一种常见变体。它与永磁直流电动机基本相同，唯一不同的是，在并励直流电动机中用电磁铁代替了永磁铁。并励直流电动机通常应用于需要更高马力的工作场合，因为电磁铁与永磁铁相比，可以产生强度更大的磁场。图3.4所示为一个两极并励直流电动机。图3.5所示为并励直流电动机的原理图。

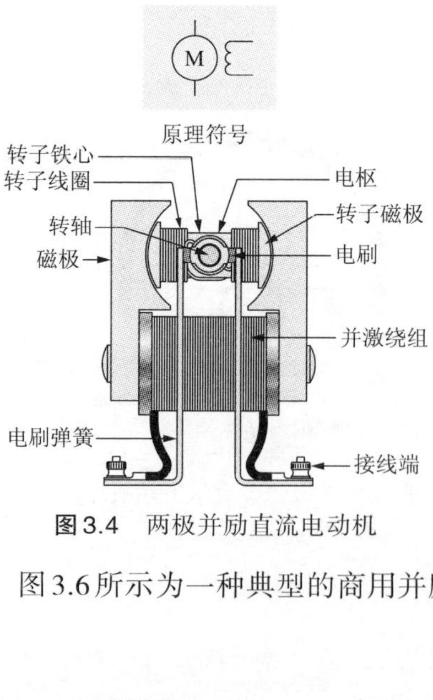

图3.4 两极并励直流电动机

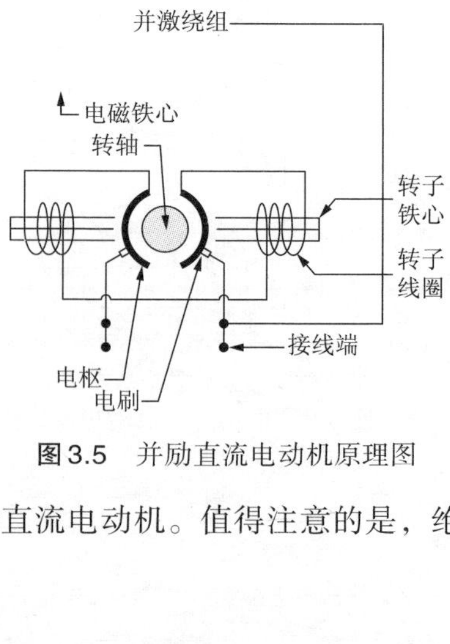

图3.5 并励直流电动机原理图

图3.6所示为一种典型的商用并励直流电动机。值得注意的是，绝大

多数并励直流电动机也能够很方便地更换电刷。与永磁直流电动机一样，电刷也是并励直流电动机中最容易磨损的部件。

通过限制磁场电流的大小可以改变磁场强度，进而可以控制并励直流电动机的旋转速度。如果减小电流，那么磁场强度降低，同时电动机的转速也降低。图3.7所示为并励直流电动机转速控制原理图。

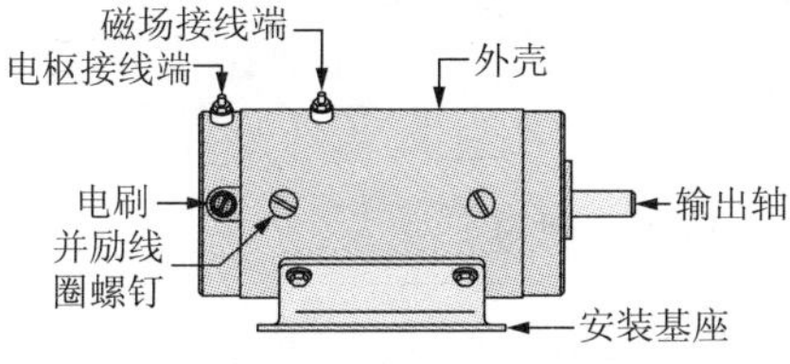

图3.6 商用并励直流电动机

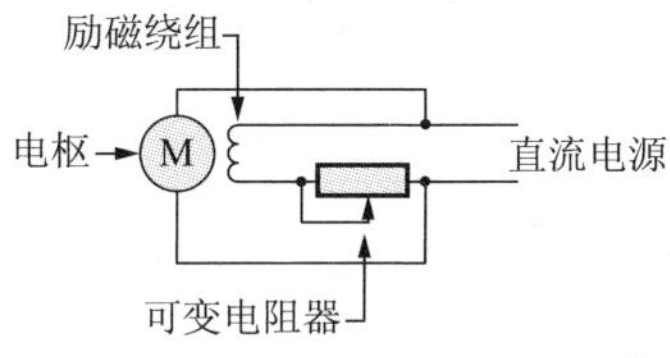

图3.7 并励直流电动机转速控制原理图

100 通用电动机

通用电动机实质上就是一种并励直流电动机，它无论在交流电还是直流电的场合都可以正常工作。这类电动机经常用作缝纫机上的一个部件，因为它能够以低廉的成本实现非常棒的速度控制功能。图3.8示出了一种典型的通用电动机。外观上看起来通用电动机与绝大多数的直流电动机并没有什么区别。如果不看铭牌的话，很难确定两者之间的不同之处。

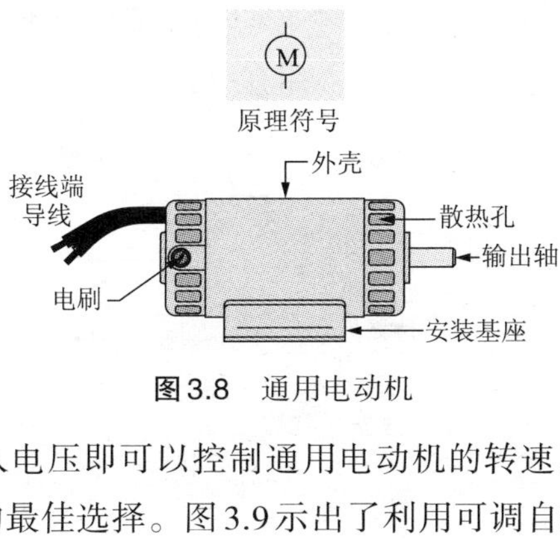

图3.8 通用电动机

通过改变输入电压即可以控制通用电动机的转速，可调自耦变压器是实现这种功能的最佳选择。图3.9示出了利用可调自耦变压器控制通用电动机转速的原理图；图3.10示出了利用多抽头变压器控制通用电动机的高、中、低速旋转的原理图；图3.11示出了利用电子SCR（可控硅整流器）速度控制器来完成通用电动机转速控制的原理图。

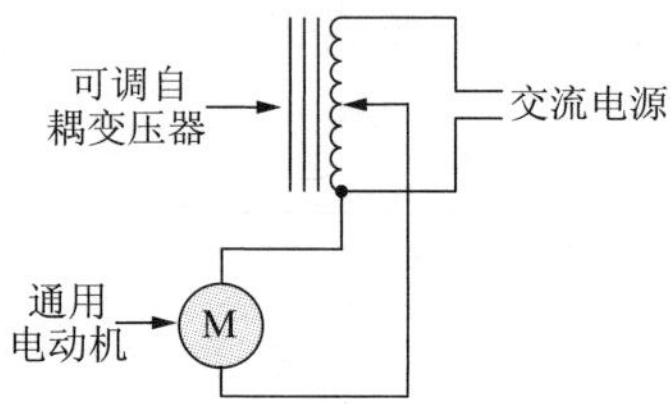

图3.9 通用电动机速度控制原理图

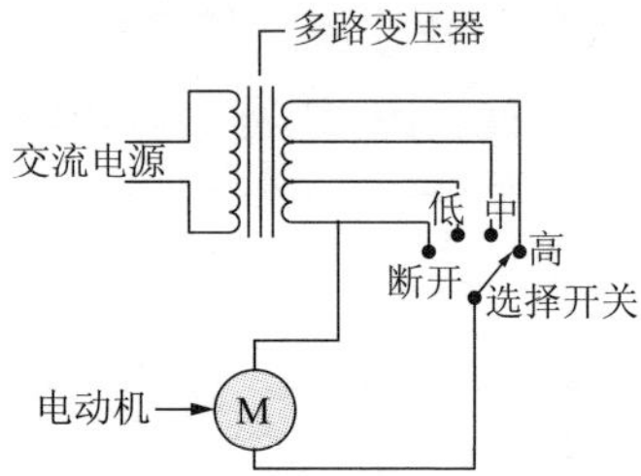

图3.10 通用电动机三速控制原理图

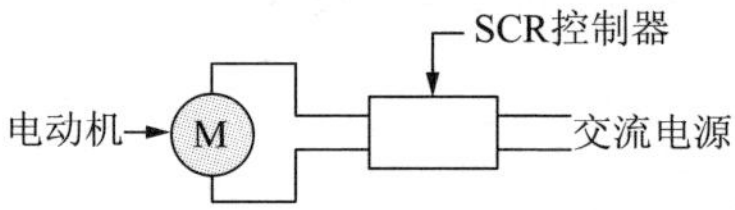

图3.11 通用电动机SCR控制器调速原理图

101 感应电动机

到目前为止，种类最多的电动机应该非感应电动机莫属了。这种电动机的交流电利用率是最高的，与其他种类的电动机相比其制造成本却是最低的。它的功率输出范围可以从零点几马力直至上万马力。实际上，感应电动机无处不在，遍及几乎全世界的所有家庭、办公室以及工业设施中。图3.12所示为一个典型的商用开放式结构的感应电动机。

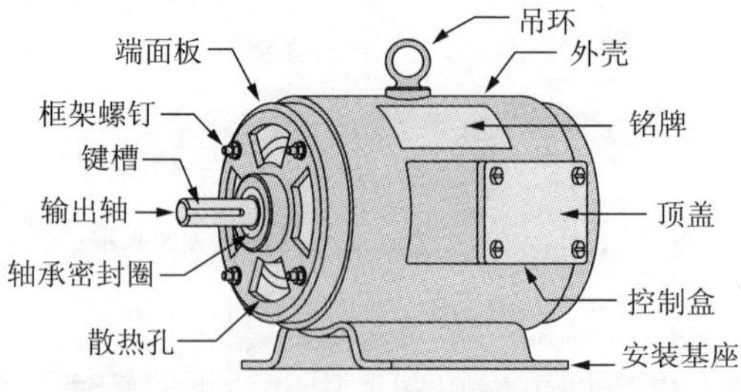

图3.12 商用开放式结构的感应电动机

感应电动机是利用转子内的感应电流来运转的。转子内的感应电流会产生一个磁场，这个磁场会被定子产生的磁场吸引。因为交流电的电流方向是不断变化的，所以定子磁场的旋转排斥或吸引转子磁场，使转子旋转起来。图3.13所示为感应电动机原理图。当定子内的电压升高或降低时，转子内即可产生感应电流。转子的感应磁场和定子磁场相互排斥，从而推动转子使转子旋转起来。

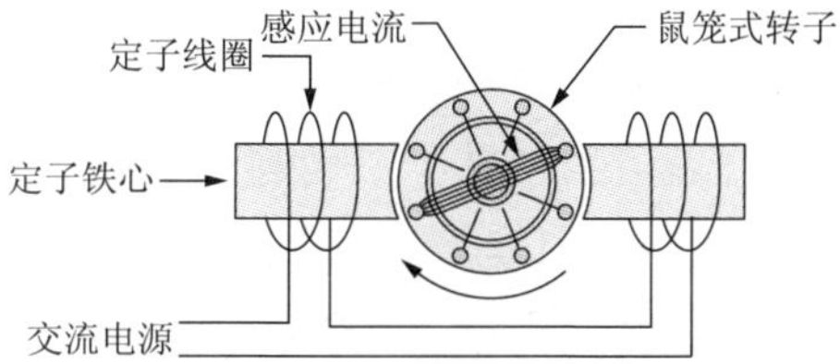

图3.13 感应电动机原理图

大多数感应电动机都使用一个叫做“鼠笼式转子”的术语。鼠笼式转子由置于两个端面板之间的圆铁片层叠结构构成，两个端面由一系列非磁性导体连接。端面板及导体形成了导通电路，这样就有了产生感应电流的可能。铁片的层叠结构构成了磁芯，起到与定子磁场相互排斥的作用。图3.14所示为一种典型的用于多种感应电动机内部的鼠笼式转子。

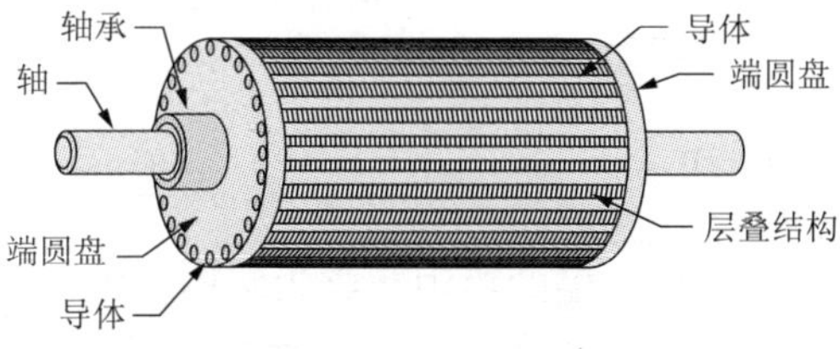

图3.14 鼠笼式转子

基本的感应电动机不能自己启动，因为在停止状态下，转子磁路闭锁，从而无法旋转。因此，感应电动机内部必须有某种启动装置。最简单的方法是手动旋转电动机，同时接通电源，这样就足以启动一个感应电动机。然而，这种方法显然在实际上并不可行。基于此种原因，感应电动机内部预装了专门的启动电路。

102 电容启动电动机

电容启动电动机在小型设备中比较常见。这种电动机不但启动转矩大，而且效率也非常高。有些小型设备只需要0.5 ~ 1.5hp的功率，电容启动电动机是这类小型设备的最佳选择。图3.15所示为电容启动电动机的原理图。除了运转绕组以外，这类电动机还有一个启动绕组。启动绕组通过一个电容器和离心开关连接到电源上。当有电源输入而转子处于静止状态时，电容器会引入一个相位的偏差，使启动绕组在磁场中产生一个非对称磁场，这样就可以使转子旋转起来。随着转子旋转速度的增加，离心开关断开，切断启动绕组，此时电动机在运转过程中只有运转绕组处于工作状态。图3.16所示为一种典型的电容启动电动机外形。

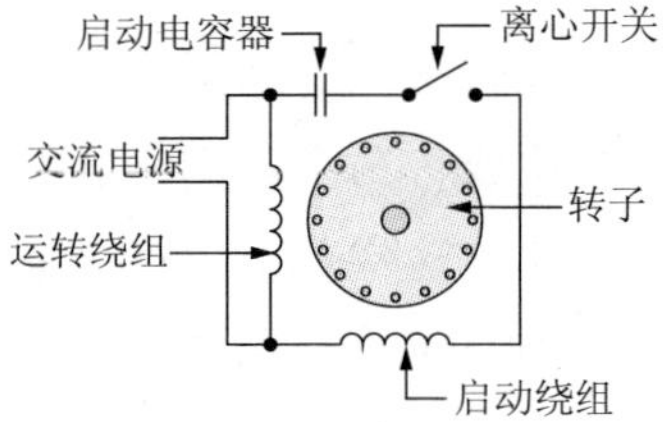

图3.15 电容启动电动机原理图

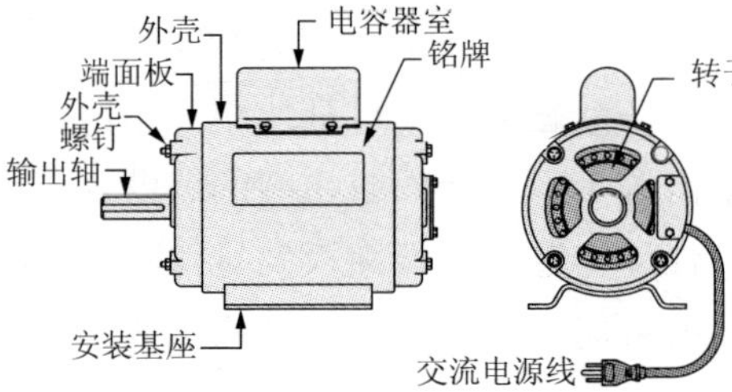

图3.16 电容启动电动机外形

103 分相电动机

分相电动机与电容启动电动机结构基本相同，唯一不同的地方在于：其内部电路中没有电容器。通过改变启动绕组和运转绕组的相对位置即可调整分相电动机内部磁场的对称性。图3.17所示为分相电动机的原理图。分相电动机的输出功率一般为0.25 ~ 0.75hp。这类电动机不像电容启动电动机那样可以有一个很大的启动转矩，它们通常应用于不需要大启动转矩的设备中，例如，家用以及一些小型的商业中心用的空气处理设备等。图3.18示出一种商用分相电动机。值得注意的是，这类电动机绝大多数都有一个弹性安装基座，可以减小噪声和振动。

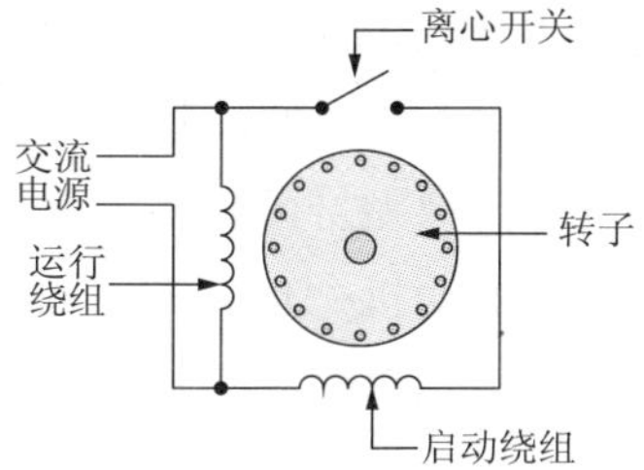

图3.17 分相电动机原理图

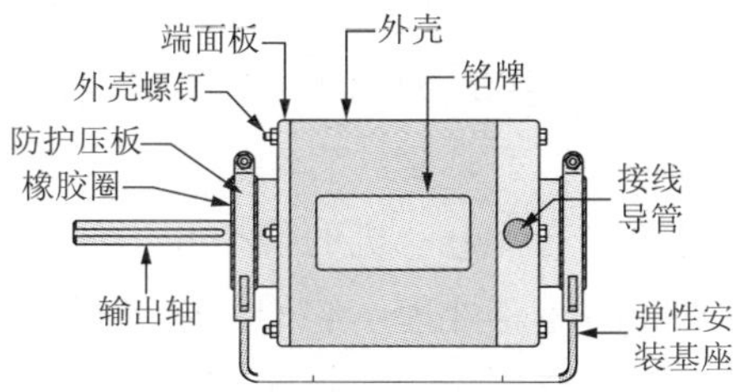

图3.18 商用分相电动机

104 分容电动机

分容电动机与电容启动电动机的结构基本相同，唯一不同的地方是去掉了离心开关。启动绕组通过一个电容器直接连到交流电源上，目的是给启动绕组持续供电，从而产生一个不对称的磁场，因此通过启动绕组的电流必须很小。图3.19示出了分容电动机的原理。通常这类电动机的启动转矩比较小，且效率也很低，因此一般用于小功率要求的设备中。这类电动机最大的优点就是运动部件少，可靠性高。有些小型设备的常规维护保养工作进行起来很困难或者根本不可能完成，当遇到这种情况时，分容电动机就是一种很好的选择。图3.20所示为一种典型的分容电动机外形。

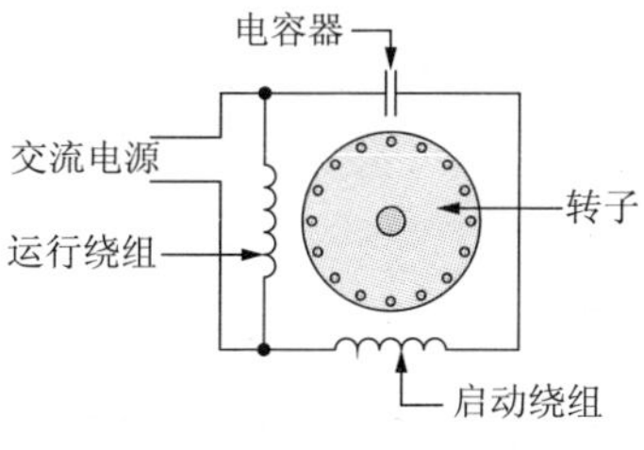

图3.19 分容电动机原理图

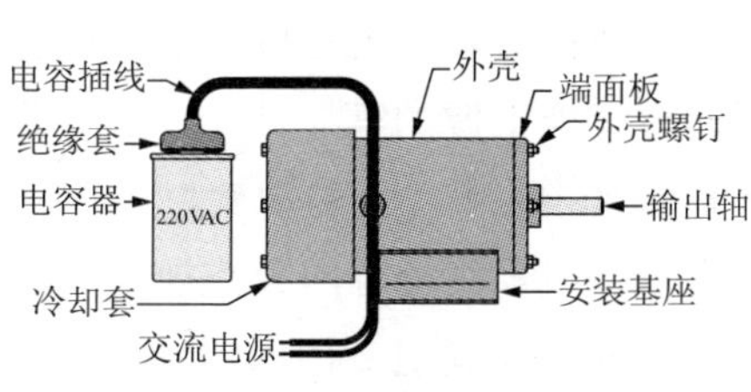

图3.20 分容电动机外形

105 屏蔽磁极式电动机

屏蔽磁极式电动机在各种小型电器中非常常见。因为它们的输出功率非常低，一般为1/120~1/16hp。这种电动机的启动机理是把一个铜环（导磁环）安装在极面的一个狭窄截面上。这个导磁环使磁场变得不对称，因此产生了必要的启动转矩。图3.21所示为典型屏蔽磁极式电动机的原理图。这种电动机的价格相当便宜，因此电动机一旦失灵，通常可以当成废品随意处理。它们的效率很低，通常不到20%，启动转矩也比较低。图3.22所示为一种典型的屏蔽磁极式电动机外形。请注意，铜环安装在铁心的左上角。

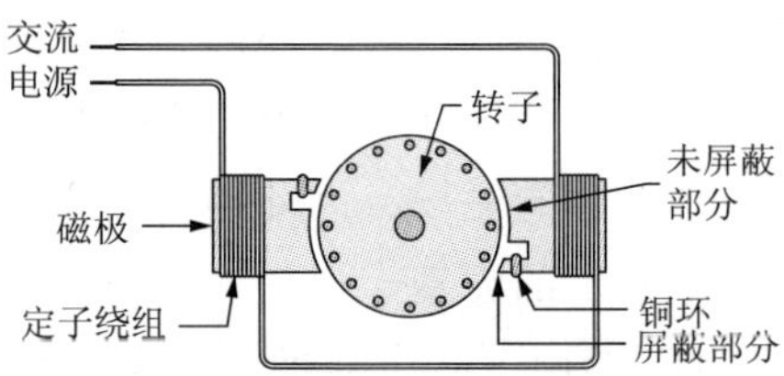

图3.21 屏蔽磁极式电动机原理图

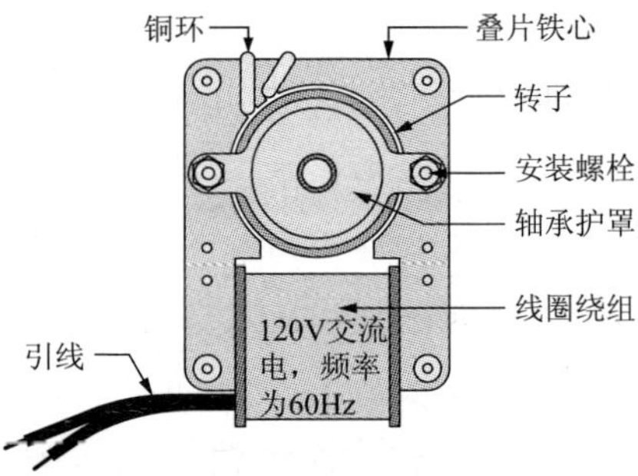

图3.22 屏蔽磁极式电动机外形

106 三相感应电动机

三相感应电动机几乎是专用于工业及商业领域的电动机。这类电动机具有启动转矩大、效率高、结构紧凑和维护费用低等特点。不但如此，仅仅通过交换电源的其中两个引脚，即可使电动机实现反向旋转，同时唯一需要保养的零件就是轴承。

由于绕组采用特定的分布规则，三相感应电动机拥有自启动的特点，因此不需要借助其他专门的启动装置。图3.23所示为三相感应电动机的原理图；图3.24示出了一个典型的全封闭风冷式（TEFC）三相感应电动机。通常TEFC电动机的外壳表面凸出很多散热片，用来提高冷却效率。电动机的后部安装了一个散热护罩，内装一个风扇可以将空气吹向散热片。

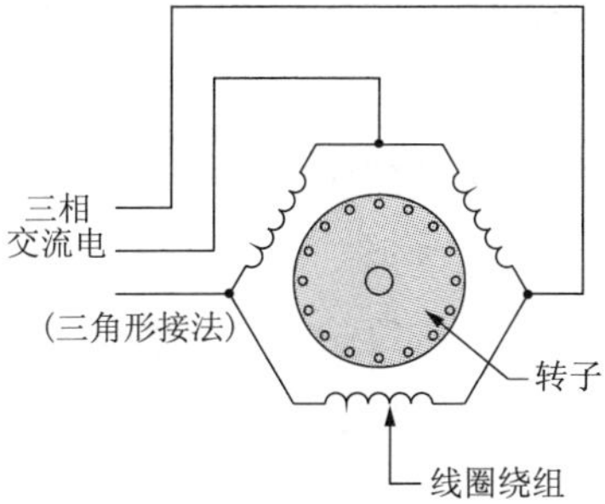

图3.23　三相感应电动机原理图

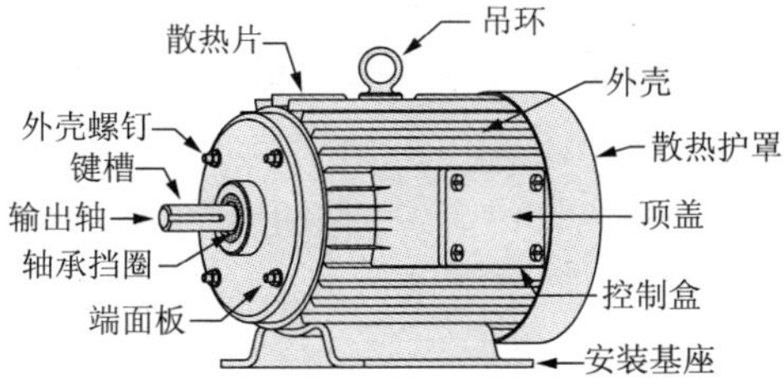

图3.24　全封闭风冷式三相感应电动机

普通的三相感应电动机启动转矩一般在满负载转矩的250% ~750%，它们的这一特性非常适合应用于具有较高启动转矩要求的设备中。图3.25示出了一种典型的三相感应电动机的启动转矩和启动电流的关系曲线图。启动电流有可能高达满负载电流的700%，这么大的启动电流在安装使用三相感应电动机以前必须慎重考虑。

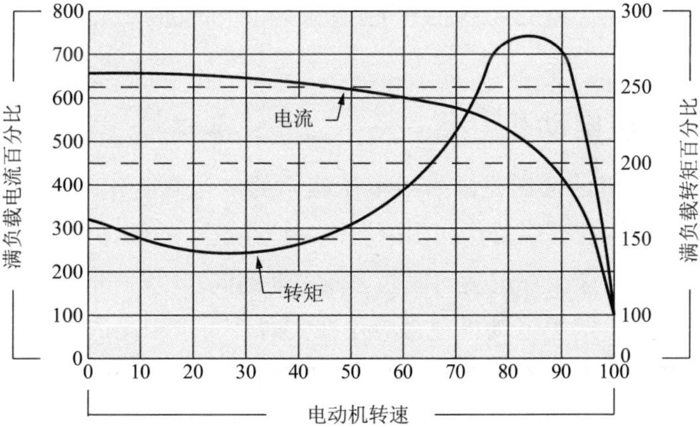

图3.25　三相感应电动机启动转矩和启动电流关系曲线

107 绕线转子三相感应电动机

绕线转子三相感应电动机采用的是更传统的速度控制方法。这类电动机并没有采用鼠笼式转子，而是使用了绕线转子和电刷，这与直流电动机很相似。转子线圈连接到一个三端可变电阻器上，这个变阻器是用来调整转子线圈阻抗的。

当转子阻抗增大时，电动机转速降低；当转子阻抗降低时，电动机转速增加。图3.26示出绕线转子三相感应电动机的原理图。这类电动机通常价格比较昂贵，而且其集电环需要大量的日常维护保养工作。但考虑到它带来的低成本以及电控调速功能，这种电动机仍然大有用武之地。

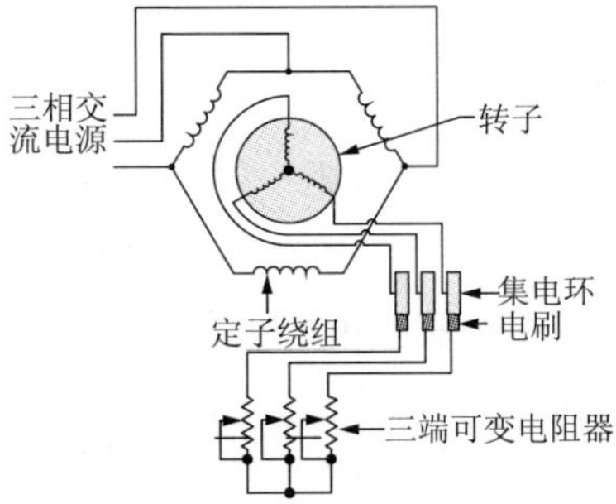

图3.26 绕线转子三相感应电动机原理图

108 同步电动机

同步电动机的输出是随着线电压频率的变化而变化的。尽管所有的交流感应电动机都可以看作同步电动机，但是，它们的输出精度是不能保证的，因为总会存在一定量的偏差。而一般的同步电动机就能够实现精度非常高的输出。这类电动机通常应用在实时性要求很高的设备中，例如，挂钟或磁带录音机。图3.27所示为一种典型的同步电动机的原理图。

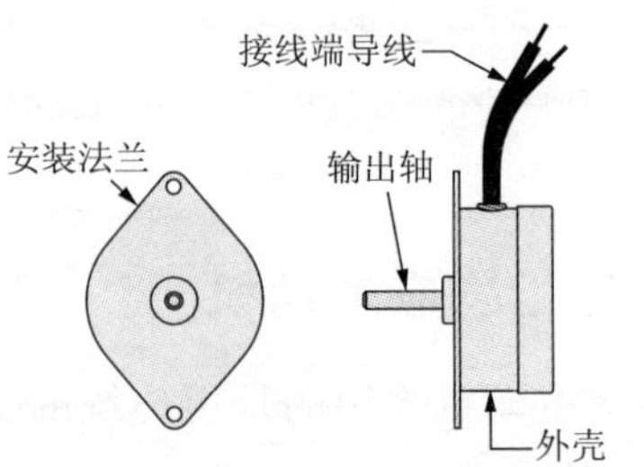

图3.27 同步电动机原理图

109 步进电动机

步进电动机通常应用在需要运动控制的设备中，这类电动机尤其适合应用在低速或恒负载的设备中。步进电动机采用多极设计，目的是为了精确控制转子的旋转位置，甚至在输出为0时也可以。它们的这一特性深受运动控制工程师的欢迎。绝大多数的计算机设备，例如硬盘驱动器以及打印机，采用的都是步进电动机。

图3.28所示为步进电动机的原理图。电动机具有6对作用力相反的定子线圈，各对线圈相互能够独立地进行控制。当一对异性磁极（磁极5）被激活时，则产生了一个磁场，转子会根据磁场的作用力发生旋转；若磁极5关闭，磁极4被激活，则转子会转到一个新的位置。因此，只要精确控制这些磁极对，就可以精确控制转子的位置及其输出。

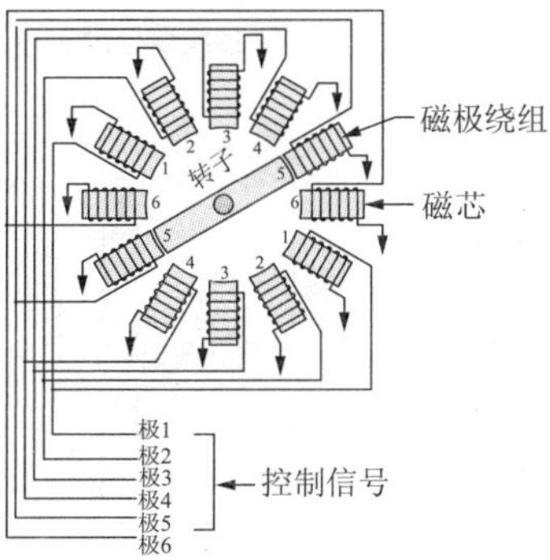

图3.28　六极步进电动机原理图

为了提供更加精确的分辨率，步进电动机可以工作在半步模式下。在这个模式中，有4个磁极被激活，因此，转子可以处于两对磁极之间的位置上，这样就使得步进电动机的运行分辨率提高了1倍。图3.29所示为工作于快步模式下的步进电动机。

把半步模式的思路进一步延伸，就产生了微步控制模式。只要精确控制两对磁极的磁场强度，就可以让转子处于两对磁极之间的任何位置。图3.30示出工作于微步模式下的步进电动机。

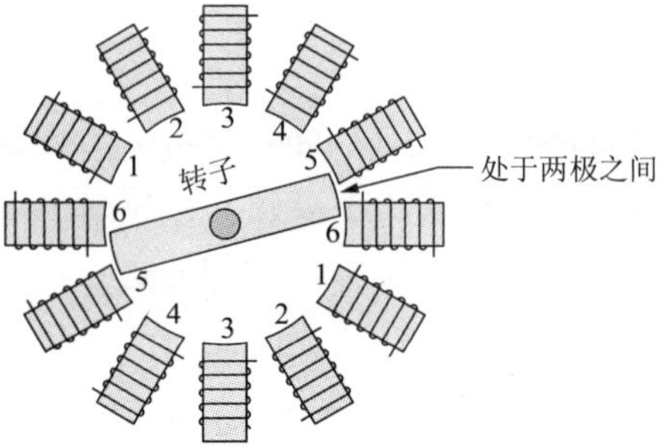

图3.29　快步模式步进电动机

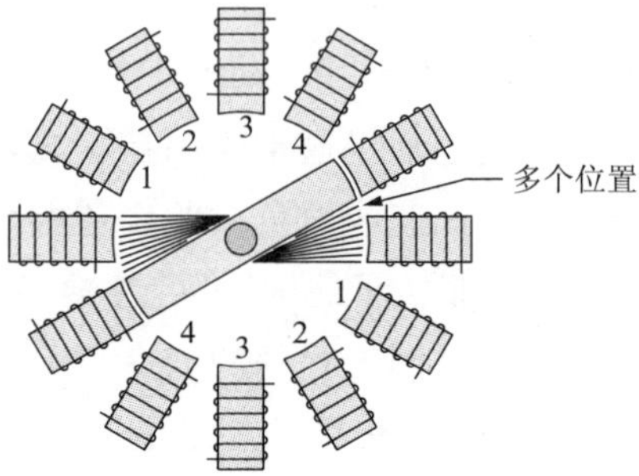

图3.30　微步模式步进电动机

图3.31示出一种典型的商用步进电动机，这类电动机通常都自带一个安装法兰，法兰上有定位凸台。输出轴相对于定位凸台的位置非常精确，安装时可以直接把电动机安装到齿轮箱中。

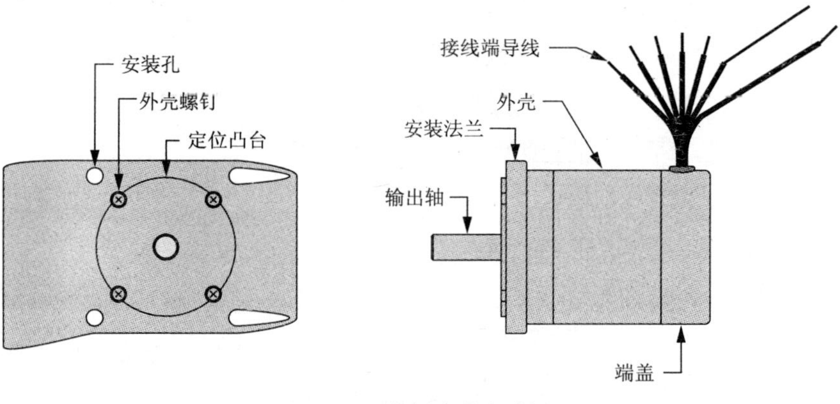

图3.31　商用步进电动机

步进电动机需要一种专用控制器。控制器通常由一些可以接通或者断开磁极的开关构成。这些开关通常是一些可控晶体管，它们用直流电源来控制磁极对。这些开关与步距控制器相连，控制器通过这些开关来控制电动机的转速、步距和转向。图3.32所示为一种典型的步进电动机控制系统结构图，其中请注意，该图为一个开环系统，在开环系统中，电动机不能给控制器提供任何反馈信息。

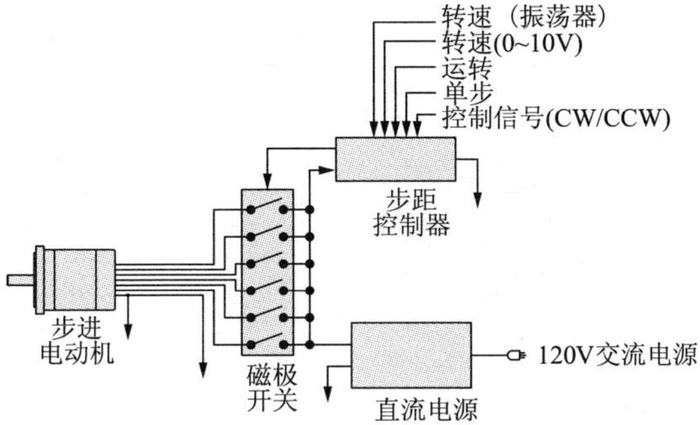

图3.32　步进电动机控制系统结构图

110 伺服电动机

伺服电动机实际上就是一种传动轴上带有位置反馈装置的直流电动机。它可以实时采集电动机轴的旋转参数。如果负载很高或负载经常发生变化，例如机床及传送系统等，利用这种电动机进行运动控制是一个不错的选择。图3.33示出一种商用直流伺服电动机。其中请注意，信号采集器安装在电动机的后面。采集器里安装有传感器，传感器可以把转速以及位置等信息反馈给控制器。

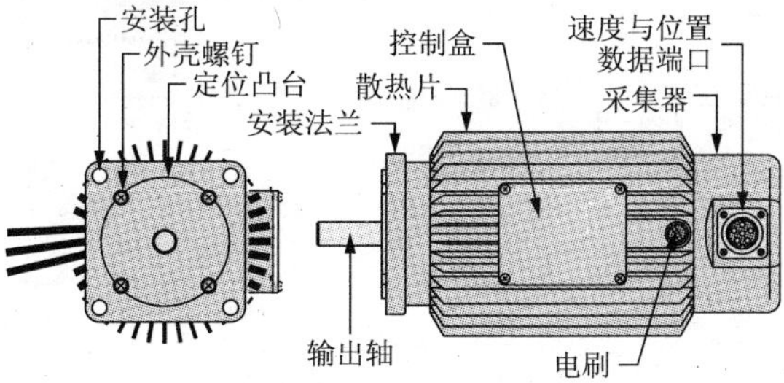

图3.33　商用直流伺服电动机

图3.34示出一种典型伺服电动机的控制系统结构图。电动机的信号采集器把位置以及转速信息反馈给控制器。控制器根据反馈回来的信息调整电源的输出，以确保电动机按照系统的要求工作，通常称这种系统为闭环系统。

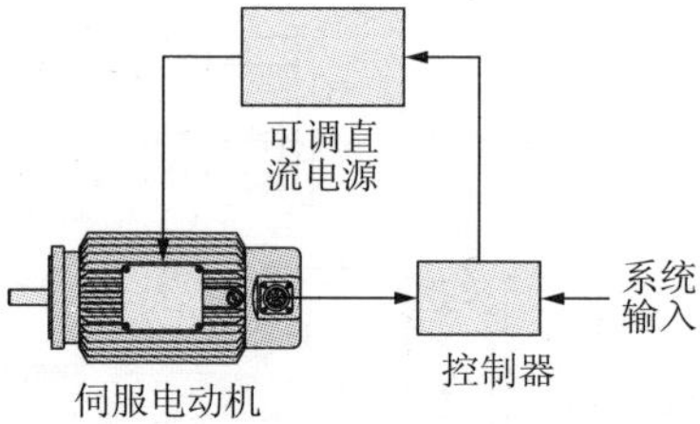

图3.34 闭环伺服电动机控制系统

111 螺线管/活塞式电动机

螺线管/活塞式电动机通常作示范用。这种电动机与活塞发动机的工作方式基本相同，但它们使用的不是燃料，而是利用磁场工作。图3.35所示为螺线管/活塞式电动机的工作原理图。曲柄带动一个凸轮旋转，凸轮控制一个双刀双掷换向开关，活塞为一块磁铁。当线圈的磁场吸引磁铁时，拉动活塞进入缸体内部。当磁极反向时，磁铁被推出缸体。磁铁的运动作用到曲柄轴上，于是产生了转动。图3.36所示为一种单缸螺线管/活塞式电动机。

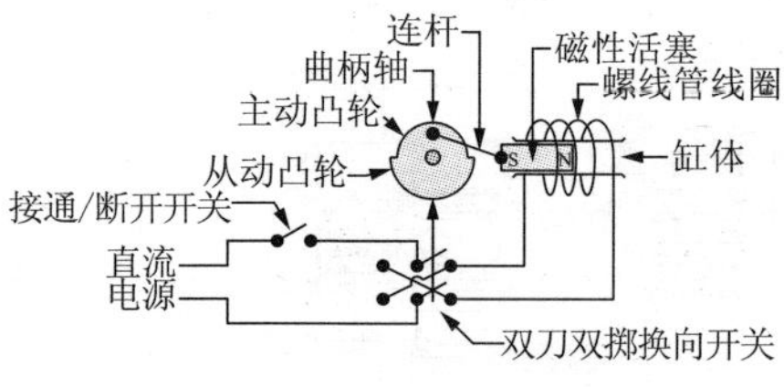

图3.35 螺线管/活塞式电动机原理图

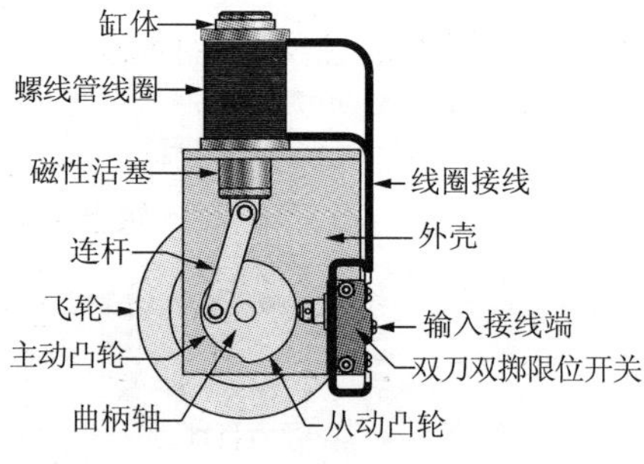

图3.36 单缸螺线管/活塞式电动机

第4章 电动机的选用

112 电动机类型的选择

电动机品种繁多，结构各异，分别适用于不同的场合，选择电动机时，首先应根据配套机械的负荷特性、安装位置、运行方式和使用环境等因素来选择，从技术和经济两方面进行综合考虑后确定选择什么类型的电动机。

对于无特殊变速调速要求的一般机械设备，可选用机械特性较硬的鼠笼式异步电动机。对于要求启动特性好，在不大范围内平滑调速的设备，一般应选用绕线式异步电动机。对于有特殊要求的设备，则选用特殊结构的电动机，如小型卷扬机、升降设备等，可选用锥形转子制动电动机。

113 电动机容量（功率）的选择

电动机的功率应根据生产机械所需要的功率来选择，尽量使电动机在额定负载下运行。实践证明，电动机的负荷为额定负荷的70%～100%时效率最高。电动机的容量选择过大，就会出现“大马拉小车”现象，其输出机械功率不能得到充分利用，功率因数和效率都不高。电动机的容量选得过小，就会出现“小马拉大车”现象，造成电动机长期过载，使其绝缘因发热而损坏，甚至将电动机烧毁。一般来说，对于采用直接传动的电动机，容量以1～1.1倍负载功率为宜；对于采用皮带传动的电动机，容量以1.05～1.15倍负载功率为宜。

另外，在选择电动机时，还要考虑到配电变压器容量的大小。一般来说，直接启动时，最大一台电动机的功率不宜超过变压器容量的30%。

114 电动机转速的选择

应根据电动机所拖动机械的转速要求来选用转速相对应的电动机。

① 如果采用联轴器直接传动，电动机的额定转速应与生产机械的额定转速相同。

② 如果采用皮带传动，电动机的额定转速不应与生产机械的额定转速相差太多，其变速比一般不宜大于3。

③ 如果生产机械的转速与电动机的转速相差很多，则可选择转速稍高于生产机械转速的电动机，再另配减速器，使二者都在各自的额定转速下运行。

在选择电动机的转速时，不宜选得过低，因为电动机的额定转速越低，极数越多，体积越大，价格越高。但高转速的电动机启动转矩小，启动电流大，电动机的轴承也容易磨损。因此在工农业生产上选用同步转速为1500 r/min（四极）或1000 r/min（六极）的电动机较多，这类电动机适用性强，功率因数和效率也较高。

115 电动机防护形式的选择

电动机的防护形式有开启式、防护式、封闭式和防爆式等，应根据电动机的工作环境进行选择。

① 开启式电动机内部的空气能与外界畅通，散热条件很好，但是它的带电部分和转动部分没有专门的保护，只能在干燥和清洁的工作环境下使用。

② 防护式电动机有防滴式、防溅式和网罩式等种类，可以防止一定方向内的水滴、水浆等落入电动机内部，虽然它的散热条件比开启式差，但应用比较广泛。

③ 封闭式电动机的机壳是完全封闭的，被广泛应用于灰尘多和湿气较大的场合。

④ 防爆式电动机的外壳具有严密密封结构和较高的机械强度，有爆

炸性气体的场合应选用防爆式电动机。

116 电动机的额定机械功率

电动机的额定机械功率用马力（hp）或瓦特（W）来表示（1hp=746W）。转矩与转速是决定输出机械功率的两个重要因素。转矩、转速与马力的关系可以通过一个基本方程来表示：

马力 = 转矩 × 转速 / 常数

式中，转矩用1b/ft表示；转速用r/min表示；常数由转矩使用的单位决定。在此式中，常数为5252。

输出同样的功率，电动机运行得越慢，提供的转矩就越大。功率等级相同时，为了承受更大的转矩，慢速运行的电动机组成部件要比高速运行电动机的部件耐用。所以，转速慢的电动机比同马力等级的快速电动机体积更大、更重、更贵。

117 电动机的电流

1）满载电流

在满载（满载力矩）时，期望电动机提供的电流叫做满载电流，也称作铭牌安培。电动机铭牌上的满载电流用来决定电路中过载感应元件的规格。

2）堵转电流

全电压启动时，期望电动机提供的电流叫做堵转电流，也称为启动浪涌电流。

3）过载系数电流

当过载的百分比等于电动机铭牌上的过载系数时，电动机提供的电流叫做过载系数电流。例如，铭牌上标出的过载系数为1.15，则过载系数电流为电动机可以长期无损工作的115%的正常工作电流。

118 电动机的规范代号

NEMA的规范代号用于计算电动机的堵转电流，单位为千伏安/马力（kV·A/hp）。过流保护设备的电流一定要高于电动机堵转电流，以保证当电动机启动时过流保护设备不会断开。按照字母顺序，代号从A ～V排列，代表堵转电流的递增，见表4.1。

LR电流（单相电动机）=代码值 ×hp×577/额定电压

LR电流（三相电动机）=代码值 ×hp×577/额定电压

表4.1 堵转规范（kV·A/hp）

A	0~3.15	G	5.6~6.3
B	3.15~3.55	H	6.3~7.1
C	3.55~4.0	J	7.1~8.0
D	4.0~4.5	K	8.0~9.0
E	4.5~5.0	L	9.0~10.0
F	5.0~5.6	M	10.0~11.2

119 电动机的设计代号

NEMA把交流电动机分为4种标准型，分别使用字母A，B，C，D表示，用来满足不同电气负载的特殊要求。设计代号表示电动机的转矩、启动电流、转差等相关的特性。B型是最常用的电动机，它的启动转矩相当高，启动电流适中。其他设计类型只在少部分特殊设备中使用。

120 电动机的效率

电动机的效率是指输出机械功率与输入电功率之比，通常用百分数表示。电动机的输入功率等于传送给转轴的输出功率与电动机以发热形式损失的功率之和。电动机的功率损失如下。

1）铁心损耗

表示磁化铁心材料所需能量（磁滞损耗）和涡流损耗。

2）定子与转子电阻损耗

通过定子电阻（R）与转子绕组的电流（I）以热能I^2R的形式损失，通常称为铜损耗。

3）机械损耗

包括电动机轴承的摩擦损耗与风扇的制冷损耗。

4）杂散损耗

除去一次侧铜损、二次侧铜损、磁芯损耗、机械损耗所余下的损耗。杂散损耗主要是电动机带负载运行时产生的谐波损耗。谐波损耗包括谐波流过铜制绕组电流，铁心内的谐波磁通分量和叠片内的漏磁场产生的损耗。

121 能效电动机

能效电动机的效率为75%~98%。由于使用了优质材料与技术，能效电动机使用能量很少，如图4.1所示，所以被称为能效电动机。

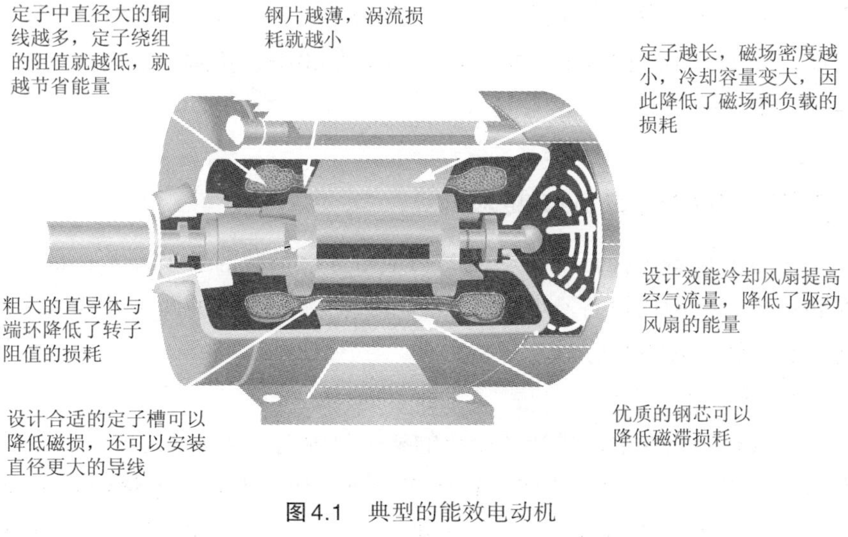

图4.1 典型的能效电动机

122 电动机的机座尺寸

电动机的机座尺寸多种多样，可以与不同的设备进行匹配。通常来讲，电动机马力越高或者转速越低，机座尺寸就越大。为了使电动机工业更加标准化，NEMA给出了某些电动机的标准机座尺寸。例如，机座尺寸为56的电动机，轴高一定要超过3.5in这个基本尺寸。

123 电动机的频率

电动机的频率是指交流电动机运行时线电压的频率。北美电动机要根据电源频率设计为60Hz，世界上的其他地方都是50Hz。因此要保证电动机在50Hz或60Hz时仍然可以正常运行。例如，将三相频率从50Hz改为60Hz，转子转速会提高20%。

124 电动机的满载转速

满载转速是指给电动机提供额定转矩或马力时，电动机的运行转速。例如，一个典型的四极电动机，运行频率为60Hz，铭牌上的满载额定转速为1725r/min，同步转速为1800r/min。

125 电动机的负载要求

为电气设备选择正确电动机时必须要考虑负载的要求，尤其是需要对转速进行控制的设备。电动机控制负载时需要考虑的两个重要因素是转矩和与转速有关的马力。

1）恒转矩负载

恒转矩是指在电动机转速变化的整个范围内负载是恒定的，如图4.2所示。当转速上升时，功率与转速变化成正比，但转矩始终恒定不变。典型的恒转矩设备如传送带、起重机与牵引装置。当转速增加时，功率与转速变化成正比，而转矩保持不变。例如，传送带负载在5ft/min或

50ft/min时需要的转矩都是相同的。然而，功率需要和转速一同增加。

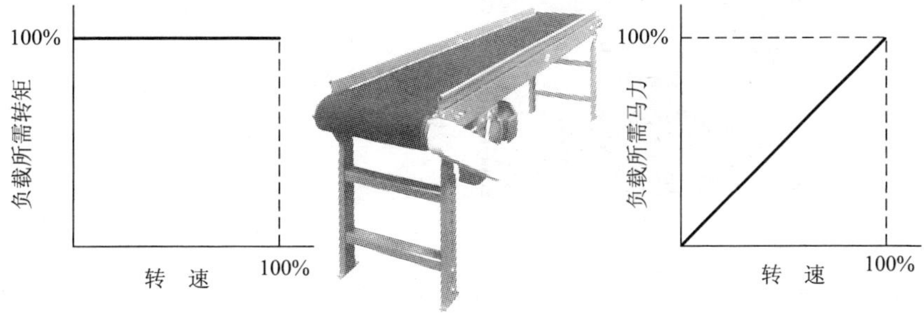

图4.2 恒转矩负载

2）可变转矩负载

负载低速运行需要的转矩很低，转速变大时转矩变大（图4.3），这种负载称为可变转矩负载。拥有可变转矩特性的负载有离心风扇、泵和吹风机等。为可变转矩负载选择电动机时，要以电动机在最大转速下运行时提供合适的转矩和马力为依据。

图4.3 可变转矩负载

3）恒马力负载

恒马力负载要求在低速运行时的转矩大，高速运行时的转矩小，无论在什么转速下运行，电动机的马力都不变（图4.4）。车床就是这种设备。低速时，机械师使用大转矩进行重切削，等到高速时操作员完成切削，需要的转矩变小。

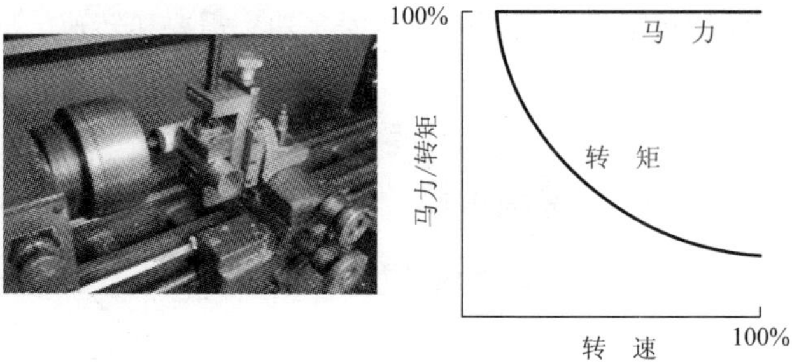

图4.4 恒马力负载

4）高惯性负载

惯性是指物体保持某种运动的趋势，如果物体静止就继续保持静止，如果物体运行就一直运行下去。高惯性负载是一种难于启动的负载。将负载启动并使之运行需要很大的转矩，但是当电动机正常工作时，就不需要那么大的转矩了。高惯性负载通常与用飞轮为运行提供能量的机器相连，这样的设备有大型风扇、吹风机、冲床、商业洗衣机等。

126 电动机的额定温度

电动机的绝缘系统使电气元件互相隔开，防止短路，不会使绕组烧毁或者发生故障。绝缘的主要敌人就是热量，所以熟悉不同电动机的额定温度是很重要的，可以保证电动机在安全温度下正常工作。

1）环境温度

环境温度是电动机在满载、持续工作时所在环境的最大安全温度。当电动机启动时，它的温度会升高，高于环境、室内和空气的温度。大多数电动机的标准环境温度等级是40℃（104° F）。然而这种温度标准只适用于正常温度的房间，对于一些特殊应用场合的电动机需要更高的抗温能力，例如，50℃或者60℃。

2）温 升

温升是指电动机绕组从静止到满载工作时温度的变化值。由于引起温度升高的热量会导致电气损耗与机械损耗，所以设计电动机时需要考虑这个因素。

3）过热允许值

过热允许值是电动机绕组的测量温度与绕组内最热处的实际温度之差，通常在5~15℃，这由电动机结构决定。温升、过热允许值与环境温度三者的和一定不能超过电动机额定的绝缘温度。

4）绝缘等级

绝缘等级用字母表示，等级分类是根据在绝缘特性没有受到严重损坏时电动机所能承受的温度。

127 电动机的运行系数

运行系数用于衡量电动机满载运行的时间。电动机根据它的运行特点分为连续型与间断型。连续型是指在没有损害或者无使用寿命降低的情况下电动机能够运行的时间。通常情况都会选择使用连续型电动机。间断型是指电动机工作一段时间后断开，经冷却后再重启，如起重机与吊车的电动机常使用间断型。

128 电动机的转矩

电动机转矩是指使轴旋转的力。图4.5所示是电动机转矩/转速曲线，说明了电动机在各个运行阶段产生的转矩是如何变化的。

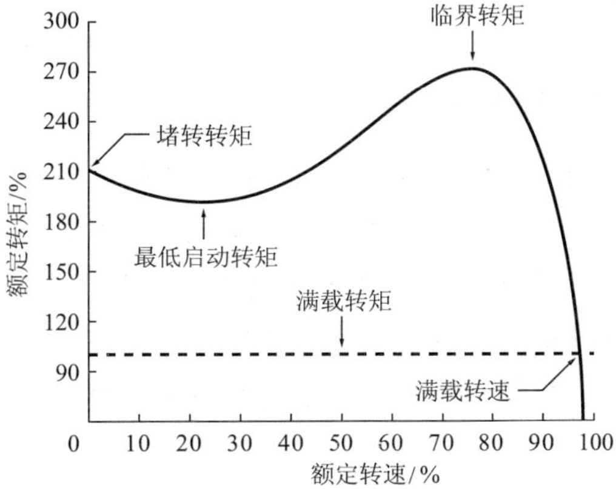

图4.5 电动机转矩/转速曲线

1）堵转转矩

堵转转矩（LRT）也称为启动转矩，是电动机全压启动时产生的转矩，此转矩可以克服电动机静止时的惯性。许多负载都需要比运行转矩大得多的转矩来使它们启动。

2）最低启动转矩

最低启动转矩（PUT）是指电动机从静止加速到正常运行转速期间所产生的最小转矩。如果电动机与负载的型号相配，最低启动转矩会很小。如果电动机的最低启动转矩比负载需要的小，电动机就会因过热而停止运转。某些电动机没有最低启动转矩，因为转矩/转速曲线的最低点就是堵转点。在这种情况下，最低启动转矩就是堵转转矩。

3）临界转矩

临界转矩（BDT）也称牵出转矩，是电动机运行时获得的最大转矩。典型感应电动机的临界转矩范围是满载转矩的200%~300%。有些电气设备需要很高的临界转矩，才能在频繁出现过载的情况下运行，例如，传送带。通常传送带上摆放很多物体，超出了它的承受能力。临界转矩高可以使传送带继续在这种情况下运行，不会导致对电动机的热损害。

4）满载转矩

满载转矩（FLT）是电动机在额定转速与功率下产生的转矩。若电动机一直在超过满载转矩的情况下工作，它的工作寿命会大打折扣。

129 电动机的外壳

电动机外壳为电动机提供保护。选择合适的外壳对电动机的安全运行十分重要。若使用不合适的电动机外壳会影响电动机的性能和寿命。电动机外壳主要分成两类，一类是开放式，一类是全封闭式，如图4.6所示。开放式电动机外壳有通风口，允许外部空气进入电动机绕组。全封闭式电动机外壳阻止内部与外部空气的交换，但也不能保证完全密不透风。

(a) 开放式外壳　　(b) 全封闭式外壳

图4.6　电动机外壳

开放式与全封闭式的电动机外壳根据外形设计、绝缘类型、冷却方法的不同又可以进一步细分，最常见的类型如下。

1）开放防滴溅型电动机

开放防滴溅型（ODP）电动机是外壳开放式电动机，这种设计的通风口使从0~15°之间掉到电动机上的液滴与固体颗粒无法进入机器内。这是最常见的一种类型，用于无危害、相对干净的工业区域。

2）全封闭风冷型电动机

全封闭风冷型（TEFC）电动机是外壳全封闭式的电动机，风扇与电动机相连，对设备进行外部冷却。这种设计适合在极湿、极脏或者布满灰尘的地方使用。

3）全封闭不通风型电动机

全封闭不通风型（TENV）电动机通常都是一些小型电动机（低于5hp），密封电动机的表面足够大，可以向外面辐射和输送热量，不需要外部风扇与气流。在风扇经常被纱布阻塞的纺织工业中，用这种电动机很有效。

4）危险区域的电动机

危险区域的电动机外壳适用在有易燃易爆气体或灰尘的环境，或者可能出现这些情况的环境中。这种电动机需要保证内部出现的任何故障都不会使气体或者灰尘点燃。每个被批准用于危险环境中的电动机都有一个专用的UL铭牌。这个铭牌指示电动机是在级别Ⅰ还是级别Ⅱ区域工作。级别是指电动机工作环境中危险材料的物理特性。两个最常见的危险区域电动机为级别Ⅰ——防爆型与级别Ⅱ——防尘阻燃型。

防爆型适用于有易爆液体、蒸气与天然气的环境；防尘阻燃型适用于有易燃粉尘，像煤、稻谷或者面粉的环境中。有些电动机在两种区域中都可以工作。

130 电动机铭牌的记载事项

异步电动机的铭牌（图4.7）上，记载下列事项。

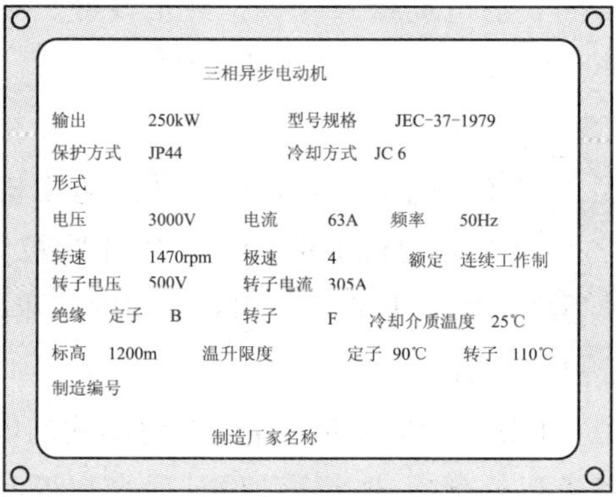

图4.7　电动机铭牌

1）额定输出

在额定输出功率50kW以下，可用额定有效输入替代额定输出来表示。

2）规格符号

表示依据标准规格的符号和编号。

3）冷却方式的符号

在额定输出37kW以下，冷却方式为JCO，JCN4或JC4的场合，可以省略记载。

4）形　式

制造厂家给出的形式名称。

5）标　高

在1000m以下的场合可省略。

6）制造编号

制造厂家规定的编号。

7）额定电流

指在额定输出时的定子电流的近似值。

8）转子电流

指线绕式异步电动机在额定输出时的转子电流的近似值。

9）制造年份

在输出较小、大批量生产时，也可以省略。

10）冷却介质温度

在冷却介质温度为40℃时，也可以省略。

131 理解铭牌记载内容的预备知识

在铭牌上记有该电动机的特性、使用方法等，其每个文字、数字都有重要含义。因此，为了帮助读者更深入地理解铭牌记载内容，这里先说明预备知识。以图4.8所示的低压三相鼠笼式异步电动机为例。

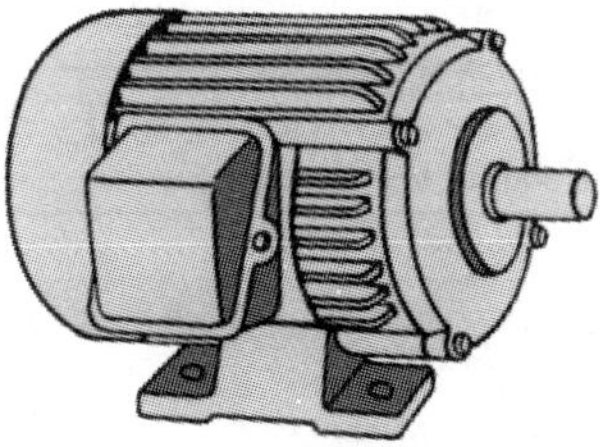

图4.8　低压三相鼠笼式异步电动机

1）额定值

所谓额定值就是对所用异步电动机有保证的使用限度。

在确定了输出的使用限度的同时，也规定了电压、转速、频率等，分别称为额定输出、额定电压、额定转速、额定频率等。

2）额定值的种类

额定值的种类有连续额定值和短时额定值两种。

所谓连续额定值，是指在指定的条件下连续使用时，不超过标准规定的温升限度，也不超过其他限制的额定值。

所谓短时额定值，是指从冷却状态开始在规定的短时间内和指定条件下使用时，不超过标准规定的温升限度，也不超过其他限制的额定值。

3）额定电压

低压三相鼠笼式异步电动机的额定电压。

4）额定频率

低压三相鼠笼式异步电动机的额定频率为50Hz或60Hz专用，或者50Hz、60Hz共用。

5）额定输出

异步电动机的额定输出，是指在额定电压和额定频率下，异步电动机连续从轴上产生的输出，以千瓦（kW）表示。

通用低压三相鼠笼式异步电动机的额定输出（kW）为0.2，0.4，0.75，1.5，2.2，3.7，5.5，7.5，11，15，18.5，22，30，37（数值有小数是因为将从前以马力为输出的单位换算成千瓦的结果）。

6）保护方式、冷却方式

低压三相鼠笼式异步电动机的保护方式有：

① 与人体和固体异物有关的保护形式。

② 对水的浸入的保护形式。

异步电动机的冷却方式有：

① 由冷却介质的种类决定的形式。

② 由冷却介质通道和散热决定的形式。

③ 由冷却介质输送方式决定的形式。

7）绝缘的种类与最高允许温度

不限于异步电动机，所有的电气设备在运行时都会产生热，从而使温度上升，由于受热导致绝缘材料老化。

各个电气设备都有其确定的最高允许温度，使用的绝缘材料要与此温度相符合。

异步电动机的绝缘种类，根据JIS C 4003（电气绝缘的耐热类别及耐热性能评价）的规定，按其构成材料的耐热特性，可分为Y种、A种、E种、B种、F种、H种。

异步电动机各种绝缘的最高温度不能超过表4.2列出的最高允许温度。

表4.2　异步电动机绝缘的种类与最高允许温度

绝缘的种类	最高允许温度
Y	90
A	105
E	120
B	130
F	155
H	180
200，220，250	200，220，250

132 低压三相鼠笼式异步电动机绝缘的种类

通用低压三相鼠笼式异步电动机绝缘的种类，随容量而有不同，一般采用E种绝缘、B种绝缘为主，也有部分采用F种绝缘，见表4.3。

异步电动机绕组的温升是不同的，线圈绝缘、线圈间的连接或引出线的绝缘、线圈端部的支持物绝缘等部分相互间温升都有差别，因此没有必要将这些部分全用同一种绝缘。

例如，在线圈绝缘采用B种绝缘的场合，即使引出导体的一部分使用A种绝缘也不会对运行特性、寿命有不好的影响，此时仍称此绕组的绝缘为B种绝缘。

表4.3 低压三相鼠笼式异步电动机绝缘的种类

种类	保护式异步电动机			封闭式异步电动机		
极数 / 额定输出/kW	2极	4极	6极	2极	4极	6极
0.75	E种绝缘	E种绝缘	E种绝缘	E种绝缘	E种绝缘	E种绝缘
1.5	E	E	E	E	E	E
2.2	E	E	E	E	E	E
3.7	E	E	B种绝缘	E	E	B种绝缘
5.5	B种绝缘	B种绝缘	B	B种绝缘	B种绝缘	B
7.5	B	B	B	B	B	B
11	B	B	B	B	B	B
15	B	B	B	B	B	B
18.5	B	B	B	B	B	F种绝缘
22	B	B	F种绝缘	B	B	F
30	B	B	F	F种绝缘	F种绝缘	F
37	F种绝缘	F种绝缘	F	F	F	F

133 电动机的温升限度

所谓温升，是指当异步电动机在额定负荷下运行时，其各部分的测量温度与冷却介质（例如空气）的温度之差。

根据绝缘的种类，异步电动机的最高允许温度是确定的，因此异步电动机各部分的温升限度都有规定，见表4.4。

表4.4 空冷式异步电动机的温升限度

<table>
<tr><th rowspan="2">项</th><th rowspan="2">异步电动机部分</th><th colspan="3">A种绝缘</th><th colspan="3">E种绝缘</th><th colspan="3">B种绝缘</th><th colspan="3">F种绝缘</th><th colspan="3">H种绝缘</th></tr>
<tr><th>温度计</th><th>电阻法</th><th>埋入温度计法</th><th>温度计</th><th>电阻法</th><th>埋入温度计法</th><th>温度计</th><th>电阻法</th><th>埋入温度计法</th><th>温度计</th><th>电阻法</th><th>埋入温度计法</th><th>温度计</th><th>电阻法</th><th>埋入温度计法</th></tr>
<tr><td>1</td><td>定子绕组</td><td>–</td><td>60</td><td>60</td><td>–</td><td>75</td><td>75</td><td>–</td><td>80</td><td>80</td><td>–</td><td>100</td><td>100</td><td>–</td><td>125</td><td>125</td></tr>
<tr><td>2</td><td>有绝缘的转子绕组</td><td>–</td><td>60</td><td>–</td><td>–</td><td>75</td><td>–</td><td>–</td><td>80</td><td>–</td><td>–</td><td>100</td><td>–</td><td>–</td><td>125</td><td>–</td></tr>
<tr><td>3</td><td>鼠笼式绕组</td><td colspan="15" rowspan="2">这部分的温度要保证在任何情况下都不会对邻近的绝缘物及其他材料造成损伤</td></tr>
<tr><td>4</td><td>与绕组不接触的铁心或其他部分</td></tr>
<tr><td>5</td><td>与绕组接触的铁心或其他部分</td><td colspan="3">60--</td><td colspan="3">75--</td><td colspan="3">80--</td><td colspan="3">100--</td><td colspan="3">125--</td></tr>
<tr><td>6</td><td>整流子与滑环</td><td colspan="3">60--</td><td colspan="3">70--</td><td colspan="3">80--</td><td colspan="3">90--</td><td colspan="3">100--</td></tr>
<tr><td>7</td><td>轴承（自冷式）</td><td colspan="15">在表面测量为40℃；将温度计元件埋入轴承金属中测量为45℃；当使用耐热性良好的润滑剂时，在表面测量为55℃；但是，在采用水冷式轴承或特殊耐热润滑剂时，则与有关部门人员协商后确定</td></tr>
</table>

134 电动机的技术数据

电动机的技术数据见表4.5~表4.10。

表4.5 Y系列三相交流异步电动机技术数据

电动机型号	功率 /kW	电流 /A	接法	转速 /（r/min)	功率因数 /cosφ	效率 /%	最大转矩/额定转矩	堵转电流/额定电流	堵转转矩/额定转矩
Y801-2	0.75	1.9	Y	2825	0.84	73	2.2	7.0	2.2
Y802-2	1.1	2.6	Y	2825	0.86	76	2.2	7.0	2.2
Y90S-2	1.5	3.4	Y	2840	0.85	79	2.2	7.0	2.2
Y90L-2	2.2	4.7	Y	2840	0.86	82	2.2	7.0	2.2
Y100L-2	3	6.4	Y	2880	0.87	82	2.2	7.0	2.2
Y112M-2	4	8.2	△	2890	0.87	85.5	2.2	7.0	2.2
Y132S_1-2	5.5	11.1	△	2900	0.88	85.5	2.2	7.0	2.0
Y132S_2-2	7.5	15	△	2900	0.88	86.2	2.2	7.0	2.0
Y160M_1-2	11	21.8	△	2930	0.88	87.2	2.2	7.0	2.0
Y160M_2-2	15	29.4	△	2930	0.88	88.2	2.2	7.0	2.0
Y160L-2	18.5	35.5	△	2930	0.89	89	2.2	7.0	2.0
Y180M-2	22	42.2	△	2940	0.89	89	2.2	7.0	2.0
Y200L_1-2	30	56.9	△	2950	0.89	90	2.2	7.0	2.0
Y200L_2-2	37	70.4	△	2950	0.89	90.5	2.2	7.0	2.0
Y225M-2	45	83.9	△	2970	0.89	91.5	2.2	7.0	2.0
Y250M-2	55	102.7	△	2970	0.89	91.4	2.2	7.0	2.0
Y280S-2	75	140.1	△	2970	0.89	91.4	2.2	7.0	2.0
Y280M-2	90	167	△	2970	0.89	92	2.2	7.0	1.6
Y315S-2	110	206.4	△	2970	0.89	91	2.2	7.0	1.6
Y315M_1-2	132	247.6	△	2970	0.89	91	2.2	7.0	1.6
Y315M_2-2	160	298.5	△	2970	0.89	91.5	2.2	7.0	1.6
Y355M_1-2	200	369	△	2975	0.90	91.5	2.2	7.0	1.6
Y355M_2-2	250	461.2	△	2975	0.90	91.5	2.2	7.0	1.6
Y801-4	0.55	1.6	Y	1390	0.76	70.5	2.2	7.0	2.2

续表 4.5

电动机型号	功率/kW	电流/A	接法	转速/(r/min)	功率因数/cosφ	效率/%	最大转矩/额定转矩	堵转电流/额定电流	堵转转矩/额定转矩
Y802–4	0.75	2.1	Y	1390	0.76	72.5	2.2	6.5	2.2
Y90S–4	1.1	2.7	Y	1400	0.78	79	2.2	6.5	2.2
Y90L–4	1.5	3.7	Y	1400	0.79	79	2.2	6.5	2.2
Y100L_1–4	2.2	5.0	Y	1420	0.82	81	2.2	6.5	2.2
Y100L_2–4	3	6.8	Y	1420	0.81	82.5	2.2	7.0	2.2
Y112M–4	4	8.8	△	1440	0.82	84.5	2.2	7.0	2.2
Y132S–4	5.5	11.6	△	1440	0.84	85.5	2.2	7.0	2.2
Y132M–4	7.5	15.4	△	1440	0.85	87	2.2	7.0	2.2
Y160M–4	11	22.6	△	1460	0.84	88	2.2	7.0	2.2
Y160L–4	15	30.3	△	1460	0.85	88.5	2.2	7.0	2.0
Y180M–4	18.5	35.9	△	1470	0.86	91	2.2	7.0	2.0
Y180L–4	22	42.5	△	1470	0.86	91.5	2.2	7.0	2.0
Y200L–4	30	56.8	△	1470	0.87	92.5	2.2	7.0	1.9
Y225S–4	37	69.8	△	1480	0.87	91.8	2.2	7.0	1.9
Y225M–4	45	84.2	△	1480	0.88	92.3	2.2	7.0	2.0
Y250M–4	55	102.5	△	1480	0.88	92.6	2.2	7.0	1.9
Y280S–4	75	139.7	△	1480	0.88	92.7	2.2	7.0	1.9
Y280M–4	90	164.3	△	1480	0.88	93.5	2.2	7.0	1.8
Y315S–4	110	201.9	△	1480	0.89	93	2.2	7.0	1.8
Y315M1–4	132	242.3	△	1480	0.89	93	2.2	7.0	1.8
Y315M2–4	160	293.7	△	1480	0.89	93	2.2	7.0	1.8
Y355M1–4	200	367.1	△	1480	0.89	93	2.2	7.0	1.8
Y355M2–4	250	458.9	△	1480	0.89	93	2.2	7.0	1.8
Y355M3–4	315	578.2	△	1480	0.89	93	2.2	7.0	1.8

续表 4.5

电动机型号	功率/kW	电流/A	接法	转速/(r/min)	功率因数/cosφ	效率/%	最大转矩/额定转矩	堵转电流/额定电流	堵转转矩/额定转矩
Y90S-6	0.75	2.3	Y	910	0.70	72.5	2.0	6.0	2.0
Y90L-6	1.1	3.2	Y	910	0.72	73.5	2.0	6.0	2.0
Y100L-6	1.5	4.0	Y	940	0.74	77.5	2.0	6.0	2.0
Y112M-6	2.2	5.6	Y	940	0.74	80.5	2.0	6.0	2.0
Y132S-6	3	7.2	Y	960	0.76	83	2.0	6.5	2.0
Y132M1-6	4	9.4	△	960	0.77	84	2.0	6.5	2.0
Y132M2-6	5.5	12.6	△	960	0.78	85.3	2.0	6.5	2.0
Y160M-6	7.5	17	△	970	0.78	86	2.0	6.5	2.0
Y160L-6	11	24.6	△	970	0.78	87	2.0	6.5	2.0
Y180L-6	15	31.5	△	970	0.81	89.5	2.0	6.5	1.8
$Y200L_1$-6	18.5	37.7	△	970	0.83	89.8	2.0	6.5	1.8
$Y200L_2$-6	22	44.6	△	970	0.83	90.2	2.0	6.5	1.8
Y225M-6	30	59.5	△	980	0.85	90.2	2.0	6.5	1.7
Y250M-6	37	72	△	980	0.86	90.8	2.0	6.5	1.8
Y280S-6	45	85.4	△	980	0.87	92	2.0	6.5	1.8
Y280M-6	55	104.9	△	980	0.87	91.6	2.0	7.0	1.8
Y315S-6	75	142.4	△	980	0.87	92	2.0	7.0	1.6
Y315M1-6	90	170.8	△	980	0.87	92	2.0	7.0	1.6
Y315M2-6	110	207.7	△	980	0.87	92.5	2.0	7.0	1.6
Y315M3-6	132	249.2	△	980	0.87	92.5	2.0	7.0	1.6
Y335M1-6	160	297	△	980	0.88	93	2.0	7.0	1.6
Y335M2-6	200	371.3	△	980	0.88	93	2.0	7.0	1.6
Y335M3-6	250	464.1	△	980	0.88	93	2.0	7.0	1.6
Y132S-8	2.2	5.8	Y	710	0.71	81	2.0	5.5	2.0

续表 4.5

电动机型号	功率/kW	电流/A	接法	转速/（r/min)	功率因数/cosφ	效率/%	最大转矩/额定转矩	堵转电流/额定电流	堵转转矩/额定转矩
Y132M-8	3	7.7	Y	710	0.72	82	2.0	5.5	2.0
Y160M1-8	4	8.9	△	720	0.73	84	2.0	6.0	2.0
Y160M2-8	5.5	13.3	△	720	0.74	85	2.0	6.0	2.0
Y160L-8	7.5	17.7	△	720	0.75	86	2.0	5.5	2.0
Y180L-8	11	25.1	△	730	0.77	86.5	2.0	6.0	1.7
Y200L-8	15	34.1	△	730	0.76	88	2.0	6.0	1.8
Y225S-8	18.5	41.3	△	730	0.76	89.5	2.0	6.0	1.7
Y225M-8	22	47.6	△	730	0.78	90	2.0	6.0	1.8
Y250M-8	30	63	△	730	0.80	90.5	2.0	6.0	1.8
Y280S-8	37	78.2	△	740	0.79	91	2.0	6.0	1.8
Y280M-8	45	93.2	△	740	0.80	91.7	2.0	6.0	1.8
Y315S-8	55	112.1	△	740	0.81	92	2.0	6.5	1.6
Y315M1-8	75	152.8	△	740	0.81	92	2.0	6.5	1.6
Y315M2-8	90	180.3	△	740	0.82	92.5	2.0	6.5	1.6
Y315M3-8	110	220.3	△	740	0.82	92.5	2.0	6.5	1.6
Y355M1-8	132	261.2	△	740	0.83	92.5	2.0	6.5	1.6
Y355M2-8	160	316.6	△	740	0.83	92.5	2.0	6.5	1.6
Y355M3-8	200	395.9	△	740	0.83	92.5	2.0	6.5	1.6
Y315S-10	45	100.2	△	585	0.75	91	2.0	5.5	1.4
Y315M1-10	55	121.8	△	585	0.75	91.5	2.0	5.5	1.4
Y315M2-10	75	163.9	△	585	0.76	91.5	2.0	5.5	1.4
Y355M1-10	90	185.8	△	585	0.80	92	2.0	5.5	1.4
Y355M2-10	110	227	△	585	0.80	92	2.0	5.5	1.4
Y355M3-10	132	272.5	△	585	0.80	92	2.0	5.5	1.4

表4.6 Y2系列（IP54）三相交流异步电动机技术数据

电动机型号	功率/kW	电流/A	电压/V	防护等级	功率因数/cosφ	效率/%	最大转矩/额定转矩	堵转电流/额定电流	堵转转矩/额定转矩
Y2-631-2	0.18	0.51	380	IP54	0.8	65	2.2	5.5	2.2
Y2-632-2	0.25	0.67	380	IP54	0.81	68	2.2	5.5	2.2
Y2-711-2	0.37	0.98	380	IP54	0.81	70	2.2	6.1	2.2
Y2-712-2	0.55	1.33	380	IP54	0.82	73	2.2	6.1	2.3
Y2-801-2	0.75	1.78	380	IP54	0.83	75	2.2	6.1	2.3
Y2-802-2	1.1	2.49	380	IP54	0.84	77	2.2	7.0	2.3
Y2-90S-2	1.5	3.34	380	IP54	0.84	79	2.2	7.0	2.3
Y2-90L-2	2.2	4.69	380	IP54	0.85	81	2.2	7.0	2.3
Y2-100L-2	3	6.14	380	IP54	0.87	83	2.3	7.5	2.2
Y2-112M-2	4	7.83	380	IP54	0.88	85	2.3	7.5	2.2
Y2-132S_1-2	5.5	10.7	380	IP54	0.88	86	2.3	7.5	2.2
Y2-132S_2-2	7.5	14.2	380	IP54	0.88	87	2.3	7.5	2.2
Y2-160M_1-2	11	20.9	380	IP54	0.89	88	2.3	7.5	2.2
Y2-160M_2-2	15	27.9	380	IP54	0.89	89	2.3	7.5	2.2
Y2-160L-2	18.5	33.9	380	IP54	0.9	90	2.3	7.5	2.2
Y2-180M-2	22	40.5	380	IP54	0.90	90	2.3	7.5	2.0
Y2-200L_1-2	30	54.8	380	IP54	0.9	91.2	2.3	7.5	2.0
Y2-200L_2-2	37	66.6	380	IP54	0.9	92	2.3	7.5	2.0
Y2-225M-2	45	81	380	IP54	0.9	92.3	2.3	7.5	2.0
Y2-250M-2	55	99.6	380	IP54	0.9	92.5	2.3	7.5	2.0
Y2-280S-2	75	133.3	380	IP54	0.9	93	2.3	7.5	2.0
Y2-280M-2	90	158.2	380	IP54	0.91	93.8	2.3	7.5	2.0
Y2-315S-2	110	195.1	380	IP54	0.91	94	2.2	7.1	1.8
Y2-315M-2	132	231.6	380	IP54	0.91	94.5	2.2	7.1	1.8

续表 4.6

电动机型号	功率/kW	电流/A	电压/V	防护等级	功率因数/cosφ	效率/%	最大转矩/额定转矩	堵转电流/额定电流	堵转转矩/额定转矩
Y2-315L_1-2	160	279.6	380	IP54	0.92	94.6	2.2	7.1	1.8
Y2-315L_2-2	200	347.6	380	IP54	0.92	94.8	2.2	7.1	1.8
Y2-355M-2	250	429.4	380	IP54	0.92	95.3	2.2	7.1	1.6
Y2-355L-2	315	538.9	380	IP54	0.92	95.6	2.2	7.1	1.6
Y2-631-4	0.12	0.43	380	IP54	0.72	57	2.2	4.4	2.1
Y2-632-4	0.18	0.61	380	IP54	0.73	60	2.2	4.4	2.1
Y2-711-4	0.25	0.76	380	IP54	0.74	65	2.2	5.2	2.1
Y2-712-4	0.37	1.07	380	IP54	0.75	67	2.2	5.2	2.1
Y2-801-4	0.55	1.54	380	IP54	0.75	71	2.3	5.2	2.4
Y2-802-4	0.75	1.99	380	IP54	0.76	73	2.3	6.0	2.3
Y2-90S-4	1.1	2.8	380	IP54	0.77	75	2.3	6.0	2.3
Y2-90L-4	1.5	3.65	380	IP54	0.79	78	2.3	6.0	2.3
Y2-100L_1-4	2.2	5.05	380	IP54	0.81	80	2.3	7.0	2.3
Y2-100L_2-4	3	6.64	380	IP54	0.82	82	2.3	7.0	2.3
Y2-112M-4	4	8.62	380	IP54	0.82	84	2.3	7.0	2.3
Y2-132S-4	5.5	11.5	380	IP54	0.83	85	2.3	7.0	2.3
Y2-132M-4	7.5	15.3	380	IP54	0.84	87	2.3	7.0	2.3
Y2-160M-4	11	22.2	380	IP54	0.84	88	2.3	7.0	2.2
Y2-160L-4	15	29.8	380	IP54	0.85	89	2.3	7.5	2.2
Y2-180M-4	18.5	36.1	380	IP54	0.86	90.5	2.3	7.5	2.2
Y2-180L-4	22	42.6	380	IP54	0.86	91.5	2.3	7.5	2.2
Y2-200L-4	30	57.2	380	IP54	0.86	92	2.3	7.2	2.2
Y2-225S-4	37	69.6	380	IP54	0.87	92.5	2.3	7.2	2.2
Y2-225M-4	45	84	380	IP54	0.87	92.8	2.3	7.2	2.2

续表 4.6

电动机型号	功率/kW	电流/A	电压/V	防护等级	功率因数/cosφ	效率/%	最大转矩/额定转矩	堵转电流/额定电流	堵转转矩/额定转矩
Y2-250M-4	55	102.9	380	IP54	0.87	93	2.3	7.2	2.2
Y2-280S-4	75	138	380	IP54	0.87	93.8	2.3	7.2	2.2
Y2-280M-4	90	165.6	380	IP54	0.87	94.2	2.3	7.2	2.2
Y2-315S-4	110	200.2	380	IP54	0.88	94.5	2.2	6.9	2.1
Y2-315M-4	132	239.1	380	IP54	0.88	94.8	2.2	6.9	2.1
Y2-315L_1-4	160	288	380	IP54	0.89	94.9	2.2	6.9	2.1
Y2-315L_2-4	200	358.9	380	IP54	0.89	95	2.2	6.9	2.1
Y2-355M-4	250	437.5	380	IP54	0.9	95.3	2.2	6.9	2.1
Y2-355L-4	315	547.4	380	IP54	0.9	95.6	2.2	6.9	2.1
Y2-711-6	0.18	0.71	380	IP54	0.66	56	2.0	4.0	1.9
Y2-712-6	0.25	0.92	380	IP54	0.68	59	2.0	4.0	1.9
Y2-801-6	0.37	1.27	380	IP54	0.7	62	2.0	4.7	1.9
Y2-802-6	0.55	1.74	380	IP54	0.72	65	2.1	4.7	1.9
Y2-90S-6	0.75	2.23	380	IP54	0.72	69	2.1	5.5	2.0
Y2-90L-6	1.1	3.10	380	IP54	0.73	72	2.1	5.5	2.0
Y2-100L-6	1.5	3.89	380	IP54	0.75	76	2.1	5.5	2.0
Y2-112M-6	2.2	5.46	380	IP54	0.76	79	2.1	6.5	2.0
Y2-132S-6	3	7.1	380	IP54	0.76	81	2.1	6.5	2.1
Y2-132M_1-6	4	9.3	380	IP54	0.76	82	2.1	6.5	2.1
Y2-132M_2-6	5.5	12.3	380	IP54	0.77	84	2.1	6.5	2.1
Y2-160M-6	7.5	16.7	380	IP54	0.77	86	2.1	6.5	2.0
Y2-160L-6	11	23.6	380	IP54	0.78	87.5	2.1	6.5	2.0
Y2-180L-6	15	30.7	380	IP54	0.81	89	2.1	7.0	2.0
Y2-200L_1-6	18.5	37.7	380	IP54	0.86	92.5	2.0	7.0	2.1

续表 4.6

电动机型号	功率/kW	电流/A	电压/V	防护等级	功率因数/cosφ	效率/%	最大转矩/额定转矩	堵转电流/额定电流	堵转转矩/额定转矩
Y2-200L_2-6	22	44.1	380	IP54	0.86	92.8	2.0	7.0	2.1
Y2-225M-6	30	58.4	380	IP54	0.84	91.5	2.1	7.0	2.0
Y2-250M-6	37	70.4	380	IP54	0.86	9.2	2.1	7.0	2.1
Y2-280S-6	45	85.4	380	IP44	0.86	92.5	2.0	7.0	2.1
Y2-280M-6	55	103.3	380	IP44	0.86	92.8	2.0	7.0	2.1
Y2-315S-6	75	140.2	380	IP44	0.86	93.8	2.0	7.0	2.0
Y2-315M-6	90	167.0	380	IP44	0.86	94	2.0	7.0	2.0
Y2-315L_1-6	110	202.3	380	IP44	0.86	94	2.0	6.7	2.0
Y2-315L_2-6	132	242.3	380	IP44	0.87	94	2.0	6.7	2.0
Y2-355M_1-6	160	287.9	380	IP44	0.88	94.5	2.0	6.7	1.9
Y2-355M_2-6	200	358.4	380	IP44	0.88	94.7	2.0	6.7	1.9
Y2-355L-6	250	444.8	380	IP44	0.88	94.9	2.0	6.7	1.9
Y2-801-8	0.18	0.86	380	IP44	0.61	51	1.9	3.3	1.8
Y2-802-8	0.25	1.14	380	IP44	0.61	54	1.9	3.3	1.8
Y2-90S-8	0.37	1.47	380	IP44	0.61	62	1.9	4.0	1.8
Y2-90L8	0.55	2.10	380	IP44	0.61	63	2.0	4.0	1.8
Y2-100L_1-8	0.75	2.34	380	IP44	0.67	71	2.0	4.0	1.8
Y2-100L_2-8	1.1	3.22	380	IP44	0.69	73	2.0	5.0	1.8
Y2-112M-8	1.5	4.41	380	IP54	0.69	75	2.0	5.0	1.8
Y2-132S-8	2.2	6	380	IP54	0.71	78	2.0	6.0	1.8
Y2-132M-8	3	7.6	380	IP54	0.73	79	2.0	6.0	1.8
Y2-160M_1-8	4	10	380	IP54	0.73	81	2.0	6.0	1.9
Y2-160M_2-8	5.5	13.3	380	IP54	0.74	83	2.0	6.0	2.0

续表 4.6

电动机型号	功率/kW	电流/A	电压/V	防护等级	功率因数/cosφ	效率/%	最大转矩/额定转矩	堵转电流/额定电流	堵转转矩/额定转矩
Y2-160L-8	7.5	17.8	380	IP54	0.75	85.5	2.0	6.0	2.0
Y2-180L-8	11	24.9	380	IP54	0.76	87.5	2.0	6.6	2.0
Y2-200L-8	15	33.3	380	IP54	0.76	88	2.0	6.6	2.0
Y2-225S-8	18.5	40.1	380	IP54	0.76	90	2.0	6.6	1.9
Y2-225M-8	22	46.8	380	IP54	0.78	90.5	2.0	6.6	1.9
Y2-250M-8	30	63	380	IP54	0.79	91	2.0	6.6	1.9
Y2-280S-8	37	76.2	380	IP54	0.79	91.5	2.0	6.6	1.9
Y2-280M-8	45	92.5	380	IP54	0.79	92	2.0	6.6	1.9
Y2-315S-8	55	110.4	380	IP54	0.81	92.8	2.0	6.6	1.8
Y2-315M-8	75	148.1	380	IP54	0.81	93	2.0	6.6	1.8
Y2-315L_1-8	90	177.6	380	IP54	0.82	93	2.0	6.6	1.8
Y2-315L_2-8	110	215.8	380	IP54	0.82	93.8	2.0	6.6	1.8
Y2-355M_1-8	132	256.8	380	IP54	0.82	93.7	2.0	6.4	1.8
Y2-355M_2-8	160	307.8	380	IP54	0.82	94.2	2.0	6.4	1.8
Y2-355L-8	200	383	380	IP54	0.83	94.5	2.0	6.4	1.8
Y2-315S-10	45	95.2	380	IP54	0.75	91.5	2.0	6.0	1.5
Y2-315M-10	55	116.7	380	IP54	0.75	92	2.0	6.0	1.5
Y2-315L_1-10	75	156.3	380	IP54	0.76	92.5	2.0	6.0	1.5
Y2-315L_2-10	90	187.2	380	IP54	0.77	93	2.0	6.0	1.5
Y2-355M_1-10	110	224.7	380	IP54	0.78	93.2	2.0	6.0	1.3
Y2-355M_2-10	132	270	380	IP54	0.78	93.5	2.0	6.0	1.3
Y2-355L-10	160	322.5	380	IP54	0.78	93.5	2.0	6.0	1.3

表4.7 YR系列（IP44）三相交流异步电动机技术数据

电动机型号	功率/kW	电流/A	定子电压/V	转速/(r/min)	功率因数/cosφ	效率/%	最大转矩/额定转矩	转子电压/V	转子电流/A
$YR132S_1$–4	2.2	5.5	380	1440	0.77	82	3.0	190	7.9
$YR132S_2$–4	3	7.0	380	1440	0.78	83	3.0	215	9.4
$YR132M_1$–4	4	9.3	380	1440	0.77	84.5	3.0	230	11.5
$YR132M_2$–4	5.5	12.6	380	1440	0.77	86	3.0	272	13
YR160M–4	7.5	15.7	380	1460	0.83	87.5	3.0	250	19.5
YR160L–4	11	22.5	380	1460	0.83	89.5	3.0	276	25
YR180L–4	15	30	380	1465	0.85	89.5	3.0	278	34
$YR200L_1$–4	18.5	36.7	380	1465	0.86	89	3.0	248	47.5
$YR200L_2$–4	22	43.2	380	1465	0.86	90	3.0	293	47
$YR225M_2$–4	30	57.6	380	1475	0.87	91	3.0	360	51.5
$YR250M_1$–4	37	71.4	380	1480	0.86	91.5	3.0	289	79
$YR250M_2$–4	45	85.9	380	1480	0.87	91.5	3.0	340	81
YR280S–4	55	103.8	380	1480	0.88	91.5	3.0	485	70
YR280M–4	75	140	380	1480	0.88	92.5	3.0	354	128
$YR132S_1$–6	1.5	4.17	380	955	0.70	78	2.8	180	5.9
$YR132S_2$–6	2.2	5.96	380	955	0.7	80	2.8	200	7.5
$YR132M_1$–6	3	8.2	380	955	0.69	80.5	2.8	206	9.5
$YR132M_2$–6	4	10.7	380	955	0.69	82.5	2.8	230	11
YR160M–6	5.5	13.4	380	970	0.74	84.5	2.8	244	14.5
YR160L–6	7.5	17.9	380	970	0.74	86	2.8	266	18
YR180L–6	11	23.6	380	975	0.81	87.5	2.8	310	22.5
$YR200L_1$–6	15	31.8	380	975	0.81	88.5	2.8	198	48
$YR225M_1$–6	18.5	38.3	380	980	0.83	89.5	2.8	187	62.5
$YR225M_2$–6	22	45	380	980	0.83	90	2.8	224	61

续表 4.7

电动机型号	功率/kW	电流/A	定子电压/V	转速/(r/min)	功率因数/cosφ	效率/%	最大转矩/额定转矩	转子电压/V	转子电流/A
YR250M$_1$–6	30	60.3	380	980	0.84	90.5	2.8	282	66
YR250M$_2$–6	37	73.9	380	980	0.84	91.5	2.8	331	69
YR280S–6	45	87.9	380	985	0.85	91.5	2.8	362	76
YR280M–6	55	106.9	380	985	0.85	92	2.8	423	80
YR160M–8	4	10.7	380	715	0.69	82.5	2.4	216	12
YR160L–8	5.5	14.1	380	715	0.71	83	2.4	230	15.5
YR180L–8	7.5	18.4	380	725	0.73	85	2.4	255	19
YR200L$_1$–8	11	26.6	380	725	0.73	86	2.4	152	46
YR225M$_1$–8	15	34.5	380	735	0.75	88	2.4	169	56
YR225M$_2$–8	18.5	42.1	380	735	0.75	89	2.4	211	54
YR250M$_1$–8	22	48.1	380	735	0.78	89	2.4	210	65.5
YR250M$_2$–8	30	66.1	380	735	0.77	89.5	2.4	270	69
YR280S–8	37	78.2	380	735	0.79	91	2.4	281	81.5
YR280M–8	45	92.9	380	735	0.80	92	2.4	359	76

表4.8 YR系列（IP23）三相交流异步电动机技术数据

电动机型号	功率/kW	电流/A	定子电压/V	转速/(r/min)	功率因数/cosφ	效率/%	最大转矩/额定转矩	转子电压/V	转子电流/A
YR160M–4	7.5	16	380	1421	0.84	84	2.8	260	19
YR160L$_1$–4	11	22.6	380	1434	0.85	86.5	2.8	275	26
YR160L$_2$–4	15	30.2	380	1444	0.85	87	2.8	260	37
YR180M–4	18.5	36.1	380	1426	0.88	87	2.8	197	61
YR180L–4	22	42.5	380	1434	0.88	88	3.0	232	61

续表 4.8

电动机型号	功率/kW	电流/A	定子电压/V	转速/(r/min)	功率因数/cosφ	效率/%	最大转矩/额定转矩	转子电压/V	转子电流/A
YR200M-4	30	57.7	380	1439	0.88	89	3.0	255	76
YR200L-4	37	70.2	380	1448	0.88	89	3.0	316	74
YR225M_1-4	45	86.7	380	1442	0.88	89	2.5	240	120
YR225M_2-4	55	104.7	380	1448	0.88	90	2.5	288	121
YR250S-4	75	141.1	380	1453	0.89	90.5	2.6	449	105
YR250M-4	90	167.4	380	1457	0.89	91	2.6	521	107
YR280S-4	110	201.3	380	1458	0.89	91.5	3.0	349	196
YR280M-4	132	239	380	1463	0.89	92.5	3.0	419	194
YR160M-6	5.5	12.7	380	949	0.77	82.5	2.5	279	13
YR160L-6	7.5	16.9	380	949	0.78	83.5	2.5	260	19
YR180M-6	11	24.2	380	940	0.78	84.5	2.8	146	50
YR180L-6	15	32.6	380	947	0.79	85.5	2.8	187	53
YR200M-6	18.5	39	380	949	0.81	86.5	2.8	187	65
YR200L-6	22	45.5	380	955	0.82	87.5	2.8	224	63
YR225M_1-6	30	59.4	380	955	0.85	87.5	2.2	227	86
YR225M_2-6	37	73.1	380	964	0.85	89	2.2	287	82
YR250S-6	45	88	380	966	0.85	89	2.2	307	93
YR250M-6	55	105.7	380	967	0.86	89.5	2.2	359	97
YR280S-6	75	141.8	380	969	0.88	90.5	2.5	392	121
YR280M-6	90	166.7	380	972	0.89	91	2.5	481	118
YR160M-8	4	10.5	380	703	0.71	81	2.2	262	11
YR160L-8	5.5	14.2	380	705	0.71	81.5	2.2	243	15
YR180M-8	7.5	18.4	380	692	0.73	82	2.2	105	49

续表 4.8

电动机型号	功率/kW	电流/A	定子电压/V	转速/(r/min)	功率因数/cosφ	效率/%	最大转矩/额定转矩	转子电压/V	转子电流/A
YR180L-8	11	26.8	380	699	0.73	83	2.2	140	53
YR200M-8	15	36.1	380	706	0.73	85	2.2	153	64
YR200L-8	18.5	44	380	712	0.73	86	2.2	187	64
YR225M_1-8	22	48.6	380	710	0.78	86	2.0	161	90
YR225M_2-8	30	65.3	380	713	0.79	87	2.0	200	97
YR250S-8	37	78.9	380	715	0.79	87.5	2.0	218	110
YR250M-8	45	95.5	380	720	0.79	88.5	2.0	264	109
YR280S-8	55	114	380	723	0.82	89	2.2	279	125
YR280M-8	75	152.1	380	725	0.82	90	2.2	359	131

表4.9 J2系列三相交流异步电动机技术数据

电动机型号	功率/kW	电流/A	接法	转速/(r/min)	功率因数/cosφ	效率/%	最大转矩/额定转矩	堵转电流/额定电流	堵转转矩/额定转矩
J2-61-2	17	32.5	△	2910	0.90	88.5	2.2	7	1.2
J2-62-2	22	41.7	△	2920	0.90	89	2.2	7	1.2
J2-71-2	30	56.2	△	2940	0.91	89.2	2.2	7	1.1
J2-72-2	40	73.9	△	2940	0.91	90.5	2.2	6.5	1.1
J2-81-2	55	99.8	△	2950	0.92	91	2.2	6.5	1
J2-82-2	75	135	△	2950	0.92	91.5	2.2	6.5	1
J2-91-2	100	179.6	△	2960	0.92	92	2.2	6.5	1
J2-92-2	125	223.3	△	2960	0.92	92.5	2.2	6.5	1
J2-61-4	13	25.5	△	1460	0.88	88	2	7	1.2
J2-62-4	17	33	△	1460	0.88	89	2	7	1.2
J2-71-4	22	42.5	△	1460	0.88	89.5	2	7	1.1

续表 4.9

电动机型号	功率/kW	电流/A	接法	转速/(r/min)	功率因数/cosφ	效率/%	最大转矩/额定转矩	堵转电流/额定电流	堵转转矩/额定转矩
J2-72-4	30	57.6	△	1460	0.88	90	2	7	1.1
J2-81-4	40	75	△	1470	0.89	91	2	6.5	1.1
J2-82-4	55	103	△	1470	0.89	91.5	2	6.5	1.1
J2-91-4	75	137.5	△	1470	0.90	92	2	6.5	1
J2-92-4	100	182.4	△	1470	0.90	92.5	2	6.5	1
J2-61-6	10	21.4	△	960	0.82	86.5	1.8	6.5	1.2
J2-62-6	13	27.4	△	960	0.83	87	1.8	6.5	1.2
J2-71-6	17	35	△	970	0.84	88	1.8	6.5	1.2
J2-72-6	22	44.4	△	970	0.85	88.5	1.8	6.5	1.2
J2-81-6	30	59.3	△	970	0.86	89.5	1.8	6.5	1.2
J2-82-6	40	77.4	△	970	0.87	90.5	1.8	6.5	1.2
J2-91-6	55	104	△	980	0.88	91.5	1.8	6.5	1
J2-92-6	75	139.5	△	980	0.89	92	1.8	6.5	1
J2-61-8	7.5	17.1	△	720	0.78	85.5	1.8	5.5	1.1
J2-62-8	10	22.1	△	720	0.80	86	1.8	5.5	1.1
J2-71-8	13	28	△	720	0.81	87	1.8	5.5	1.1
J2-72-8	17	36	△	720	0.82	87.5	1.8	5.5	1.1
J2-81-8	22	46	△	730	0.82	88.5	1.8	5.5	1.1
J2-82-8	30	61.6	△	730	0.83	89	1.8	5.5	1.1
J2-91-8	40	80.3	△	730	0.84	90	1.8	5.5	1.1
J2-92-8	55	109.5	△	730	0.84	91	1.8	5.5	1.1
J2-81-10	17	39	△	580	0.76	87	1.8	5.5	1.1
J2-82-10	22	49.3	△	580	0.77	88	1.8	5.5	1.1
J2-91-10	30	66.1	△	580	0.78	88.5	1.8	5.5	1.1
J2-92-10	40	87.2	△	580	0.78	89.5	1.4	5.5	1

表4.10 JO_2系列三相交流异步电动机技术数据

电动机型号	功率/kW	电流/A	接法	转速/(r/min)	功率因数/cosφ	效率/%	最大转矩/额定转矩	堵转电流/额定电流	堵转转矩/额定转矩
JO_2-11-2	0.8	1.84	Y	2810	0.85	77.5	2.2	7.0	1.8
JO_2-12-2	1.1	2.44	Y	2810	0.86	79.5	2.2	7.0	1.8
JO_2-21-2	1.5	3.22	Y	2860	0.87	81	2.2	7.0	1.8
JO_2-22-2	2.2	4.64	Y	2860	0.87	82.5	2.2	7.0	1.8
JO_2-31-2	3	10.7/6.17	Y/△	2860	0.88	84	2.2	7.0	1.8
JO_2-32-2	4	8.06	△	2860	0.88	85.5	2.2	7.0	1.8
JO_2-41-2	5.5	10.9	△	2920	0.88	86.5	2.2	7.0	1.6
JO_2-42-2	7.5	14.8	△	2920	0.88	87.5	2.2	7.0	1.8
JO_2-51-2	10	19.7	△	2920	0.88	87.5	2.2	7.0	1.4
JO_2-52-2	13	25.5	∧	2920	0.88	88	2.2	7.0	1.4
JO_2-61-2	17	32.4	△	2940	0.90	88.5	2.2	7.0	1.3
JO_2-71-2	22	42.0	△	2940	0.90	88.5	2.2	7.0	1.2
JO_2-72-2	30	56.0	△	2940	0.91	89.5	2.2	7.0	1.2
JO_2-81-2	40	74.3	△	2950	0.91	90	2.2	6.5	1.2
JO_2-82-2	55	101	△	2950	0.92	90	2.2	6.5	1.2
JO_2-91-2	75	136.2	△	2950	0.92	91	2.2	6.5	1.1
JO_2-92-2	100	181	△	2950	0.92	92	2.6	6.5	1.1
JO_2-11-4	0.6	1.62	Y	1380	0.76	74	2.0	7.0	1.8
JO_2-12-4	0.8	2.06	Y	1380	0.77	76.5	2.0	7.0	1.8
JO_2-21-4	1.1	2.68	Y	1410	0.79	79	2.0	7.0	1.8
JO_2-22-4	1.5	3.49	Y	1410	0.81	80.5	2.0	7.0	1.8
JO_2-31-4	2.2	8.5/4.90	Y/△	1430	0.83	82	2.0	7.0	1.8
JO_2-32-4	3	11.25/6.50	Y/△	1430	0.84	83.5	2.0	7.0	1.8
JO_2-41-4	4	8.40	△	1440	0.85	85	2.0	7.0	1.8

续表 4.10

电动机型号	功率/kW	电流/A	接法	转速/(r/min)	功率因数/cosφ	效率/%	最大转矩/额定转矩	堵转电流/额定电流	堵转转矩/额定转矩
JO_2-42-4	5.5	11.3	△	1440	0.86	86	2.0	7.0	1.8
JO_2-51-4	7.5	15.1	△	1450	0.87	87	2.0	7.0	1.4
JO_2-52-4	10	20.0	△	1450	0.87	87.5	2.0	7.0	1.4
JO_2-61-4	13	25.6	△	1460	0.88	88	2.0	7.0	1.3
JO_2-62-4	17	32.9	△	1460	0.88	89	2.0	7.0	1.3
JO_2-71-4	22	42.5	△	1470	0.88	89.5	2.0	7.0	1.2
JO_2-72-4	30	57.6	△	1470	0.88	90	2.0	7.0	1.2
JO_2-81-4	40	75	△	1470	0.88	91	2.0	6.5	1.2
JO_2-82-4	55	102.6	△	1470	0.89	91.5	2.0	6.5	1.2
JO_2-91-4	75	137.7	△	1470	0.89	93	2.0	6.5	1.1
JO_2-92-4	100	184	△	1470	0.90	92	2.0	6.5	1.1
JO_2-21-6	0.8	2.31	Y	930	0.70	75	1.8	6.5	1.8
JO_2-22-6	1.1	3.01	Y	930	0.72	77	1.8	6.5	1.8
JO_2-31-6	1.5	6.8/3.92	Y/△	940	0.74	78.5	1.8	6.5	1.8
JO_2-32-6	2.2	9.46/5.46	Y/△	940	0.76	80.5	1.8	6.5	1.8
JO_2-41-6	3	12.25/7.07	Y/△	960	0.78	82.5	1.8	6.5	1.8
JO_2-42-6	4	9.15	△	960	0.79	84	1.8	6.5	1.8
JO_2-51-6	5.5	12.3	△	960	0.80	85	1.8	6.5	1.4
JO_2-52-6	7.5	16.3	△	960	0.81	86	1.8	6.5	1.4
JO_2-61-6	10	21.3	△	960	0.82	87	1.8	6.5	1.4
JO_2-62-6	13	27.2	△	970	0.83	87.5	1.8	6.5	1.4
JO_2-71-6	17	34.8	△	970	0.84	88.5	1.8	6.5	1.4
JO_2-72-6	22	44.3	△	970	0.85	89	1.8	6.5	1.4
JO_2-81-6	30	59.3	△	970	0.86	89.5	1.8	6.5	1.4
JO_2-82-6	40	77.4	△	970	0.87	90.5	1.8	6.5	1.4

续表 4.10

电动机型号	功率/kW	电流/A	接法	转速/(r/min)	功率因数/cosφ	效率/%	最大转矩/额定转矩	堵转电流/额定电流	堵转转矩/额定转矩
JO_2–91–6	55	104	△	970	0.88	91.5	1.8	6.5	1.2
JO_2–92–6	75	139.5	△	970	0.89	92	1.8	6.5	1.2
JO_2–21–8	0.6	3.55/2.05	Y/△	670	—	—	1.8	5.5	1.5
JO_2–22–8	0.8	4.47/2.58	Y/△	700	—	—	1.8	5.5	1.5
JO_2–31–8	1.1	5.76/3.34	Y/△	700	0.65	65	1.8	5.5	1.5
JO_2–32–8	1.5	7.20/4.45	Y/△	700	0.62	74	1.8	5.5	1.5
JO_2–41–8	2.2	10.58/6.1	Y/△	720	0.68	80.5	1.8	5.5	1.8
JO_2–42–8	3	13.68/7.89	Y/△	720	0.72	82.5	1.8	5.5	1.8
JO_2–51–8	4	9.64	△	720	0.75	84	1.8	5.5	1.5
JO_2–52–8	5.5	12.8	△	720	0.77	85	1.8	5.5	1.5
JO_2–61–8	7.5	17	△	720	0.78	86	1.8	5.5	1.3
JO_2–62–8	10	21.8	△	720	0.80	87	1.8	5.5	1.3
JO_2–71–8	13	27.9	△	720	0.81	87.5	1.8	5.5	1.3
JO_2–72–8	17	35.8	△	720	0.82	88	1.8	5.5	1.3
JO_2–81–8	22	46	△	730	0.82	88.5	1.8	5.5	1.3
JO_2–82–8	30	61.6	△	730	0.83	89	1.8	5.5	1.3
JO_2–91–8	40	80.3	△	730	0.84	90	1.8	5.5	1.3
JO_2–92–8	55	109.5	△	730	0.84	91	1.8	5.5	1.3
JO_2–81–10	17	38.4	△	580	0.76	87.5	1.8	5.5	1.2
JO_2–82–10	22	49.3	△	580	0.77	88	1.8	5.5	1.2
JO_2–91–10	30	66.1	△	580	0.78	88.5	1.8	5.5	1.2
JO_2–92–10	40	87.2	△	580	0.78	89.5	1.8	5.5	1.2

第5章 电动机的安装

135 电动机的安装工事

电动机是给排水设备、空调设备、搬运设备等机械的动力源，如果安装得不好，就会产生异常振动，还会发出异常噪声，使电动机寿命大为降低。

当在地面上安装电动机时，一般是先用混凝土构筑一个基础台，在其上装配底座，再将电动机固定其上。

当电动机与所带动的机械是用联轴节直接连接时，可利用两者的联轴节进行直接找正，使两轴的中心在一条直线上，如图5.1所示。

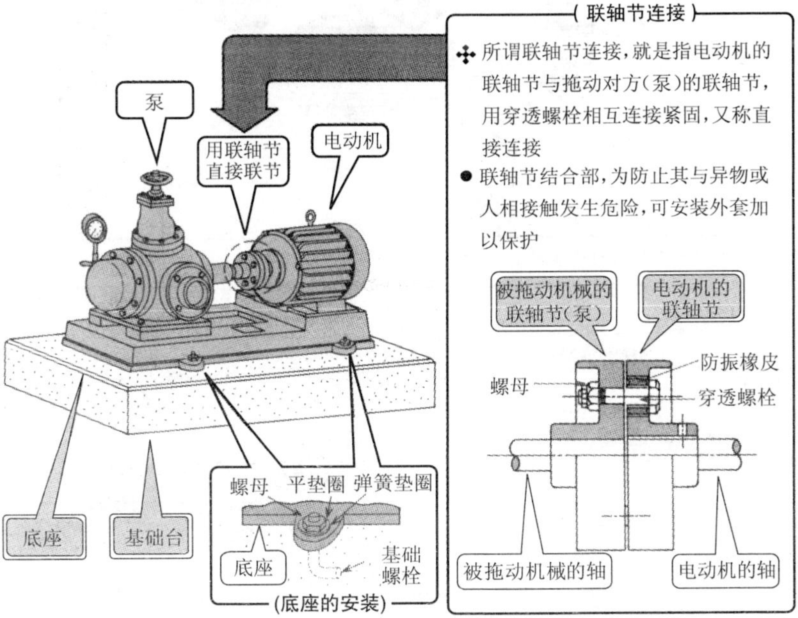

图5.1 联轴节连接

136 安装电动机的基础工事

安装电动机时，基础工事一定要坚固，要用埋入基础台中的基础螺栓把底座与基础台牢牢地固定在一起，如图5.2所示。

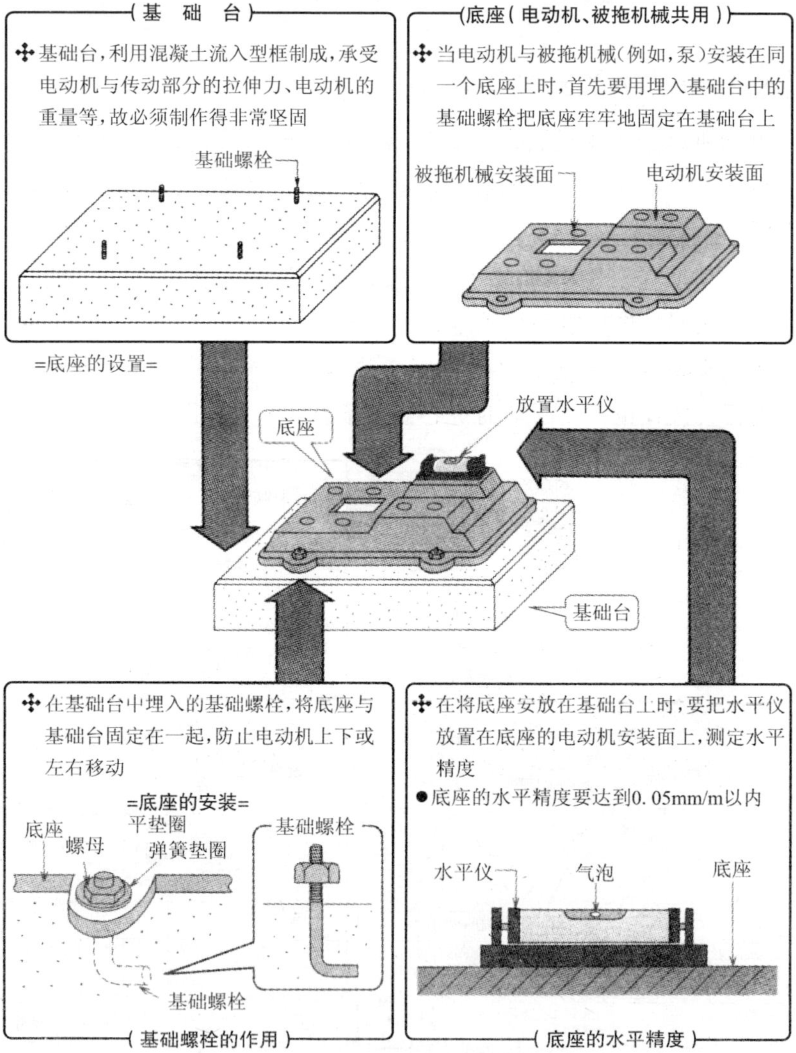

图5.2 安装电动机的基础工事

如果基础工事和底座安装不好，电动机或被拖机械的振动就会严重，使安装的位置不吻合、基础台下沉，从而造成轴承或轴损坏。

137 电动机的直接连接找正作业

电动机与被拖机械（例如，泵）用联轴节直接连接时，要利用电动机侧的联轴节与被拖机械侧的联轴节进行直接连接找正作业。

所谓电动机的直接连接找正作业，就是将电动机侧的联轴节与被拖机械侧的联轴节正确相对，使双方的轴中心一致，两个联轴节的平行度和上下左右的中心（偏心）重合。

直接连接找正调整法如下所示：

① 在电动机与被拖机械的联轴节相连处安装千分表，测量平行度和偏心，并按规定（表5.1）来调整直接连接精度。

表5.1 直接连接精度

种 类	范 围	误差允许值（例）	
偏 心	高速（1000r/min以上）机组	0.05mm以下	
	低速和大型低速机组	0.08mm以下	
平行度	-	不足ϕ400联轴节	ϕ400以上联轴节
	高速（1000r/min以上）机组	0.02mm	-
	低速和大型低速机组	0.03mm	0.04mm

② 直接连接精度可用在底座与电动机或被拖机械的安装座之间加垫板（衬垫）来调整，而后用安装螺栓固定。

③ 直接连接精度的调整可先使电动机或被拖机械微动或者上下稍移，读出千分表的上下、左右各位置的读数（参看下页关于偏心、平行度的测量），调整到其相等为止。调整方法就是拧松安装螺栓，在电动机或被拖机械的安装座与底座的安装面之间加装垫板（衬垫），如图5.3所示。

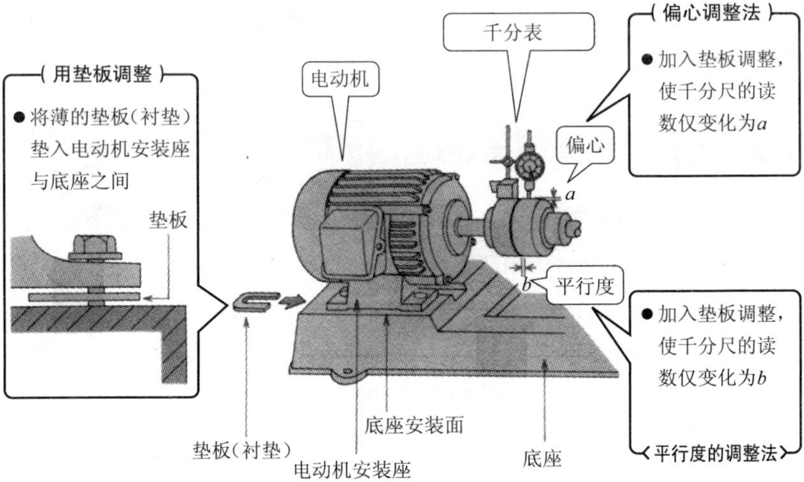

图5.3　电动机的直接连接找正作业

138　电动机的直接连接精度的测量方法

由电动机直接连接找正决定的直接连接精度包括偏心和平行度，可以用千分表同时进行精密测量。

1）偏心的精密测量法

偏心就是由于电动机联轴节与被拖机械联轴节的轴心不一致所造成的偏差。

偏心测量步骤如下，操作示意如图5.4所示。

① 在被拖机械联轴节B上安装千分表，使测量棒垂直于电动机联轴节A的外周。

② 拧入1根联轴节螺栓。

③ 使两个联轴节一起在上下、左右4个方位振动，读出表的读数。

④ 表读数的1/2就表示偏心。

2）平行度的精确测量方法

所谓平行度，是指电动机联轴节与被拖机械联轴节的端面，由于未完全平行而产生的误差角θ。

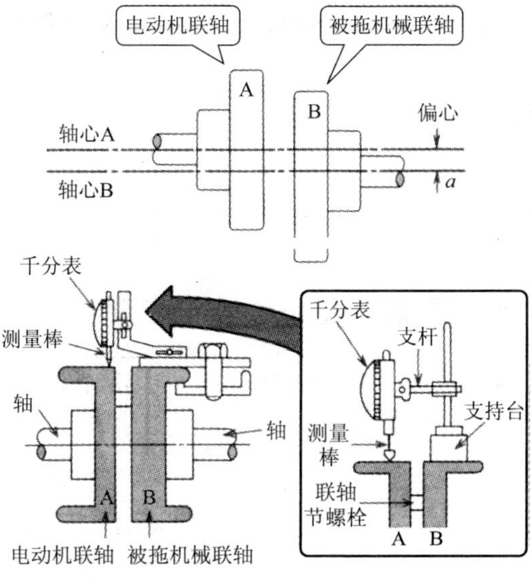

图5.4 偏心的精密测量法

平行度也是指联轴节的相对面的上下间隙b_1与b_2之差。

平行度测量步骤如下，操作示意图如图5.5所示。

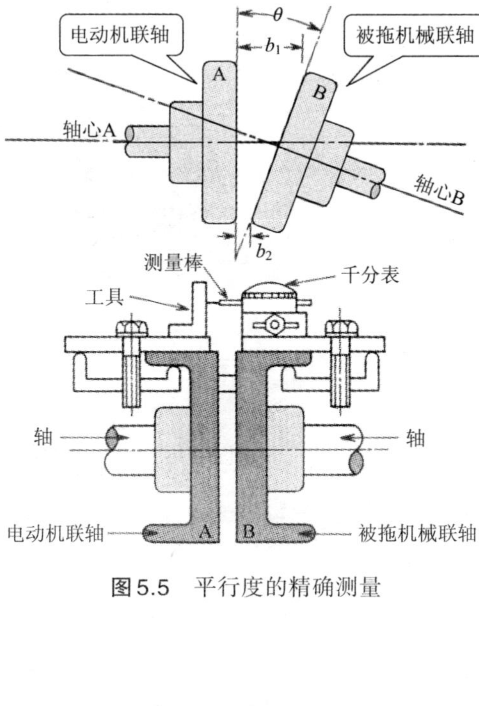

图5.5 平行度的精确测量

① 在被拖机械联轴节B上安装千分表，再在电动机联轴节A上安装平行度测量用工具。

② 拧入1根联轴节螺栓。

③ 使两个联轴节一起在上下、左右4个方位振动，读出表的读数。

④ 表读数的1/2即表示平行度。

139 电动机端子盒内配线的连接工事

电动机与室内配线的连接在附属的接线端子盒内进行。

电动机的出线与室内配线的连接作业说明如图5.6所示。电动机端子盒内配线连接作业步骤如下：

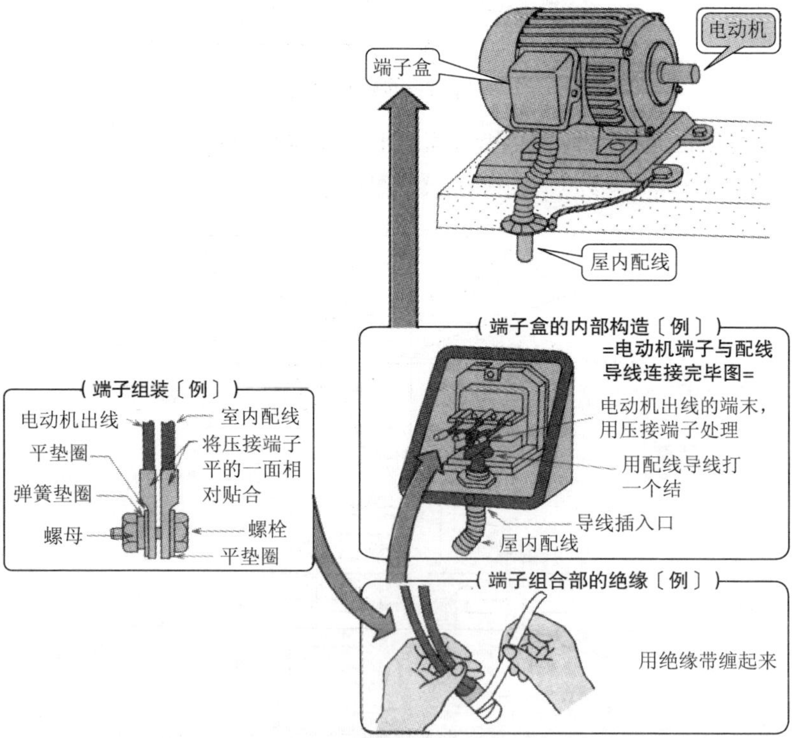

图5.6 电动机的出线与室内配线的连接作业

① 取下电动机端子盒的盖子。

② 在室内配线的末端用压线端子进行压接连接。

③ 把室内配线的导线放入电动机端子盒的导线插入口，接通。

④ 将电动机出线端子与室内配线端子组装起来。

⑤ 将端子组合部包上绝缘（例如用绝缘带）。

⑥ 将端子组合部放在端子盒内。

⑦ 盖上电动机端子盒的盖子。

140 电动机安装场所的选定

电动机安装场所的选定应注意以下几点：

① 选择在干燥的场所。

· 不在有滴水或因水管等泄漏而致湿气严重之处。

② 选择在通风良好的场所。

· 避开窗户的空间小、机械类设备密集且间隙少的场所。

③ 选择在凉快的场所。

· 电动机对周围温度有较大的影响，故应选在周围温度为 –20~40℃使用较好。

· 超过上述温度的场所，不可使用标准形式的电动机。

④ 选择在灰尘少的清洁场所。

· 在灰尘多的场所会使电动机散热效果差，造成轴承或轴磨耗严重，故应避免灰尘在电动机内聚集。

· 对保护型电动机，若有灰尘侵入内部，会使绝缘性能降低。

⑤ 选择在没有有毒气体流入的场所。

· 特别是酸性气体（氯、亚硫酸气体等）会腐蚀铁，损坏绝缘。

· 注意相邻机械的排气。

141 电动机的接地工事

电动机的底座、定子机座等应与其使用的电压相适应，按A种接地工事、C种接地工事、D种接地工事进行施工，适用范围见表5.2。

表5.2 按电动机使用电压划分的适用接地工事

电动机类别	接地工事
300V以下低压用	D种接地工事
超过300V低压用	C种接地工事
高压用	A种接地工事

由于电动机的绝缘物同时又是电介质，故电动机与大地之间有电容存在。当没有接地时，定子机座与大地间与此电容成比例，会产生相当于电源电压50% ~ 60%的感应电压。因此，为防止发生触电事故，对电动机必须按规定的接地工事施工。由于在电动机的端子盒或定子机座上已安有接地用螺栓，可以利用它们，如图5.7所示。接地线的最小粗细见表5.3。

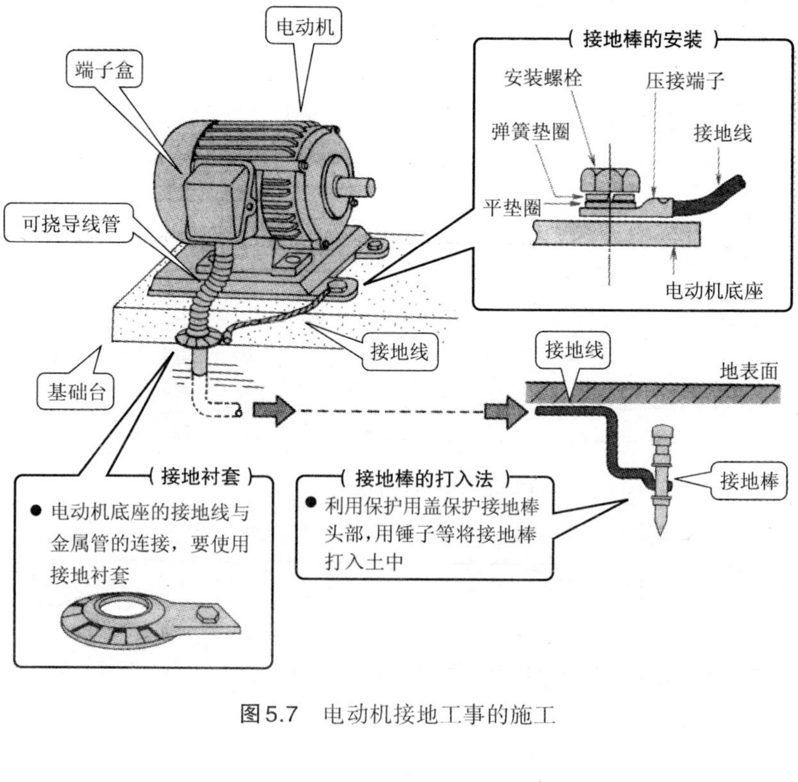

图5.7 电动机接地工事的施工

表5.3　200V三相异步电动机接地线的最小粗细

额定输出 /kW	接地线粗细 /mm^2	额定输出 /kW	接地线粗细 /mm^2
0.2	1.6	7.5	5.5
0.4	1.6	11	8
0.75	1.6	15	8
1.5	1.6	18.5	8
2.2	1.6	22	8
3.7	2.0	30	14
5.5	5.5	37	22

142 电动机与皮带连接负载对齐

电动机轴与负载轴若不在同一直线上，由于机械原因会导致出现不必要的震动与故障，会使电动机与负载过早地出现故障。有各种类型的校准装置可以使电动机与负载在一条直线上，如图5.8所示的激光准直仪。在电动机定位时，将薄铁片放在电动机下面也是校准过程的一部分。

轴对齐　　皮带轮对齐

图5.8　激光准直仪

直接驱动电动机，顾名思义，是直接给负载提供转矩与转速的电动机。电动机耦合是指电动机轴与设备轴之间的机械连接。电动机轴与驱动负载之间的直接耦合使转速比为1∶1。对于直接耦合的电动机，电动机轴与负载轴必须处于中心位置，以获得最大的工作效率。弹性耦合允许电动机与驱动负载有轻微的偏斜。

通过使用齿轮、滑轮、皮带使设备连接起来的耦合形式，可以获得与标准转速不同的转速。变速是通过调节齿轮的齿数比或滑轮直径实现的。电动机与负载相连，轴间的能量传递通常从高速/低转矩驱动轴到低速/高转矩负载轴。经常使用多条皮带来提高承载力。如果滑轮尺寸不同，则小的滑轮比大的滑轮转得快。改变导轮比只能改变转矩与转速，不能改变功率。下面的公式是用来计算皮带驱动系统的转速和滑轮的尺寸：

电动机（r/min）/设备（r/min）=设备滑轮直径/电动机滑轮直径

Y型带是能量传输最常使用的皮带。底部平坦，两侧呈圆锥形，在两个皮带轮之间进行能量传输。在维护皮带驱动系统时，一定要检查皮带，看看张力是否合适，是否在一条直线上，如图5.9所示。皮带要足够

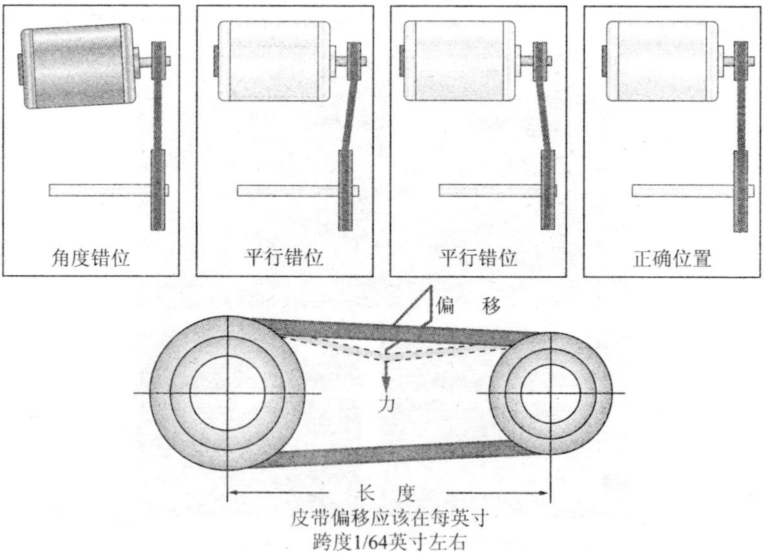

图5.9 皮带驱动系统的维护

紧，不能滑动。但是也不要太紧，否则会使电动机的轴承负担过大压力。皮带偏移应该在每英寸跨度1/64英寸左右。使用皮带张力计可以保证皮带张力适中。偏移是皮带最常出现的问题。两轴不平行造成角度错位，两轴平行但却不在一条中心线上造成平行错位。

143 电动机轴承的维护

电动机转轴通过轴承固定在端盖上，轴承为输出轴提供钢性支撑。电动机安装不同种类的轴承，通过适当润滑以阻止电动机轴金属之间的相互接触（图5.10）。通常使用油脂或者石油做润滑剂。现在制造的大多数电动机都有密闭式轴承润滑剂。通过定期的检查，保证密封良好，检查轴承润滑剂是否用完。若安装的是旧电动机，需要定期润滑，这需要在制造商的建议下有计划地进行。

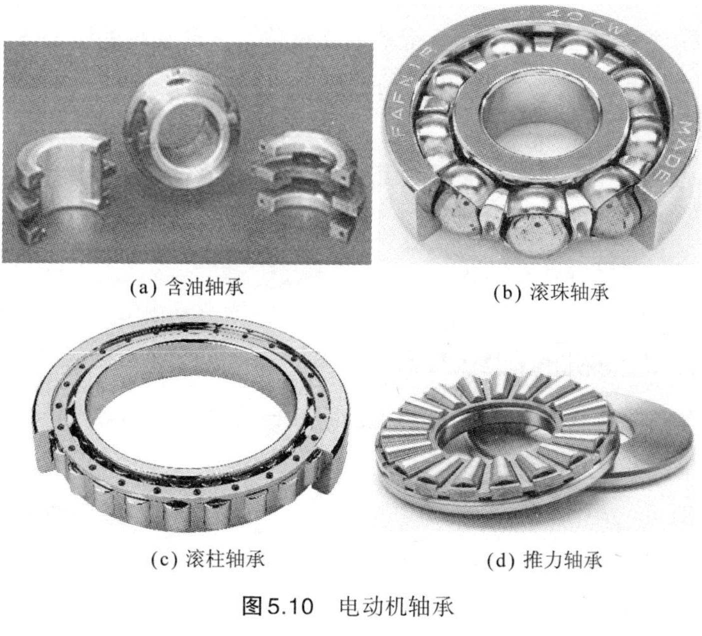

(a) 含油轴承　(b) 滚珠轴承

(c) 滚柱轴承　(d) 推力轴承

图5.10　电动机轴承

1）含油轴承

含油轴承用于较小的轻型电动机，由青铜或黄铜的圆筒、油芯与储油槽构成。电动机轴在青铜或黄铜套管中旋转，通过储油槽中的吸油绳润滑，油从储油槽中被传递到套筒。大型电动机（200hp和更大）通常安装分套筒轴承，分套筒轴承一半安装在电动机顶端，另一半安装在电动机底端。这些轴承通常使用马氏合金浇铸而成。套筒轴承安装在油罐、观察计、液位计与排水设备上。

2）滚珠轴承

滚珠轴承是一种最常见的轴承，可以支撑重型负荷。滚珠轴承负载的压力从轴承外圈转移到滚珠上，再从滚珠转移到轴承内圈。滚珠轴承分为三种不同的形式：永久润滑型、手工润滑型与小配件润滑型。如果不给轴承润滑会使电动机损坏，其原因是显而易见的，但给轴承涂过多油也会使它接触过于紧密，运行时过热，缩短使用寿命。过多的润滑剂会使电动机吸附灰尘，丧失绝缘功能，并且出现过热现象。

3）滚柱轴承

滚柱轴承用于大型电动机带动带式负载。这种轴承的滚动体是滚柱，所以可以使负载压力延伸到更大的区域，比滚珠轴承承受的负荷大。

4）推力轴承

推力轴承由两个推力圈及一组滚珠组成。滚珠可以承受比轴向力大的压力，用于安装在某些风扇与泵的叶片上。垂直安装电动机是使用推力轴承的典型设备。

144 电动机的配线工事

为供电给室内、室外装设的电动机，要从动力干线上引出分支线路，必须实施配线工事。

电动机的配线工事，有金属管配线、电缆配线、合成树脂管配线、橡胶绝缘电缆配线等。

电动机配线工事的种类如下：

1）金属管配线

金属管是指符合电气用品安全法要求的金属制管子（金属制可挠导

线管除外)，或者用黄铜或铜制作的坚固管子。

所谓金属管配线是指将绝缘导线装于金属管内为电动机配线，如图5.11所示。

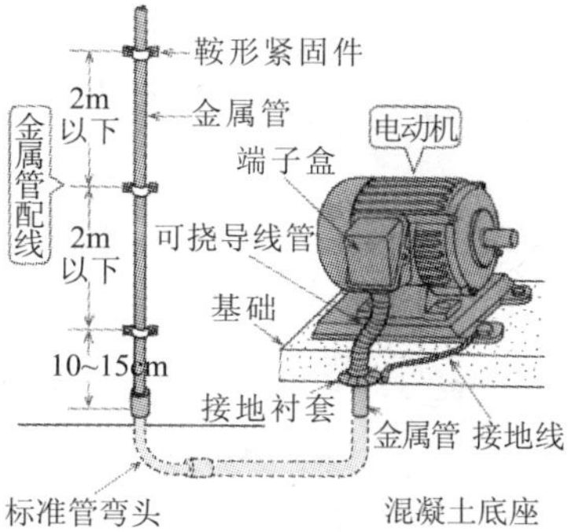

图5.11 金属管配线

2）电缆配线

电缆包括乙烯包皮电缆、氯丁二烯包皮电缆、聚乙烯包皮电缆等。

电缆配线就是用电缆供电给电动机的配线。

3）合成树脂管配线

合成树脂管是指符合电气用品安全法的合成树脂制导线管、合成树脂制可挠管以及CD管。

合成树脂管配线，就是在合成树脂管内装有绝缘导线，将其作为向电动机供电的配线。

4）橡胶绝缘电缆配线

橡胶绝缘电缆有乙烯橡胶绝缘电缆、氯丁二烯橡胶绝缘电缆等。橡胶绝缘电缆配线是利用橡胶绝缘电缆作为电动机配线的电缆。

145 电动机的金属管配线

金属管配线的架设方法如图5.12所示。

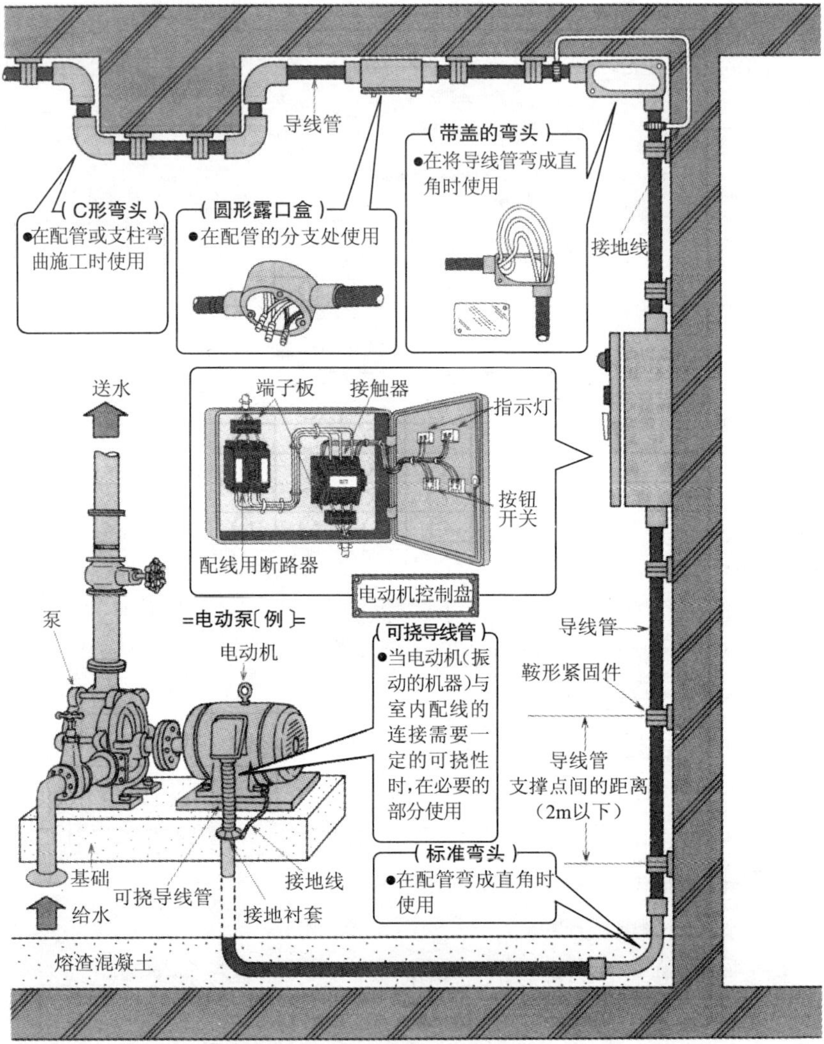

图5.12 金属管配线的架设方法

1）导 线

在金属管配线中，使用绝缘导线（直径超过3.2mm时，用绞线）。

① 在金属管内，不要设置导线的连接点。

② 为了保持电磁平衡，要把电动机主回路的导线全部装在同一条管子中。

2）金属管的敷设

金属管包括厚钢导线管、薄钢导线管、无螺旋导线管等。

金属管的厚度，对埋入混凝土者为1.2mm以上，对其他的为1mm以上。

为了不损伤导线的包皮，金属管的端口和内面要使用衬套等。所谓金属管的端口，就是金属管本体的前端。

将同一粗细的绝缘导线装在同一管内时，其金属管的粗细可按表5.4来选定。

表5.4 金属管的粗细

导线的粗细		导线管的最小粗细（管的公称）											
单线/mm^2	绞线/mm^2	厚钢导线管				薄钢导线管				无螺纹导线管			
		导线根数											
		1	2	3	4	1	2	3	4	1	2	3	4
1.6		16	16	16	16	19	19	19	25	E19	E19	E19	E19
2.0		16	16	16	22	19	19	19	25	E19	E19	E19	E25
2.6	5.5	16	16	22	22	19	19	25	25	E19	E19	E25	E25
3.2	8	16	22	22	28	19	25	25	31	E19	E25	E25	E31
	14	16	22	28	28	19	25	31	31	E19	E25	E31	E31
	22	16	28	28	36	19	31	31	39	E19	E31	E31	E39
	38	22	36	36	42	25	39	51	51	E25	E39	E39	E51
	60	22	42	42	54	25	51	51	63	E25	E51	E51	E63
	100	28	54	54	70	31	63	63	75	E31	E63	E63	E63

3）金属管配线要点

① 金属管的施工要考虑美观，力求垂直或平行施设。

② 在金属管的方向或高度改变处，宜安装分线盒，以便于进行施工。

③ 对于墙面上安装的配管，在人容易触碰到的部分（2m以下）使用鞍形固定件或没有尖锐突出部分的支撑件。

④ 在通道的地方，要避开在地面上配管。对于天花板上配管的场合，原则上包含支撑物在内安装高度要在2.1m以上，以防步行时有碰上的危险。

⑤ 金属管的端口要平滑，以免损伤导线的外皮。此外，在引入或更换导线时，为防损伤导线包皮，可使用衬套等。

146 电动机的电缆配线

电动机的电缆配线架设方法如图5.13所示。

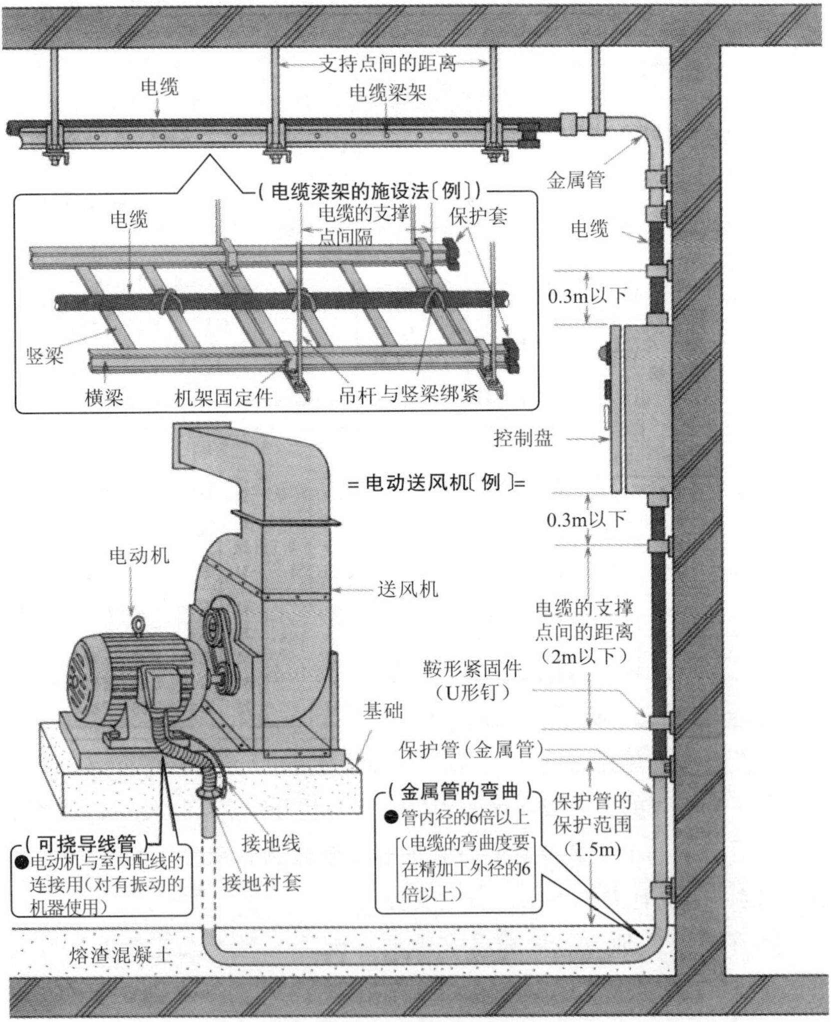

图5.13　电动机的电缆配线架设方法

1）电 缆

在电缆配线中，使用乙烯包皮电缆、氯丁二烯包皮电缆、聚乙烯包皮电缆等。

2）电缆的架设

① 不要在承受重物压力或有严重机械冲击的场合架设电缆。

② 在将某些电缆装于金属管、煤气铁管、合成树脂管中，受到适当保护处理时，不受此限。

③ 防护管的内径，要在电缆精加工外径的1.5倍以上。

④ 在屋侧或室外装设的防护管，其防护范围至少要达到在界内：距地面1.5m以下；在界外：距地面2m以下的地方。

⑤ 防护管的端口要平滑，以防电缆在引入或替换时包皮被损伤。

3）电缆的支撑

① 架设电缆的支撑，使用适合该电缆的线夹、鞍形固定件或U形钉等，并且为防止损伤电缆一定要牢牢固定。

② 在电缆外露的场合沿营造材架设时，支撑点间的距离可按表5.5所示确定。

表5.5 支撑点间的距离

<table>
<tr><th>架设的情况</th><th>支撑点的距离</th><th>架设的情况</th><th>支撑点的距离</th></tr>
<tr><td>在营造材的侧面或下面沿水平方向架设时</td><td>1m以下</td><td rowspan="2">电缆相互之间以及电缆与箱盒及器具的连接处</td><td rowspan="2">由连接处开始0.3m以下</td></tr>
<tr><td>人有触碰的危险时</td><td>1m以下</td></tr>
<tr><td>其他场合</td><td>2m以下</td><td></td><td></td></tr>
</table>

147 电动机电缆梁架的安装

① 电缆的梁架要具备能长久地承受电缆重量的结构，并且要安装坚固。

② 敷设后的挠曲，通常不超过横梁上支承间距的1/300。

③ 原则上电缆以分段安装为宜。

④ 当在电缆梁架上有电缆延长线时，要减少电缆的相互纠缠或交叉，力求整齐排列。

⑤ 当电缆梁架上安装有多条电路的电缆时，要在易见的位置设置每条电路的电路类别、使用电压及去向等标志。

148 电动机主回路施工的实际接线图

图5.14所示为电动机主回路的实际施工图。此图表示将作为支路开关的配线用断路器、可逆式接触器（能使电动机正、反转的接触器）、热继电器等安装在控制盘内，利用金属管工事接线到驱动电动机的情况。

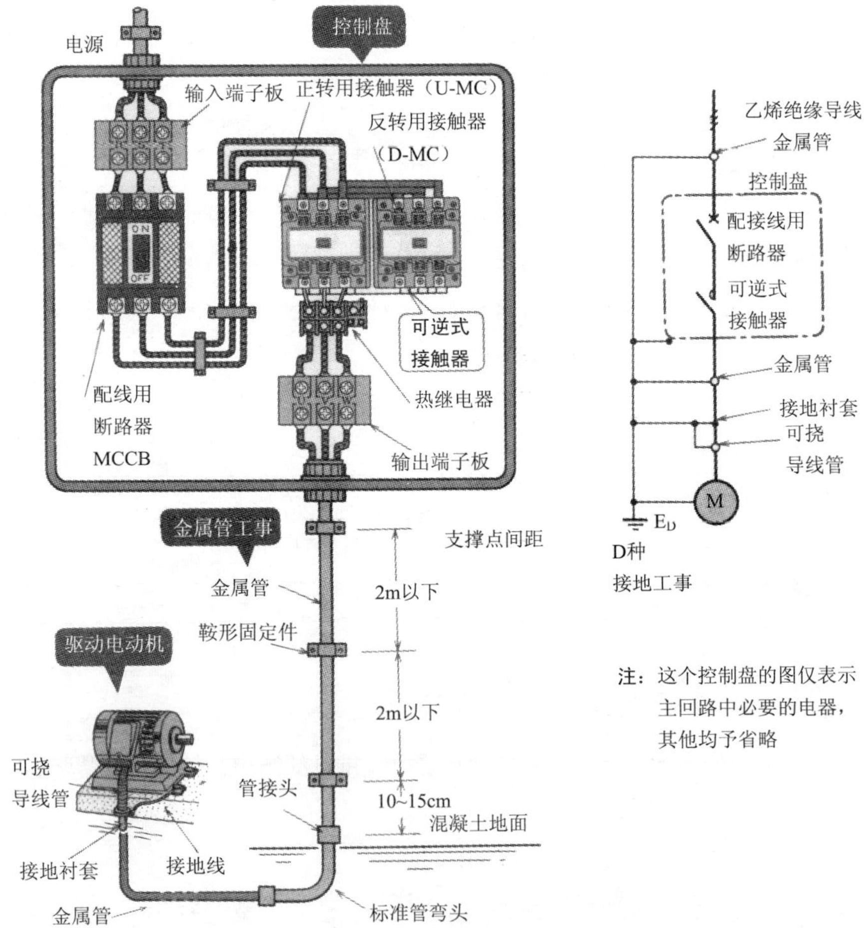

注：这个控制盘的图仅表示主回路中必要的电器，其他均予省略

图5.14 电动机主回路施工的实际接线图

149 电动机正反转控制的主回路接线

使电动机正反转的方法如图5.15所示。电动机正反转控制的主回路接线如图5.16所示。

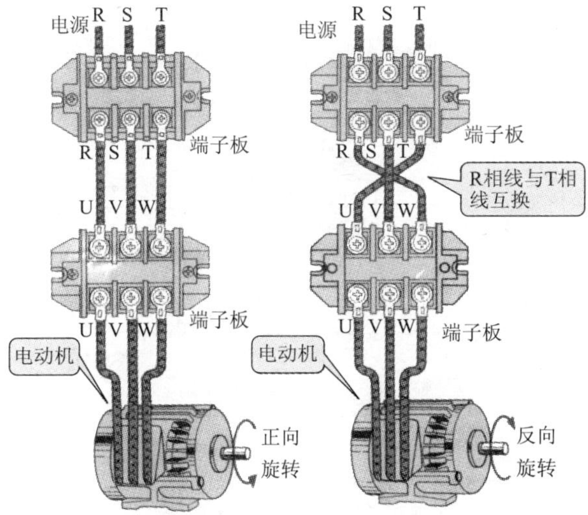

(a) 电动机正转　(b) 电动机反转

- 电动机的U、V、W相线与三相交流电源的R、S、T相线对应，当R与U、S与V、T与W相线连接时，电动机正向旋转
- 三相交流电源R、S、T相线之中的任意两根相线，例如R相线与T相线互换，再与电动机相连，则电动机就反向旋转

图5.15　电动机正反转的方法

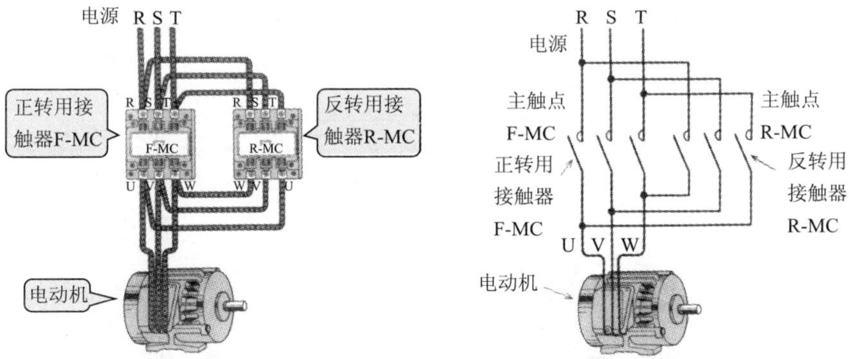

(a) 实际接线图　(b) 接线图

- 电动机的正反转控制中，使用正转用和反转用的两个接触器来切换与电动机相接的电源相线
- 正转用接触器动作后，电源与电动机通过主触点F-MC，使R与U、S与V、T与W相线相连，电动机正向旋转
- 反转用接触器动作后，电源与电动机通过主触点R-MC，使R与W、S与V、T与U相线相连，由于R与T相线互换，电动机反向旋转

图5.16　电动机正反转控制的主回路接线

150 电动机主回路接线的连接方法

驱动设备用的电动机主回路的接线施工有多种方法。这里主要介绍与电动机的端子盒接线相连接的方法（一般设备驱动用电动机的情况）。

1）用Ⅳ线等导线作为接线时

用Ⅳ线等导线作为接线时，电动机主回路接线的连接方法如图5.17所示。

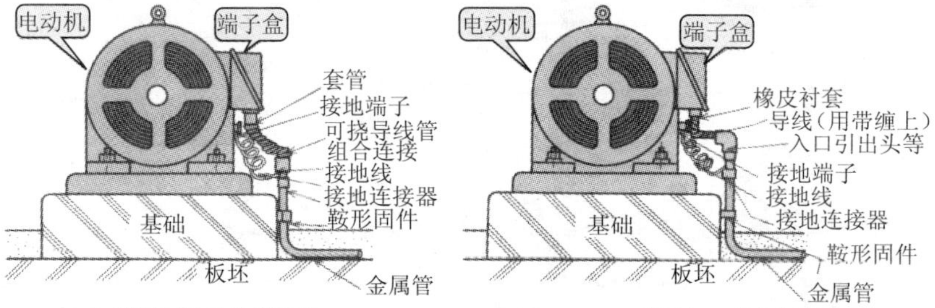

(a) 利用可挠导线管连接　　(b) 利用入口引出头连接

- 电动机的端子盒位置，从连接轴对面看是在电动机的右侧。
- 限于在干燥场所，可使用一种金属制可挠金属管。
- 在湿气多的场所或者有水汽的地方，要使用两种可挠导线管。

图5.17 电动机主回路接线（用Ⅳ线等导线作为接线）

2）用电缆作为接线时

用电缆作为接线时，电动机主回路接线的连接方法如图5.18所示。

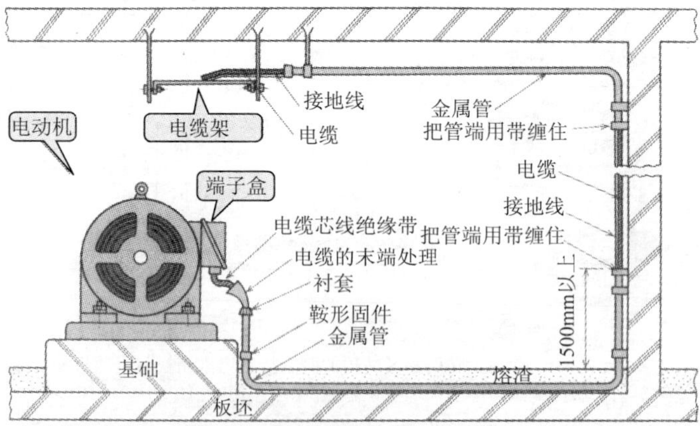

- 由于是室内设备，在不受水、灰尘影响的情况下，可不必在配管出口再做末端处理，只要把芯线用绝缘带包起来，接到电动机端子上就行。

图5.18 电动机主回路接线（用电缆作为接线）

151 放置接线导体的方法

主回路连接导线的放置，根据交流电各相线的不同按下列所示进行。

1）导线按上下顺序放置时

三相交流电路的导线从上往下按第一相线、第二相线、第三相线、中性线的次序放置，如图5.19所示。

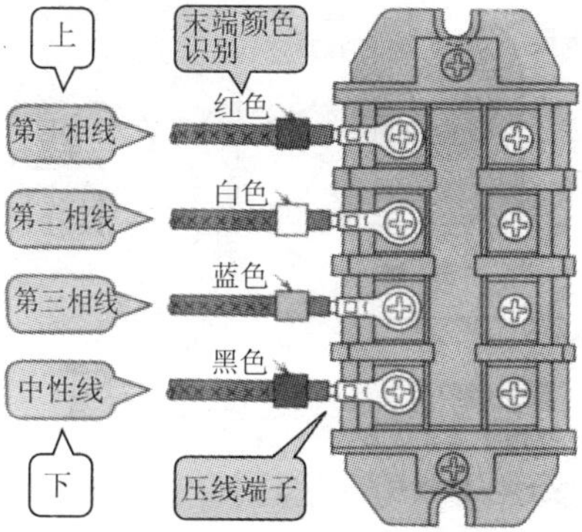

图5.19 导线按上下顺序放置

2）导线按左右顺序放置时

三相交流电路的导线从左往右按第一相线、第二相线、第三相线、中性线的次序放置，如图5.20所示。

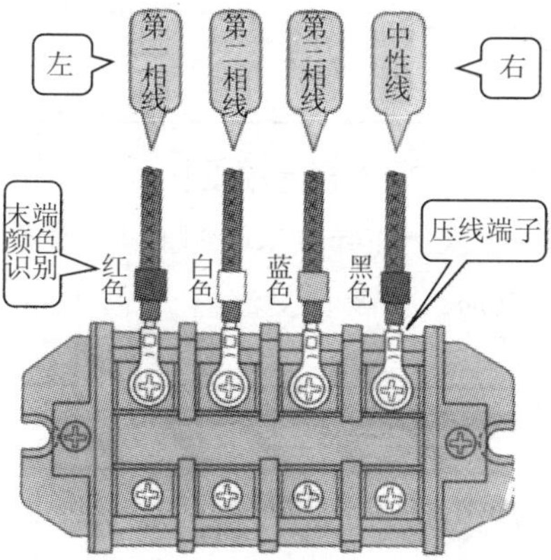

图5.20 导线按左右顺序放置

3）导线按远近顺序放置时

三相交流电路的导线从近往远按第一相线、第二相线、第三相线、中性线的次序放置，如图5.21所示。

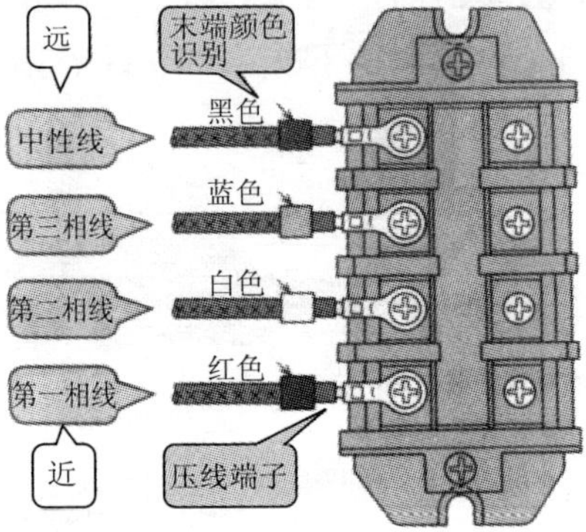

图5.21 导线按远近顺序放置

4）导线末端的颜色识别

导线末端的颜色识别见表5.6。

表5.6 导线末端的颜色识别

三相交流电路	末端颜色识别
第一相线	红色
第二相线	白色
第三相线	蓝色
中性线	黑色

接线导体的颜色区别，见于其末端的压线端子上带有不同颜色的乙烯绝缘条。可用简易方法实现：在导线末端缠上不同颜色的乙烯绝缘带即可。

导线的末端颜色识别，主要在交流与直流的主回路中实施。

152 在连接线末端压线连接的方法

压线连接不仅应用于电动机主回路，在一般电器接线中使用的导线末端都安有压线端子，使用特殊的工具（称作压线工具）进行压线，把端子与导线连接起来。

1）绝缘导线包皮的剥去方法

① 使用乙烯绝缘导线时，包皮的剥去方法如图5.22所示。

② 导线包皮剥去的尺寸如图5.23所示。

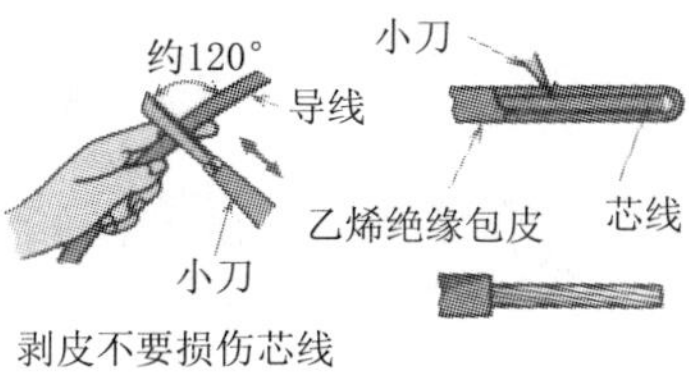

图5.22　包皮的剥去方法

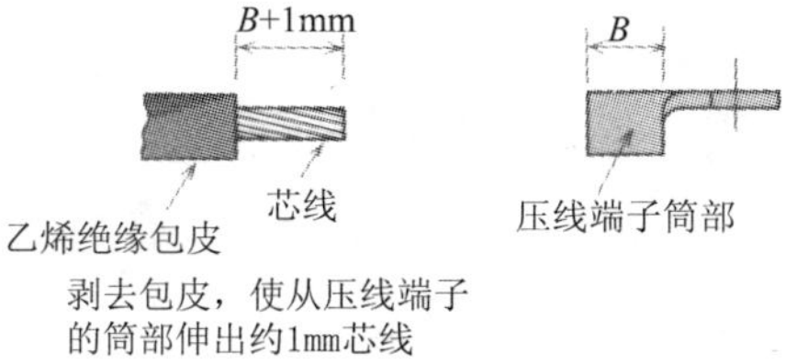

图5.23　包皮剥去的尺寸

2）压线连接的作业顺序

① 要根据连接导线的粗细，选择截面积与之合适的压线端子，如图5.24所示。

② 把按规定长度剥去包皮的电线插入压线端子的筒部。

③ 使端子筒部的银焊部分与压线工具公模的牙部相接触。

④ 用双手握住压线工具的手柄压线，至手柄张开为止。

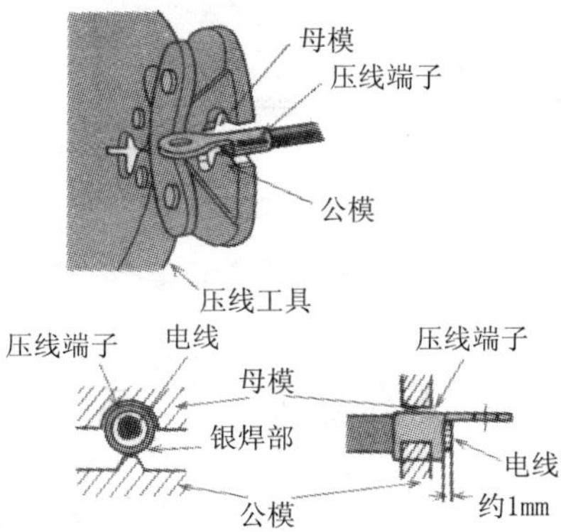

图5.24　压线端子

3）压线工具的类别

① 手动工具（图5.25）。带有完成压线后不用张开手柄的棘轮机构。

② 油压式手动工具（图5.26）。由手柄操作依靠泵传动，由于油压作用而得到较强的压力。

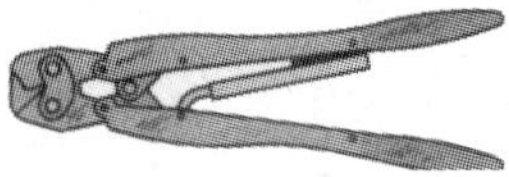

图5.25　手动工具

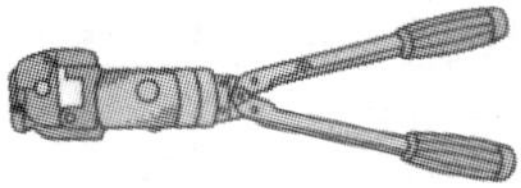

图5.26　油压式手动工具

153 金属管的施工方法

金属管施工是指把金属管安装在建材上或埋入混凝土中，在管内装设绝缘导线，如图5.27所示。

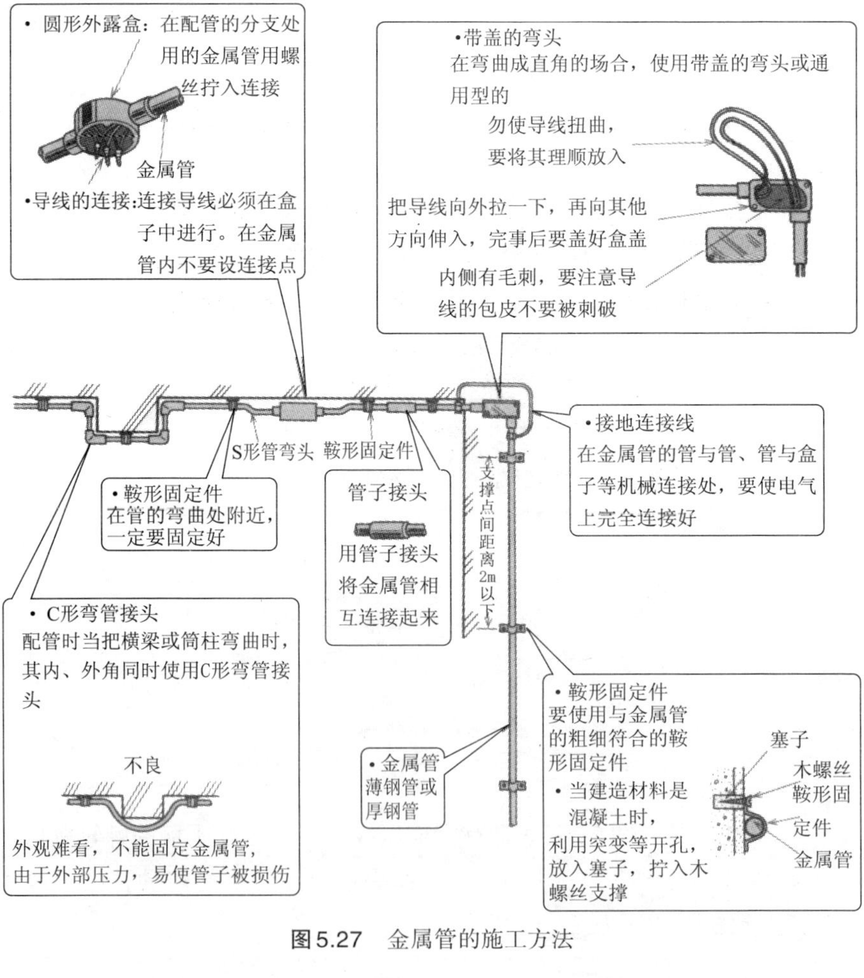

图5.27　金属管的施工方法

金属管施工不论在外露场所、隐蔽场所，干燥或有湿气、有水汽的场所等，都能进行。

在金属管施工中为保护导线使用的钢制电线管，按管壁厚度分为薄钢电线管与厚钢电线管两类。

154 金属管螺纹的切断方法

利用管线棘轮型螺纹切断工具的切断方法如图5.28所示。

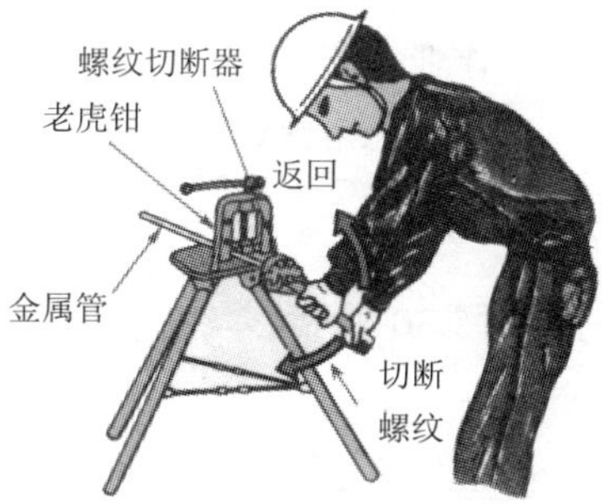

图5.28 金属管螺纹的切断方法

作业顺序如下：

① 把管端伸出离老虎钳10~15cm，不要使管子受伤，将其固定好。

② 将螺纹切断器插入管端，调整好导向，将切断器固定。

③ 用左手将板牙部分与管子压紧，用右手稍转手柄，使其进入2、3个螺纹牙。

④ 在要切的部分涂上油，将手柄往复搬动，按必要长度切断螺纹。

⑤ 切螺纹时要注意不要把螺纹牙弄破，同时将螺纹切断器反向转动，使其从管子上取下。

⑥ 用锉刀除去切口上的毛刺。

155 金属管的弯曲方法

用弯曲机弯细管的方法如图5.29所示。

作业顺序如下：

图5.29 金属管的弯曲方法

① 确定金属管弯曲的开始点与终点（此时，应计算出弯曲半径、弯曲长度）。

② 把符合管径的弯曲机竖立起来，在这里放好管子弯曲的开始点。

③ 用左手握住弯曲机的上端，用拇指按住管子，右手把住金属管，往前按使管子弯曲。

④ 把管子往前一点一点挪动，进行同样作业直至达到管子弯曲的终点，再退回。

156 金属管的连接方法

用管子接头连接时如图5.30所示。

作业顺序如下：

① 给要连接双方的金属管切好螺纹。

② 把管子接头拧到一根管上，这时要拧到管子接头的中央为止。

③ 把另一根管子从管子接头的另一端拧进。然后，用管扳手或扁口钳等将它们固定好。

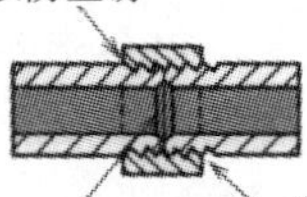

图5.30 金属管的连接方法

157 墙壁上控制盘的露出安装

墙壁上控制盘的露出安装如图5.31所示。

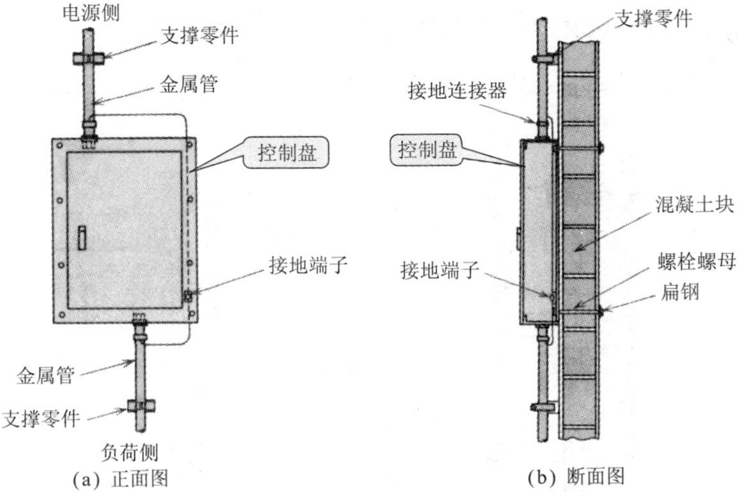

图5.31 控制盘的安装（露出安装）

158 木造间壁上控制盘的半露出安装

木造间壁上控制盘的半露出安装如图5.32所示。

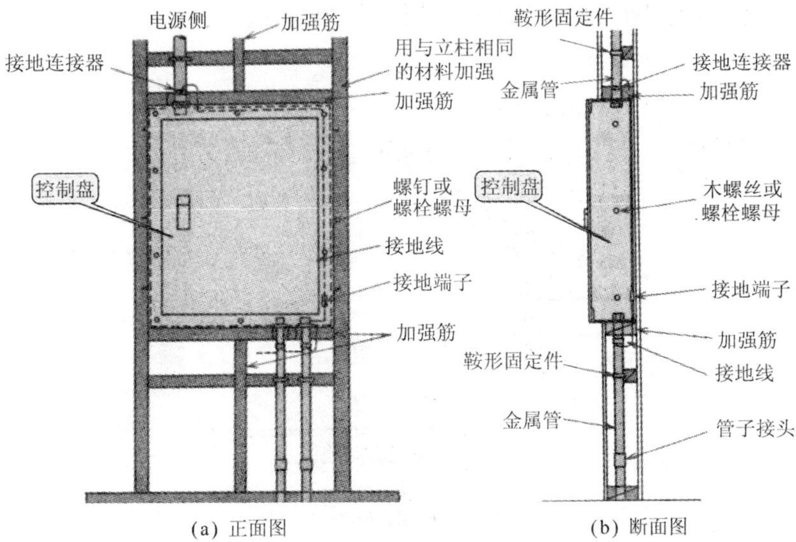

图5.32 控制盘的安装（半露出安装）

159 分量轻的间壁上控制盘的半露出安装

分量轻的间壁上控制盘的半露出安装如图5.33所示。

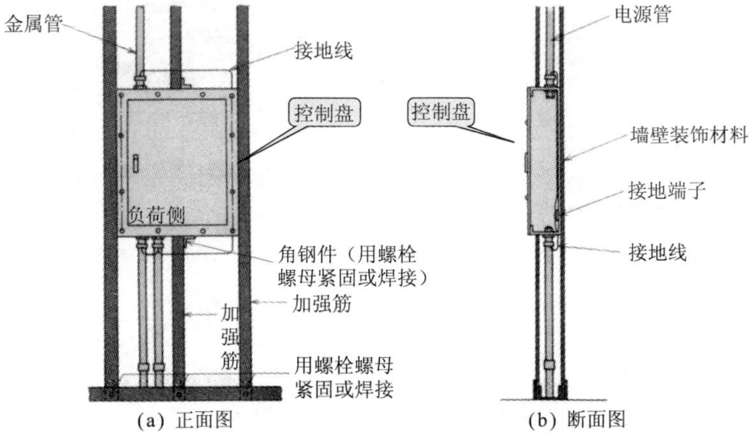

图5.33 控制盘的安装（半露出安装）

160 混凝土墙上控制盘的埋入安装

混凝土墙上控制盘的埋入安装如图5.34所示。

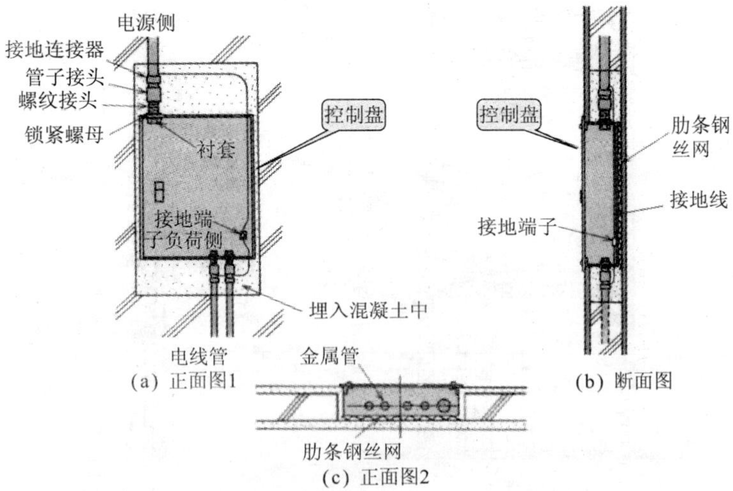

图5.34 控制盘的安装（埋入安装）

161 电容器为电动机单用而安装

为改善功率因数而采用的低压无功补偿电容器，原则上应与电动机单个安装，如图5.35所示。

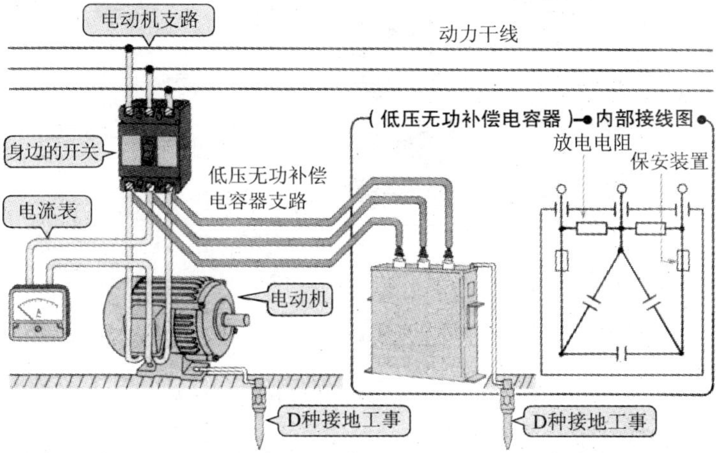

图5.35　电容器为电动机单用而安装

① 低压无功补偿电容器，可利用身边的开关或其他电气设备，安装在负荷侧。当有电流表时，原则上由电流表的电源侧分支接入。

② 由电动机支路分支到低压无功补偿电容器的这一段电路上，不要装设开关等电气设备。

③ 对于低压无功补偿电容器，希望使用带有放电电阻器的电容器。所谓放电电阻器，就是当把电容器从电源上断开后，把残留电荷放掉的电阻器。

162 电容器为电动机共用而安装

为改善功率因数而采用的低压无功补偿电容器，在不得已的情况下，可以安装为各电动机共用，如图5.36所示。

① 低压无功补偿电容器要接在比身边开关更靠近电源侧，并且比引入口装置更靠近负荷侧。此时，低压无功补偿电容器是被接到干线的支路中，或是接到电动机的支路中。

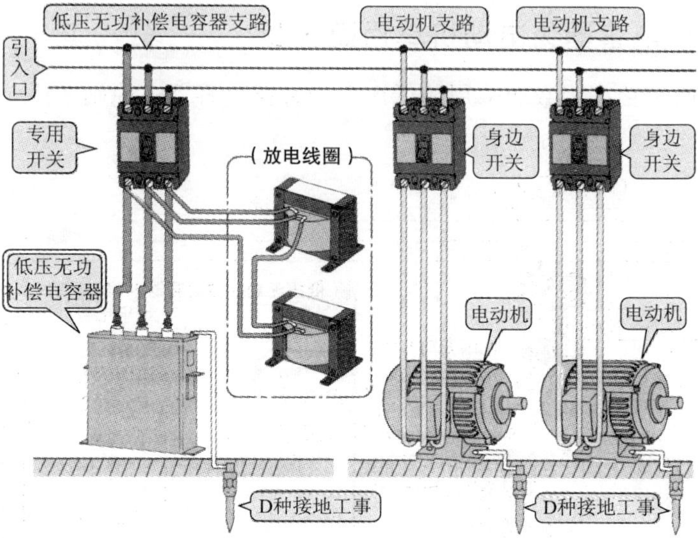

图5.36 电容器为电动机共用而安装

② 对低压无功补偿电容器，在使用方便处要安装专用的开关（必要时用过电流断路器）和放电线圈或是附带其他适当放电装置的开关。这个开关，要本着“每天早上随电动机开始运行而投入，每天晚上随电动机运行停止而切断”的宗旨而设立。

163 Y-△启动时的接线

Y-△启动异步电动机的低压无功补偿电容器要接在启动器的电源侧。其接线如图5.37所示。

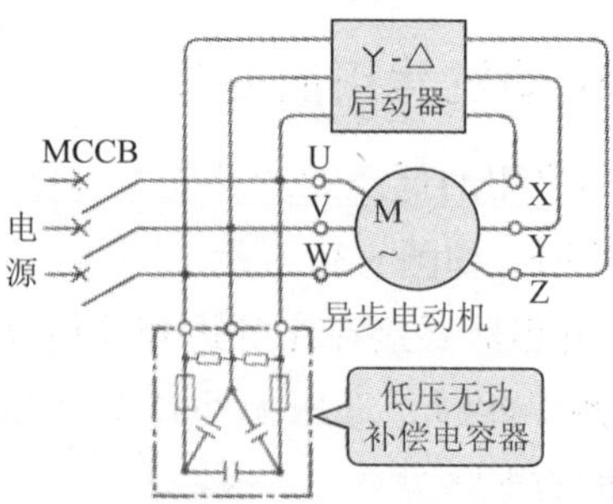

图5.37 Y-△启动时的接线

164 低压无功补偿电容器支路导线的最小粗细

低压无功补偿电容器支路导线的最小粗细如表5.7所示，导线的长度要超过3m。

表5.7 低压无功补偿电容器支路导线的最小粗细

<table>
<tr><th rowspan="3">电动机额定输出（kW）以下</th><th colspan="4">导线的最小粗细（铜线）</th></tr>
<tr><th colspan="2">单相2线式</th><th colspan="2">单相3线式</th></tr>
<tr><th>100V</th><th>200V</th><th>200V</th><th>400V</th></tr>
<tr><td>2.2</td><td>8mm²</td><td>2.0mm</td><td>1.6mm</td><td>1.6mm</td></tr>
<tr><td>3.7</td><td>14</td><td>5.5mm²</td><td>2.0</td><td>1.6</td></tr>
<tr><td>7.5</td><td>38</td><td>14</td><td>5.5mm²</td><td>2.0</td></tr>
<tr><td>15</td><td></td><td></td><td>14</td><td>5.5mm²</td></tr>
<tr><td>37</td><td></td><td></td><td>22</td><td>14</td></tr>
</table>

165 使用低压无功补偿电容器的注意事项

① 室内安装低压无功补偿电容器时，要避开湿气严重的地方或有水汽的场所以及周围温度超过40℃的场所，安装牢固。安装的场所要选在干燥处、通风良好的地方，避开有腐蚀性气体、灰尘多以及震动的场所。

② 低压无功补偿电容器的金属外壳，按D种接地工事（400V级的，按C种接地工事）施工。

③ 低压无功补偿电容器安装在室外时，使用室外型电容器。

第6章 电动机的使用与维护

166 电动机的长期保管方法

在电动机长期（2～3个月以上）保管期间，要防止雨水、尘埃、异物落入；防止由于浸水、结露导致绝缘电阻下降；防止电动机内外部生锈，以上三点必须重视。

在长期保管的各个阶段，可按下列考虑从事。

1）电动机现场到货、安装后的保管

① 现场到货后到安装以前，原则上应用原包装保管。

② 在电动机的轴端面、联轴节、法兰盘面、地脚等机加工外露部位，涂上润滑脂等防锈油，如图6.1所示。

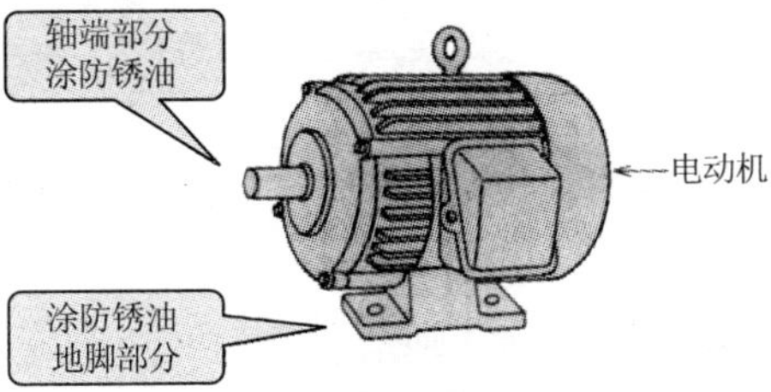

图6.1

③ 端子盒中与电缆相接的部位，在连接好电缆后用乙烯胶带等缠好。

④ 大致按1个月一次的频率，测量绝缘电阻，确认没有降低。

2）电动机试运行后的保管

① 电动机的运行尽可能1个月一次以上（由防锈决定，必须定期进行）。

② 按照润滑脂补充铭牌上的规定，定期补充，更换一定数量的润滑脂。

③ 对持续运行的电动机，要根据使用说明书进行维护检修，确认没有异常振动、噪声、温度等情况。

167 电动机的日常检修

所谓日常检修，是指对电动机的停止状态、运行状态进行日常检修。

1）环 境

① 用温度计测量，确认冷却介质温度在铭牌上记载的数值以下（在没有记载时，可按 -20 ~ +40℃考虑）。

② 利用目视观察通风状态，确认吸排气孔没有障碍。

2）电源状态

① 用电压表测电源电压的变化，确认此变化要在额定值的 ±2%~±3%（虽然电源电压不超过规定值的 ±10% “并不妨碍使用”，但却不能保证电动机的性能、寿命）。

② 用电流表测电流，确定它在电动机的额定值以下，并无周期性的振荡。

3）轴承周边

① 利用听觉、听诊棒，听轴承音与平常相比，确认没有异常声响、噪声未增大。

② 用手摸或温度计测，确认轴承温度与平常运行温度相比，没有异常上升，而是处在规定温度以下。

③ 用目视观察润滑脂，确认没有泄漏。

4）外 观

利用目视，观察定子机座、轴伸出部有无附着污染物，确认与平常运行时相比，没有显著的变化。

5）运行状态

① 臭气。用嗅觉检查，确认没有异味。

② 异常声音。用听觉、听音棒检查，确认其与平时无异、噪声未增大。

③ 定子机座。用触觉、温度计检查，确认其与正常的运行温度相比，没有异常升高。

6）振　动

相对于电动机的转速，振动的允许值如图6.2所示。

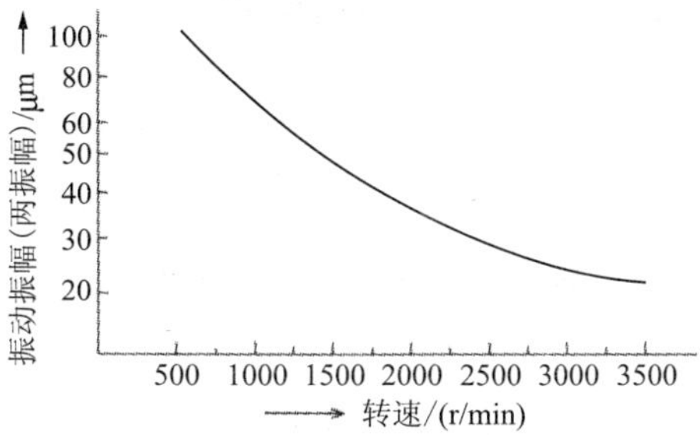

图6.2

电动机停止时若由他方施加以振动，则轴承转动体的座圈面上会产生相对微小的振动，导致发生微小的磨耗，称为微振磨损，可能造成轴承有异常音并使破损严重。

168 电动机的定期检修

所谓定期检修，就是对电动机易损耗之处、在短时间内不能测量的地方进行定期检修，包括轻度的拆卸，如图6.3所示。

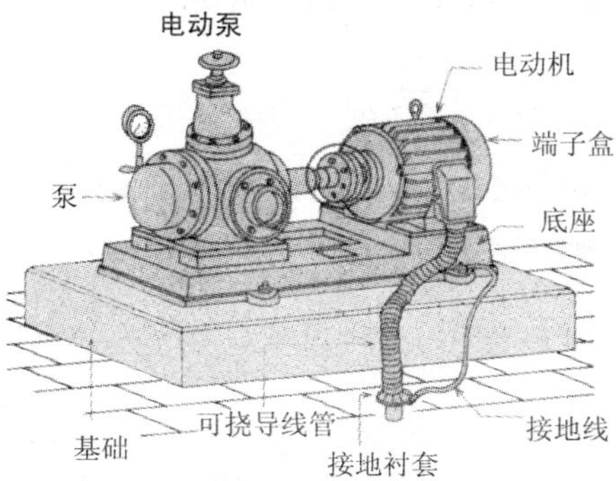

图6.3

1）连接状态

确认电动机轴的中心与被拖机械（例：泵）轴的中心是被正确地安装在一条直线上，如图6.4所示。

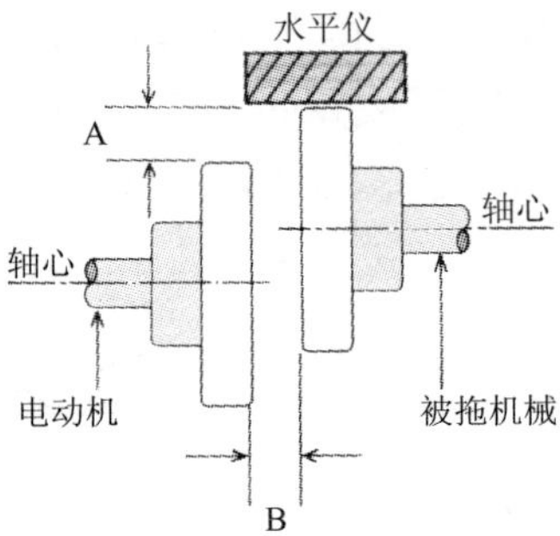

（直接连接精度）A:0.03mm以下
B:0.03mm以下

图6.4

2）安装状态

确认安装螺栓、地脚螺栓没有松动。

3）敞开轴承

确认没有排出润滑脂而混入磨耗粉、异常变色以及混入水分而导致寿命缩短。

4）油　漆

确认油漆没有变色、脱落、损伤、生锈。

5）接　地

确认接地线没有断线，安装螺栓没有松动。

由于电动机的绝缘物也是电介质，因此在定子机座与大地之间产生的电容，与此电容量成比例，会产生电源电压50%～60%的感应电压，因此，必须接地。

6）温　升

确认电动机各部位的温度没有超过温升限度，温升限度见表6.1。

表6.1 电动机的温升限度

电动机部分	绝缘种类	温度计法	电阻法
电枢绕组	E	–	75℃
	B	–	80℃
	F	–	100℃
铁心及其他机械部分（接近绕组的部分）	E	75℃	–
	B	80℃	–
	F	100℃	–
轴 承	在表面测量时为55℃		

注：所谓温升限度，是指该绝缘类别允许的最高温度与冷却介质温度之差。

7）绝缘电阻的测量

用500V绝缘电阻表测量电动机的定子绕组与大地间的绝缘电阻，确认在1MΩ以上。

当绝缘电阻低于规定值而又用干燥方法不能使其达到要求时，可送去制造厂家进行修理。

169 电动机维护

一般来讲，电动机是一种非常耐用的设备，几乎不用维护。尽管典型的电动机可能是低维护设备，但若想延长它的使用寿命，仍需要定期维护。

1）有计划的定期检测

让电动机问题降到最少的关键就是有计划地进行定期检测与维护。记录所有的维护清单与操作过程。每个设备需要维护的次数与过程不尽相同。电动机的轴是否对齐，电动机底座是否坚固，皮带张力及使用情况都应该定期检查。

2）关注电刷与换向器

对于直流电动机，要打开机壳检测电刷的磨损、弹簧的弹力与换向器的磨损或者刮痕情况。如果有电刷不能使用到下次的检查日期，就要重新更换。换向器应该保持干净、光滑，架有电刷的表面应抛光成褐色。观察电动机运行时的电刷，电刷必须平稳地架在换向器上，且只能有少量火花或没有火花产生，电刷不能颤动。

3）检测绕组的绝缘情况

一年要对绕组与绕组的接地电阻进行两次检查，查看是否出现绝缘问题。如果电动机被水浸或高阻表读数过低，一定要在通电之前进行全面的清洁干燥。

4）保持电动机干净

通过擦、刷、吸或者吹装置清洁电动机内壳和空气通道中积聚的灰尘。当厚厚的灰尘积满机壳并阻碍通道时，冷却气流减少，无法散去的热量将降低电动机的绝缘寿命，最后会使电动机出现故障。

5）保持电动机干燥

连续使用的电动机不会遇到潮湿的问题。不经常使用的电动机或者备用电动机会出现这种问题。解决办法是使电动机每周都运行几个小时，驱除潮气。请注意，不能让蒸汽和水直接进入到开放防滴式电动机内部。

6）润滑油检查

根据制造商说明书对电动机进行润滑。使用高质量的油脂或石油润滑剂时一定要小心，不要让润滑剂受到灰尘或水的污染。

7）检测过热、噪声与颤动

触摸电动机外壳与轴承，检测是否出现过热或颤动，倾听是否有不正常的噪声，所有情况都有可能导致系统故障。快速确定问题所在然后排除热量、噪声与震动的来源。

8）频繁启动是导致电动机故障的主要原因

启动时出现的过高电流导致电动机过热。对功率小于等于200hp的电动机而言，驱动高惯性负载，它的最长加速时间在20s左右，则电动机每天的启动加速时间应该不超过150s。

170 电动机的故障检查

机械部件或电路故障会导致电动机停止工作。任何形式的电气测试都有危险，如果大意就会造成伤害！为了降低处理电动机的危险，一定要记住以下几点：

① 在维修或者维护电动机前，一定要断开电源，在电动机完全停止运行后做好标定和锁定。

② 在维修电动机前将所有的电容器放电。

③ 要记得将手和衣物远离运动部件。

④ 要确定在启动设备之前，保护装置已经到位。

电气接触占全部施工死亡事故的1/5。永远不要在设备带电时工作，除非检测、调节、维修维护有需要时，但一定要记得穿合适的防护服，使用正确的工具与设备。永远不要一个人去执行带电操作，一定要与伙伴一起工作，以防万一。

用于排除电动机故障的典型工具有万用表、钳形安培表、兆欧表以及红外线测温仪，如图6.5所示，这些设备用于测量电压、电流、电阻、绝缘电阻与温度。

基本的电动机系统由电源、控制器、电动机和驱动负载组成。当电动机出现问题时，首先要检测系统中哪个部件出现了故障。电源、控制器与电动机本身也可能出现故障。由于电枢驱动的负载增加，轴承出现故障或者耦合机制问题将使得机械负载变大。机械过载是电动机故障的主要原因之一。

(a) 万用表

(b) 钳形安培表

图6.5 用于排除电动机故障的设备

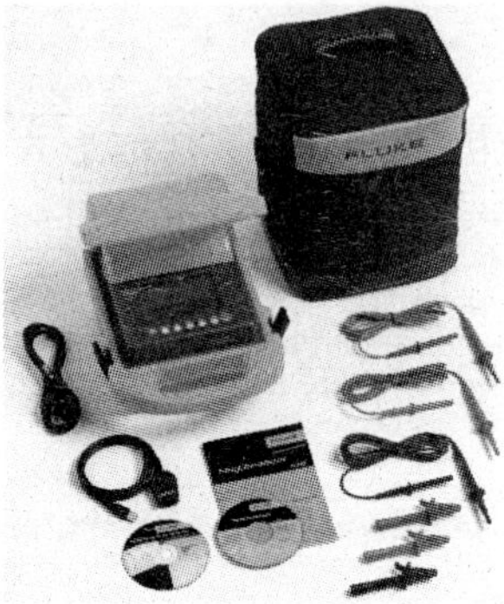

(c) 兆欧表

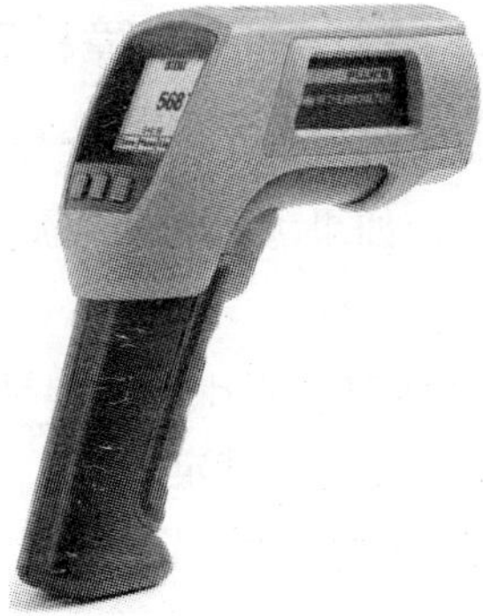

(d) 红外线测温仪

续图6.5

171 电动机的故障排除指南

当确定电动机出现故障，可以进一步确定电动机的故障位置。故障维修指南全面综合地概述了电动机的各种问题。根据问题的症状进行分类，为使用者提供简单的建议，以及检测电动机故障位置的方法和维修建议。下面就是故障维修指南，其中概括了大多数电动机经常出现的故障症状。

1）电动机不转

① 熔断丝熔断或者断路器断开。检查过流保护设备的输入电压和输出电压。如果经测量后有输入电压而无输出电压，则有可能是熔断器烧毁或者断路器断开。检查熔断器和断路器的额定电流，应该至少是电动机满载电流的125%。

② 电动机启动器上的过载继电器跳闸。将过载继电器冷却后重启。如果短时间内引起电动机过载继电器断开，检测电动机是否短路和接地。检查电动机的满载电流，将其与过载继电器的设定电流进行比较。

③ 电动机出现低压或无电压。检查电动机两端的电压，误差必须在铭牌上所标电压的10%以内。找出低压的原因：熔断器夹头松动，截断开关的端子或者断路器端子连接在一起都会使电动机电压变低。

④ 机械过载。旋转电动机轴，检查相连的负载是否出现问题；检查轴承，检查定子与转子之间的气隙；减少负载或者使电动机空载。

⑤ 电动机绕组故障。通过检测电动机绕组阻值来判断线圈绕组是否断开、短路，以及是否存在接地短路故障。线圈绕组两端的欧姆表读数是无穷大，意味着那里出现开路，通常是线圈的端部出现问题，可以重新连接。短路一般发生在只有几匝的线圈内，很难检测，但仍会导致电动机过热。检测线圈绕组短路的一个办法就是将该线圈电阻的读数与一个相同的正常工作的线圈进行比较。

⑥ 电动机烧毁。如果电动机的一相或多相绕组看起来发黑并且发出异味，则极有可能发生电动机烧毁事故，需要重新绕制电动机绕组。

2）电动机过热

① 负载。基本症状是电动机发热严重不能触摸。检查安培表读数并与电动机额定满载电流比较。如果比正常值高，就减少负载或者换一个型号大一些的电动机。

② 冷却不足。把电动机上或者周围的杂物拿开。

③ 环境温度。比正常的环境温度高。逐步提升电动机的通风状况或者降低环境温度。

④ 轴承和对齐校准。轴承损坏或者耦合时没对齐都会使摩擦力增加，发热量增多。

⑤ 电源电压。如果工作电压太高或者太低，电动机就会在较高的温度下运行。调整电压在额定值的10%上下波动。

3）电动机噪声过大，出现颤动

① 轴承。停止电动机，试着轻轻地上下移动转轴，检测轴承磨损情况。使用听诊器检测轴承的噪声。将螺丝刀放在耳朵旁，刀头放在轴承上，螺丝刀会将噪声扩大，如同听诊器。将磨损或者松动的轴承换下；将润滑剂用尽的轴承也换下。

② 耦合机制。检查电动机轴或者负载的弯曲情况，如果有可能就将其拉直。检测耦合器件是否对齐，如果没有对齐就再次校准。

③ 硬件松动。紧固电动机和负载上所有松动的部件。检测安装在电

动机与负载上的紧固件。带有离心机构、电刷、转差环与换向器的电动机由于磨损或机制松动会发出噪声。

4）当碰触时，电动机产生电击

设备的接地导体坏掉或者断开。电动机绕组与外壳之间短路。检查电动机的接线盒可能出现不良接线、破损绝缘，或者端子与外壳之间出现电气连接。

5）电动机过载保护器不停地跳闸

① 负载。负载太大，确定负载没有阻塞。将负载从电动机上移去，测量空载电流，应该比铭牌上的满载电流小。

② 环境温度太高。确保电动机获得足够的空气进行冷却。

③ 过载保护器也许出现问题。用一个完好的保护器代替原来的。

④ 绕组短路或者接地。检测绕组是否缺陷、松动，或者切断可能引起接地故障的导线。

172 电动机的故障维修表

故障维修表可以帮助用户很快地找出问题所在，并提出正确的解决方法。下面是一些关于特殊电动机的故障维修表示例（表6.2、表6.3）。

表6.2 单相电动机故障维修表

问　题	原因与解决方法
分相电动机出现“哼哼”声，手动启动后可以正常运行	离心开关工作不正常。打开机械装置，清洁触点，调整弹簧弹力，更换开关
电容启动电动机出现“哼哼”声，如果手动启动可以正常运行	离心开关故障（与分相电动机相同）；电容有缺陷。测试电容，更换电容
启动电容持续故障	由于电动机型号不正确，电动机转速升得不够快；电动机启动太频繁。根据电容制造商建议，每小时不要超过20次，3s启动
运行电容故障	环境温度太高。由于瞬间的电压过高可能导致电动机出现电涌
交直流两用电动机出现电火花	新电刷没有正确安装在换向器上，用砂纸打磨电刷使之与换向器的轮廓相配

表6.3　三相电动机故障维修表

问　题	可能的原因与解决办法
三相系统中的一相故障。电动机不能启动，如果发生在运行时，电流会升高，降低电动机容量。电动机出现独特的声响	熔断器烧毁或者断路器的一个引脚断开。检查三相电源线是否每相电压都正确
三相电源提供的相电压不相等。当电压不平衡率是3.5%时，电动机温度升高25摄氏度。电动机温度比正常运行时高，效率比正常运行时低	功率因数校正电容器组的熔断器烧毁：找出电容器并替换 单相负载不平衡：使三相电路的单相负载均匀分配 公用电网电压不平衡：如果输入的电压不平衡，与公用电网联系解决 谐波畸变：电动机电压出现谐波畸变会使电动机温度升高，导致绝缘损害，可能出现故障。确定谐波的来源，使用滤波器控制或者降低谐波
转子绕线式感应电动机不能启动或者启动和运行不稳定	外部转子电阻：在电阻箱中找出故障元件，进行故障维修。清洁滑环，检查电刷的磨损情况并调节压力
同步电动机启动时间增加或者加速不稳定	阻尼器的绕组损坏或者有缺陷：以做浪涌测试记录电动机启动时的定子电流有极大帮助，可以确定绕组是否老化，或者超出了它的使用寿命
电刷产生的电弧过大	电刷磨损或者电刷粘连：替换电刷或者清洁电刷架 电刷偏离中性面：通过换向器将电刷旋转到正确的位置 过载：测量电动机电流并与额定满载电流相比。如果有必要，减小电动机负载 换向器很脏：换向器表面应该是清洁明亮的；轻微的刮擦或者变色可以用砂纸打磨掉；如果刮痕太深或凸起太高，需要将换向器拿到机床重新加工填补弧坑 电枢故障：测试绕组是开路还是短路，改正或者换个电动机
电刷磨损过快	电刷材料、类型或者等级不对。用制造商建议的电刷进行替换

173　电动机的故障维修梯形图

故障维修梯形图或者树形图可以通过问题处理的步骤对读者进行指

导。故障梯形图在本质上是连续的，它的简洁性可以节省时间，快速找出电动机问题的根源。图6.6所示就是一个故障维修梯形图，用来确定三相鼠笼式感应电动机过热的原因。

步骤1 环境温度过高？	是 →	降低环境温度，提高通风或者安装大型号的电动机。
否 ↓		
步骤2 对于当前情况来说电动机太小？	是 →	安装型号大一些的电动机。
否 ↓		
步骤3 电动机启动太频繁了吗？	是 →	降低启动周期或者使用大型电动机。
否 ↓		
步骤4 检查外壳。上面覆盖影响绝缘与冷却的灰尘了吗？	是 →	擦、刮或者吸去机壳上的灰尘。
否 ↓		
步骤5 触摸外面排气孔。通光量或者通风情况差吗？	是 →	移除障碍物或者去掉灰尘，使气流顺利地循环。如果有需要，清洁内部的气流通道。
否 ↓		
步骤6 当电动机驱动负载时，检查内部电流。是电流过大，出现过载吗？	否 →	转步骤11。
是 ↓		
步骤7 是驱动设备出现过载吗？	是 →	减少负载或者安装大型电动机。
否 ↓		
步骤8 是没有对齐校准，坏的轴承或者损坏的元件导致驱动机器或者功率传输系统有过度摩擦吗？	是 →	修理或者替换损坏的部件。
否		

图6.6　故障维修梯形图

步骤 9
电动机轴承干燥吗？ 是 → 润滑。电动机的电流过大吗？（是 → 步骤10）
否 ↓

步骤10
是端盖的损坏、风扇的摩擦、转轴的弯曲或者转子的摩擦导致内部摩擦过度吗？ 是 → 修理或者替换电动机。
否 ↓

步骤 11
是坏的轴承导致过度摩擦吗？ 是 → 确定轴承损坏的原因。
否 ↓

步骤 12
检查相电压。各相之间电压有变化吗？ 是 → 使各相电压相等。
否 ↓

步骤 13
电压超过或者低于铭牌的10%吗？ 是 → 重调合适的电压或者更换电动机。
否 ↓

步骤 14
检查定子。有没有线圈接地或者短路？ 是 → 修理线圈或者替换电动机。

续图6.6图

174 小型电动机的维护

因为小型电动机在运行时通常很少发生故障，所以很容易被忽视。应该每年对小型电动机进行两次全面检查，以检测其磨损状况，并排除可能导致发生进一步磨损的情况。必须特别关注电动机轴承、断流器及其他易损件；确保污垢及灰尘不会影响通风或造成活动件的堵卡。

1）正确布线

当安装新电动机或把电动机从一个装置转换到另一装置上时，最好详细检查接线情况。确保使用规格型号能够满足要求的导线为电动机供电。在许多情况下，更换导线能预防发生更严重的损坏。正确布线有助于预防电动机过热，并降低电源成本。

2）检查内部开关

通常，启动绕组开关很少出故障，但是定期排查会使它们有更长的使用寿命。包括用细砂纸清洁触点；确保转轴上操作启动绕组开关的滑动件能够自由移动；核验松动螺钉。

3）检查负荷状态

定期核验从动负荷。有时机器内部会产生越来越大的摩擦，在电动机上形成过载，因此需要密切关注电动机温度。应使用有合适额定值的熔断器或过载开关对电动机提供保护。

4）润滑时需特别注意的问题

如果电动机的运行时间为通常运行时间的三倍，那么对润滑的关注程度也应该是平时的三倍。对电动机的润滑应该根据制造商的推荐进行。应该为电动机提供足够的润滑油，但也不要过量。

5）保持换向器的清洁

不要使直流电动机的换向器布满灰尘或油污。应该用一块洁净的干布或一块用溶剂润湿、不会留下薄膜的布不定期擦拭。如果必要的话，可以使用砂纸，可用0000号或更细的砂纸。

6）电动机的额定运行参数必须适当

有时，需要把电动机从一个工作场合搬到另一个场合，或者当电动机持续短时运行一段时间后，再继续操作机器。只要电动机在不同工况或在一个新的应用场合下运行，一定要确保它有合适的额定参数。电动机通常是根据间歇性负载进行标定的，因为当电动机短时运行时，其内部的温升不会过高。如果把这样的一台电动机用于连续负载场合，将导致电动机过热，引起绝缘功能退化，甚至有可能烧毁电动机。

7）更换磨损的电刷

应该定期对电刷进行检查，如果必要的话可以更换。在检查时只需要取出电刷，并确保再次装入时一定要装在轴上相同的位置即可。即电刷重新装入电动机时，电刷在电刷柄中的位置不能转向。由于与换向器配合的接触表面已经“磨损”，如果没有在相同位置更换接触面，将导致换向器产生大量火花，并引起功率损失。电刷自然磨损到其长度不足1/4in时，就应该更换新的。

175 球轴承电动机轴承的维护

1）危险信号

① 电动机与轴承之间的温差突然升高，表示轴承润滑油故障。

② 温度高于润滑油的推荐使用温度，轴承的使用寿命会降低。工作温度每提高3℃，润滑时间（寿命）减半。

③ 轴承噪声伴随着轴承温度的升高而增大，表示出现严重的轴承故障。

2）球轴承润滑剂的主要作用

① 散发轴承组件之间相互摩擦所产生的热量。

② 保护轴承组件免受灰尘或腐蚀的侵袭。

③ 为防止异物进入轴承提供最大保护。

3）轴承故障原因

① 轴承中存在由不洁（内有杂质）润滑油或密封失效所致的异物。

② 由于温度过高或污染而导致的润滑脂变质。

③ 轴承内润滑脂过多而导致轴承过热。

176 套筒轴承电动机轴承的维护

套筒轴承电动机使用的润滑油必须能够提供把轴承表面和旋转轴组件完全隔离的油膜，在理论上消除金属与金属之间的直接接触。

1）润滑油

润滑油因为它的黏附特性及黏度或抗流动性，由电动机旋转轴带动，并在转轴和轴承之间形成一层楔形油膜。当转轴开始运转时，油膜便自动形成，并通过运动得以保持。正向运动在油膜上产生压力，该压力又反过来支撑负载。该楔形油膜是套筒轴承高效流体动力润滑的一种基本特性。如果没有它，不仅不能拖动大负载，反而会导致大的摩擦损耗及轴承的全面破坏。当润滑剂有效并保持足够的油膜时，套筒轴承主要起到保持对正的导向作用。当油膜出现故障时，轴承作为一种安全装置，能防止损坏电动机转轴。

2）润滑油的选择

润滑油的选择需要仔细考虑。所选润滑油要能够为轴承提供最有效的轴承软化，并且不需要频繁更换。好的润滑油是保证低维护费用的不可或缺的一个要素。推荐使用上等润滑油，因为它们是从纯石油中提炼出来的，对需要润滑的金属表面而言完全没有腐蚀性，同时不会有沉积物、灰尘或其他异物，在电动机内部的温度和湿度环境中也比较稳定。就性能而言，已经证明了高价润滑油的长期运行费用更低。

当电动机转轴在旋转时，将形成有多个相对滑动的分层或叠层的油膜。由于组成润滑油油膜的各个分层之间存在相对滑动作用，由此而产生的润滑油黏性（内摩擦）利用黏度来表示。针对特定工作场合选用的润滑油黏度应该保持充分的油性，以防止在油膜形成并达到工作温度以前，在环境温度、低转速、大载荷的影响下出现磨损及咬合。对功率小于1hp的电动机，推荐使用低黏度润滑油。由于这种润滑油的内摩擦低，能使电动机实现较高的工作效率，并将轴承的工作温度降到最低。

3）标准润滑油

高的环境温度及高的电动机工作温度，都会使轴承工作温度超出润滑油的容许温度范围，从而导致使用标准温度范围润滑油润滑的套筒轴承出现破坏性结果。这种破坏性结果包括润滑油黏度降低，润滑油中的腐蚀性氧化物含量增高，通常也会使与轴承表面接触的润滑油质量下降。但是，也有一些特殊润滑油能用于在高温或低温环境中工作的电动机。为电动机慎重选用在轴承工作温度范围内、牌号合适的润滑油，将对电动机性能及轴承的使用寿命产生决定性的影响。

4）磨　损

尽管由于套筒轴承表面相对较软，能够吸收异物的硬颗粒，因而没有球轴承那样对异物敏感，但是可靠的维护保养程序还是建议必须保持润滑油及轴承的洁净。润滑油更换的频率取决于现场工况，如工作的强度、连续性和温度等。合理的润滑油维护保养程序要求对润滑油油位进行定期检测和清洁，且需要每隔六个月补充一次新润滑油。

警告：避免轴承内的润滑油脂过多。在球轴承和套筒轴承电动机中，电动机内的润滑油过多将引起绝缘破坏，这也是导致电动机绕组绝缘失效的最为常见的原因之一。

第7章 电动机的拆装与故障排除

177 电动机的拆卸

电动机在拆卸前，要事先清洁和整理好场地，备齐拆装工具。还应做好标记，以便装配时各归原位。应做的标记有标出电源线在接线盒中的相序；标出联轴器或皮带轮与轴台的距离；标出端盖、轴承、轴承盖和机座的负荷端与非负荷端；标出机座在基础上的准确位置；标出绕组引出线在机座上的出口方向。

1）电动机的拆卸步骤

电动机的一般拆卸步骤如图7.1所示。

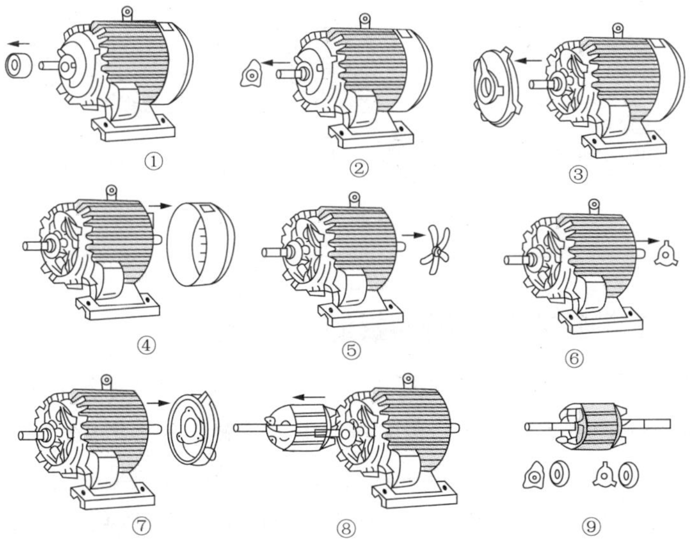

图7.1 电动机的一般拆卸步骤

① 拆下皮带轮或联轴器。

② 拆下前轴承外盖。

③ 拆下前端盖。

④ 拆下风罩。

⑤ 拆下风叶。

⑥ 拆下后轴承外盖。

⑦ 拆下后端盖。

⑧ 拆下转子。

⑨ 拆下前后轴承和前后轴承的内盖。

178 电动机线头的拆卸

电动机线头的拆卸如图7.2所示。切断电源后拆下电动机的线头。每拆下一个线头，应随即用绝缘带包好，并把拆下的平垫圈、弹簧垫圈和螺母仍套到相应的接线桩头上，以免遗失。如果电动机的开关较远，应在开关上挂“禁止合闸”的警告牌。

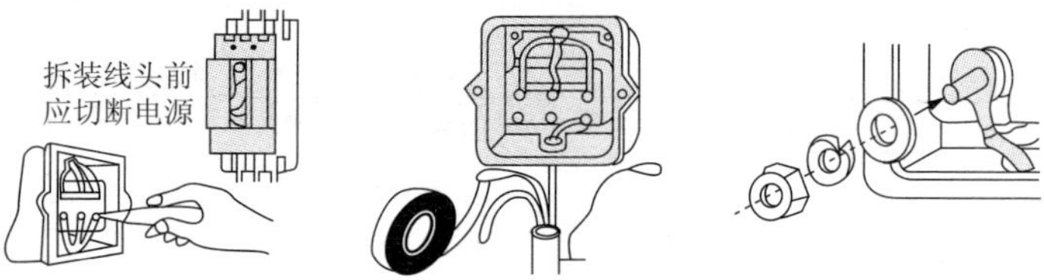

图7.2 电动机线头的拆线

179 皮带轮或联轴器的拆卸

皮带轮或联轴器的拆卸如图7.3所示。首先用粉笔标出皮带轮或联轴器与轴配合的原位置，以备安装时按照原来位置装配［图7.3（a）］。然后装上拉具（拉具有两脚和三脚的两种），拉具的丝杆顶端要对准电动机轴的中心［图7.3（b）］。用扳手转丝杆，使皮带轮或联轴器慢慢地脱离转轴［图7.3（c）］。如果皮带轮或联轴器锈死或太紧，不易拉下来时，可在定位螺孔内注入螺栓松动剂［图7.3（d）］，待数分钟后再拉。若仍拉不下来，可用喷灯将皮带轮或联轴器四周稍稍加热，使其膨胀时再拉出。注意加热的温度不宜太高，以防轴变形，拆卸过程中，手锤最好尽可能减少直接重重敲击皮带轮或联轴器的次数，以免皮带轮碎裂而损坏电机轴。

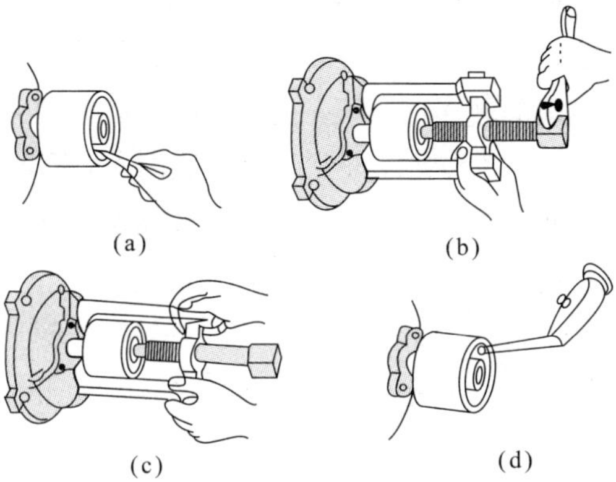

图7.3 电动机皮带轮的拆卸

180 轴承外盖和端盖的拆卸

轴承外盖和端盖的拆卸如图7.4所示。拆卸时先把轴承外盖的固定螺栓松下，并拆下轴承外盖，再松下端盖的紧固螺栓［图7.4（a）］。为了组装时便于对正，在端盖与机座的接缝处要做好标记，以免装错。然后，用锤子敲打端盖与机壳的接缝处，使其松动。接着用螺丝刀插入端盖紧固螺丝襻的根部，把端盖按对角线一先一后地向外扳撬。注意不要把螺丝刀插入电动机内，以免把线包撬伤［图7.4（b）］。

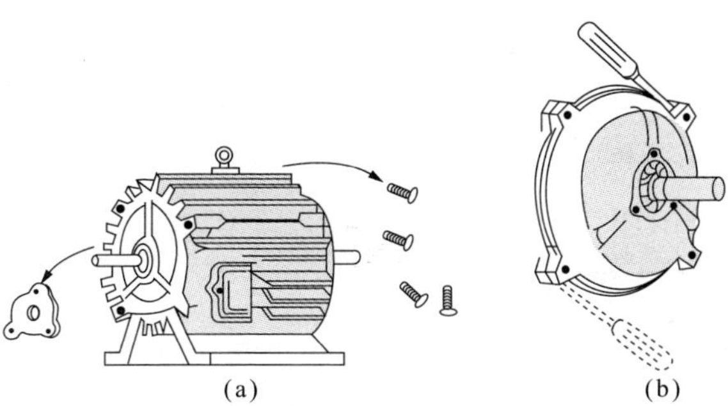

图7.4 电动机轴承外盖和端盖的拆卸

181 转子的拆卸

电动机的转子很重，拆卸时应注意不要碰伤定子绕组。对于绕线转子异步电动机，还要注意不要损伤集电环面和刷架等。

拆卸小型电动机的转子时，要一手握住转轴，把转子拉出一些，随后，用另一手托住转子铁心，渐渐往外移，如图7.5所示。

对于大型电动机，转子较重，要用起重设备将转子吊出，如图7.6所示。先在转子轴上套好起重用的绳索［图7.6（a）］，然后用起重设备吊住转子慢慢移出［图7.6（b）］，待转子重心移到定子外面时，在转子轴下垫一支架，再将吊绳套在转子中间，继续将转子抽出［图7.6（c）］。

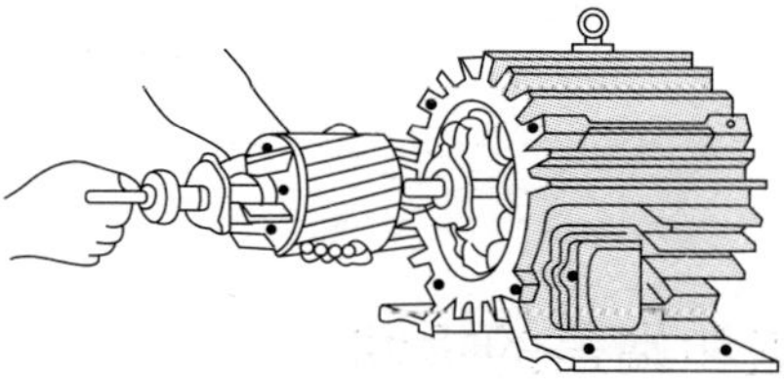

图7.5 小型电动机转子的拆卸

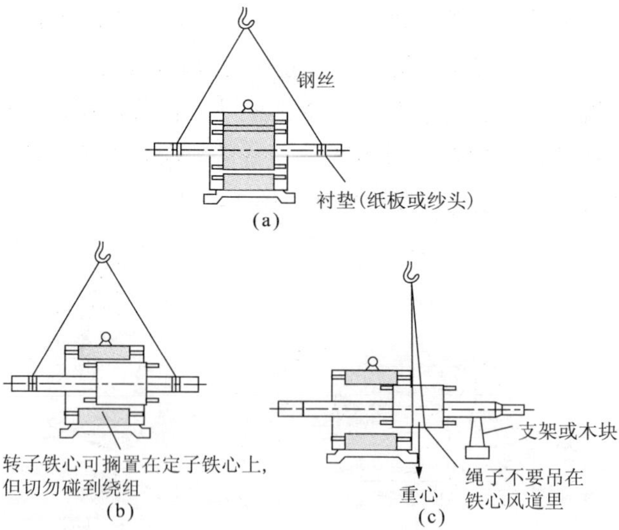

图7.6 大型电动机转子的拆卸

182 轴承的拆卸

电动机轴承的拆卸，首先用拉具拆卸。应根据轴承的大小，选好适宜的拉具，拉具的脚爪应紧扣在轴承的内圈上，拉具的丝杆顶点要对准转子轴的中心，扳转丝杆要慢，用力要均匀，如图7.7所示。

在拆卸电动机轴承时，也可用方铁棒或铜棒拆卸，在轴承的内圈垫上适当的铜棒，用手锤敲打铜棒，把轴承敲出，如图7.8所示。敲打时，要在轴承内圈四周的相对两侧轮流均匀敲打，不可偏敲一边，用力要均匀。

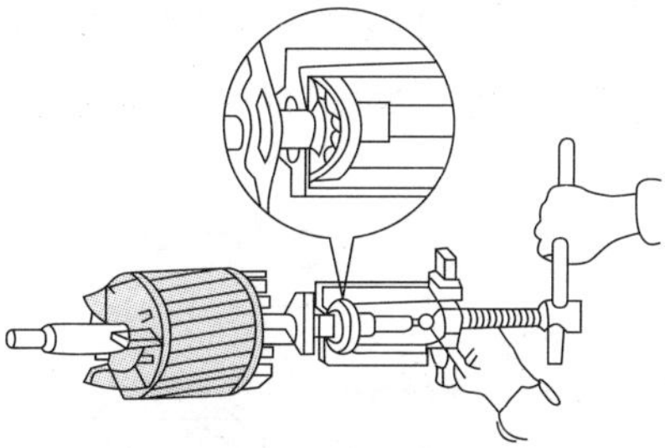

图7.7 用拉具拆卸轴承

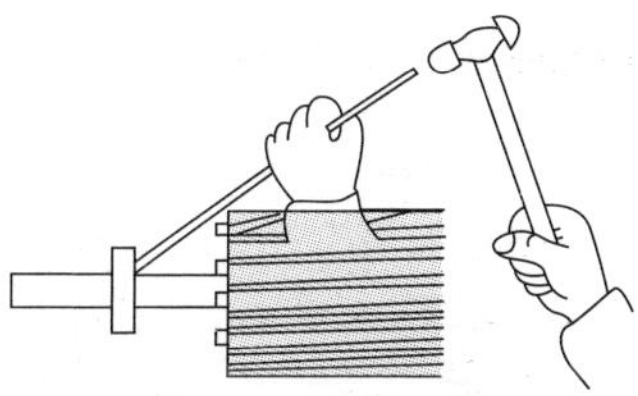

图7.8 用铜棒拆卸轴承

在拆卸电动机时，若轴承留在端盖轴承孔内，则应采用图7.9所示的方法拆卸。先将端盖止口面向上平稳放置，在端盖轴承孔四周垫上木板，但不能抵住轴承，然后用一根直径略小于轴承外沿的套筒，抵住轴承外圈，从上方用锤子将轴承敲出。

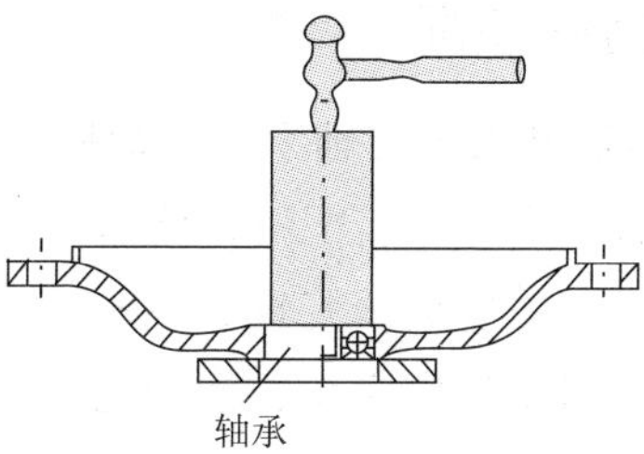

图7.9 拆卸端盖内轴承

183 电动机轴承的装配

装配前应检查轴承滚动件是否转动灵活而又不松旷。再检查轴承内圈与轴颈，外圈与端盖轴承座孔之间的配合情况和光洁度是否符合要求。在轴承中按其总容量的1/3～2/3加足润滑油，注意润滑油不要加得过多。将轴承内盖油槽加足润滑油，先套在轴上，然后再装轴承。为了使轴承内圈受力均匀，可用一根内径比转轴外径大而比轴承内圈外径略小的套筒抵住轴承内圈，将其敲打到位，如图7.10（a）所示。若找不到套筒，可用一根铜棒抵住轴承内圈，沿内圈圆周均匀敲打，使其到位，如图7.10（b）所示。如果轴承与轴颈配合过紧，不易敲打到位，可将轴承加热到100℃左右，趁热迅速套上轴颈。安装轴承时，标号必须向外，以便下次更换时查对轴承型号。

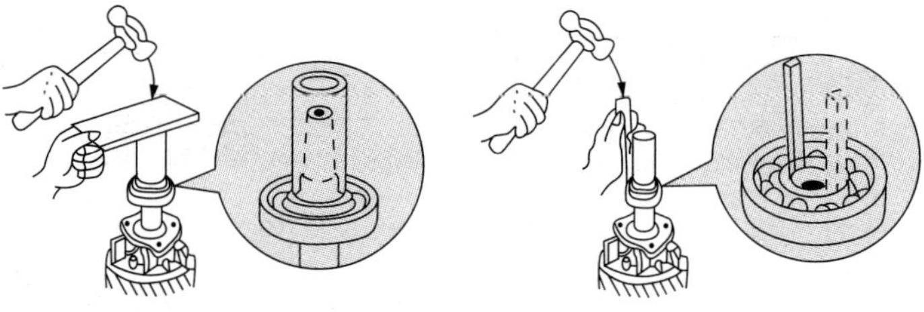

(a) 用套管抵住轴承敲打　　(b) 用铜棒抵住轴承内圈敲打

图7.10　轴承的装配

184 电动机端盖的装配

轴承装好后，再将后端盖装在轴上。电动机转轴较短的一端是后端，后端盖应装在这一端的轴承上。装配时，将转子竖直放置，使后端盖轴承孔对准轴承外圈套上，一边缓慢旋转后端盖，一边用木锤均匀敲击端盖的中央部位，直至后端盖到位为止，然后套上轴承外盖，旋紧轴承盖紧固螺钉，如图7.11所示。按拆卸时所作的标记，将转子送入定子内腔中，合上后端盖，按对角交替的顺序拧紧后端盖紧固螺丝。

参照后端盖的装配方法将前端盖装配到位。装配前先用螺丝刀清除机座和端盖止口上的杂物和锈斑，然后装到机座上，按对角交替顺序旋紧螺丝，如图7.12所示。

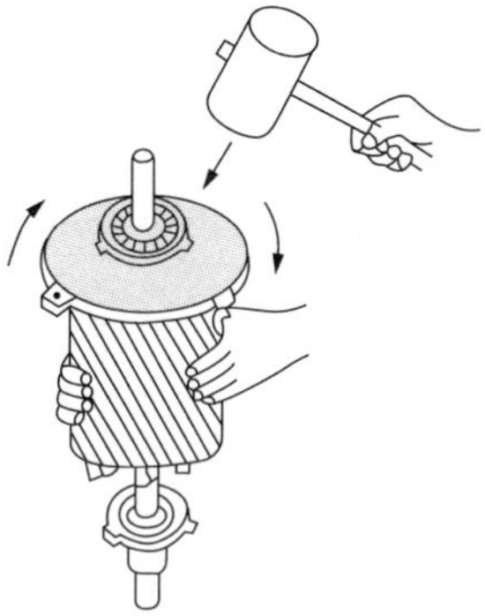

图7.11 后端盖的装配

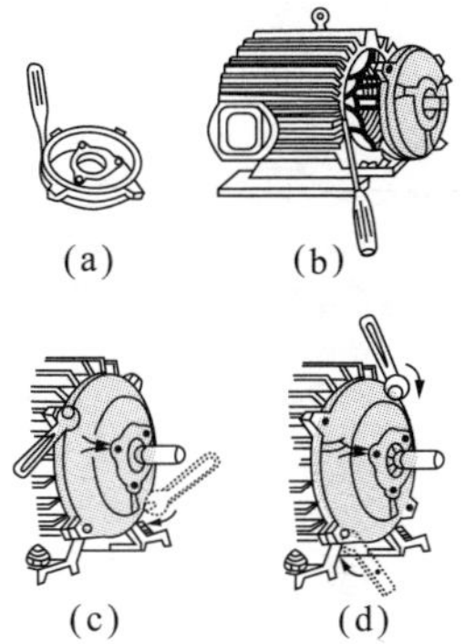

图7.12 前端盖的装配

185 电动机皮带轮或联轴器的装配

皮带轮或联轴器的装配如图7.13所示。首先用细砂纸把电机转轴的表面打磨光滑［图7.13（a）］。然后对准键槽，把皮带轮或联轴器套在转轴上［图7.13（b）］。用铁块垫在皮带轮或联轴器前端，然后用手锤适当敲击，从而使皮带轮或联轴器套进电动机轴上［图7.13（c）］。再用铁板垫在键的前端轻轻敲打使键慢慢进入槽内［图7.13（d）］。

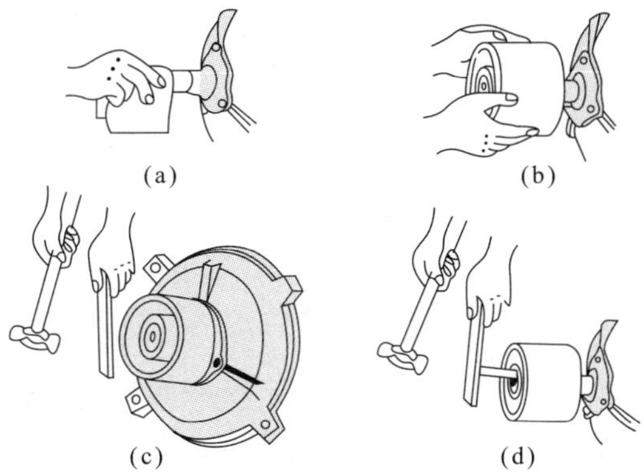

图7.13 皮带轮的装配

186 电动机故障排查帮助指南

图7.14是有助于故障排查的电动机接线电路图。通过它，可以了解线圈在电路中的接线配置方式，帮助检查电路中的短路、接地和断路。

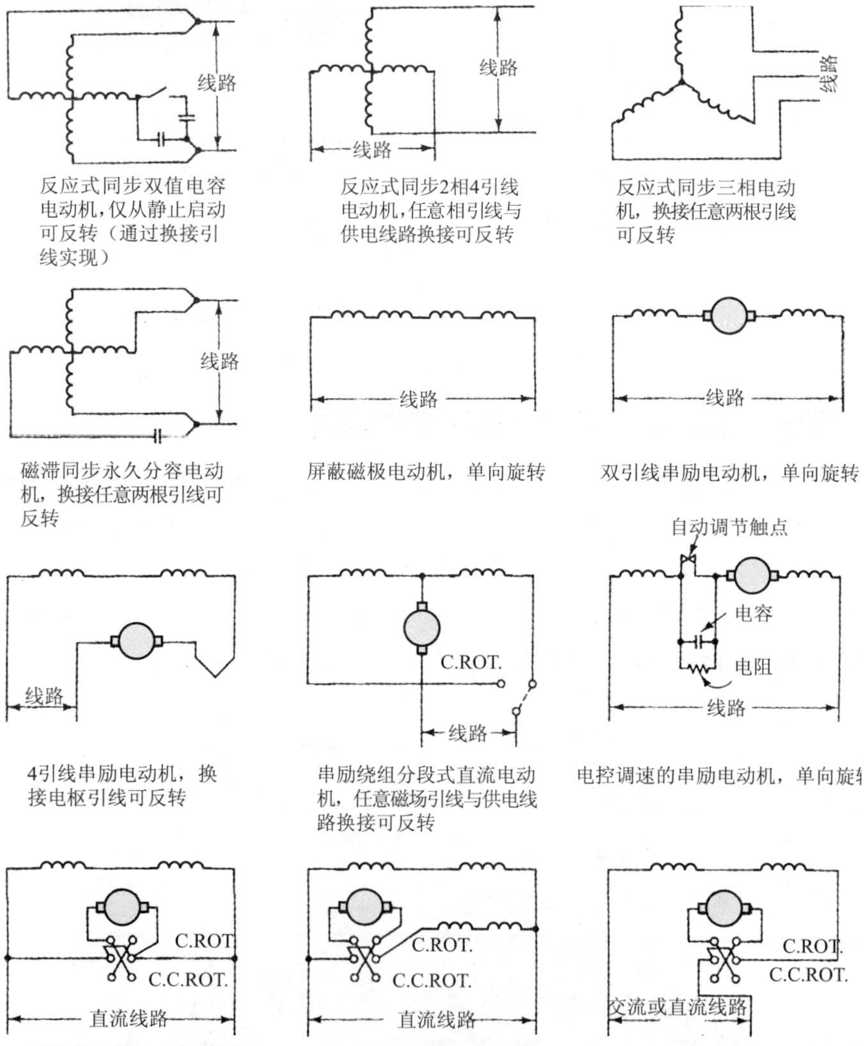

图7.14 电动机接线电路图

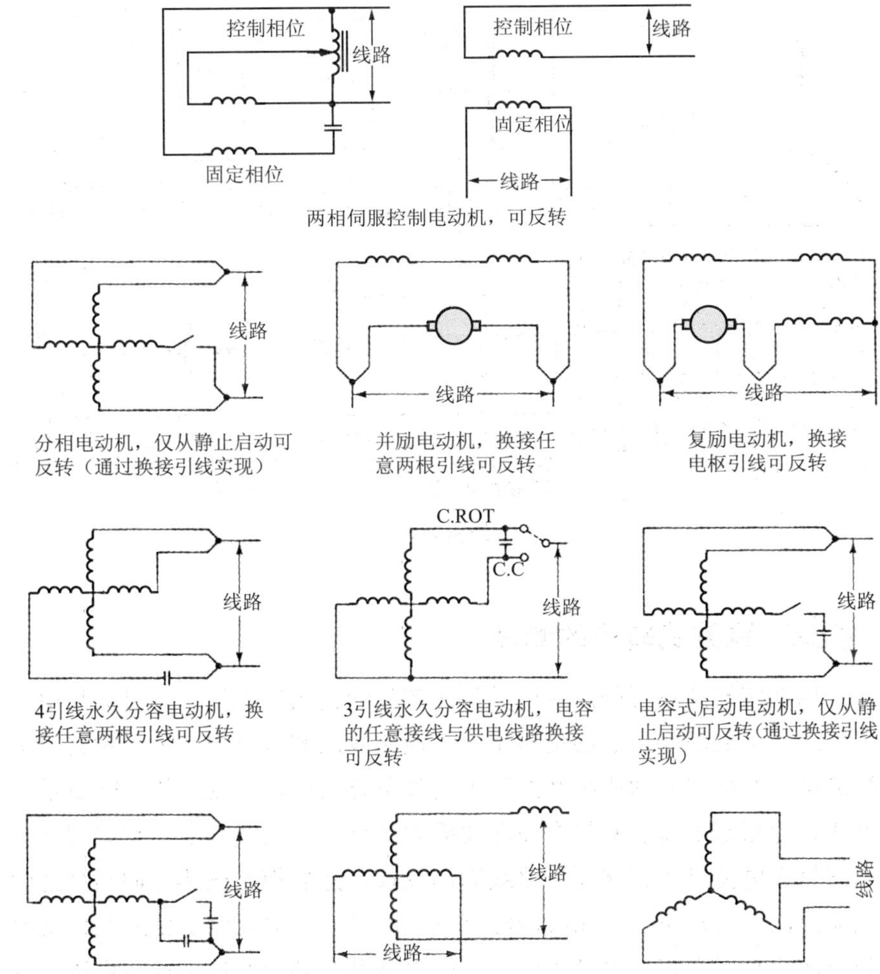

两相伺服控制电动机，可反转

分相电动机，仅从静止启动可反转（通过换接引线实现）

并励电动机，换接任意两根引线可反转

复励电动机，换接电枢引线可反转

4引线永久分容电动机，换接任意两根引线可反转

3引线永久分容电动机，电容的任意接线与供电线路换接可反转

电容式启动电动机，仅从静止启动可反转（通过换接引线实现）

双值电容电动机，仅从静止启动可反转（通过换接引线实现）

4线2相电动机，任意相引线与供电线路换接可反转

单电压3相电动机，换接任意两根引线可反转

续图 7.14

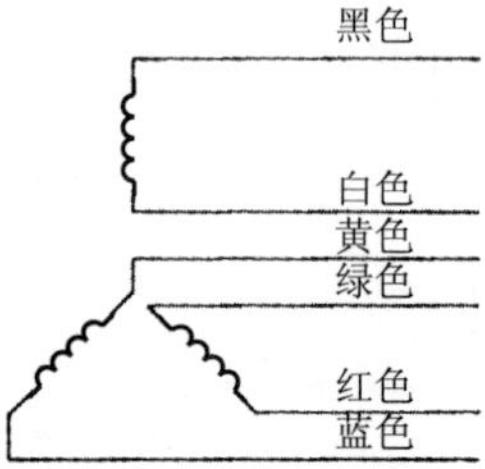

3相星形-三角形6引线电动机。白色、黄色和绿色导线与440V的电压相连；黑色、红色和蓝色导线和供电线路相连。为改变电动机转向，可换接任意两根线路引线。在220V电压下，将白色和蓝色导线、黑色和绿色导线、黄色和红色导线相连，然后把每个接点与供电线路相连。如需改变转向，可换接与供电线路相连的任意两个接点

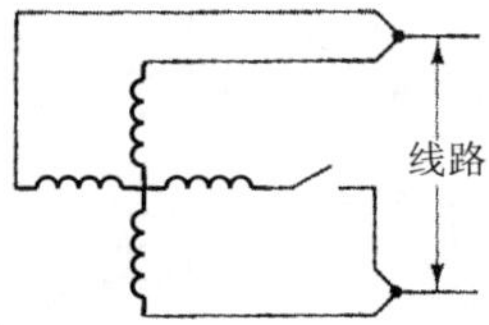

反应式同步分相电动机，仅从静止启动可反转（通过换接引线实现）

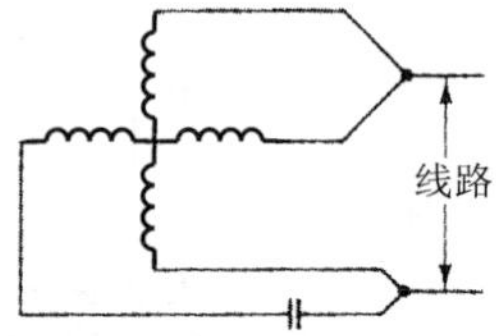

反应式同步永久分容4引线电动机，换接任意两根引线可反转

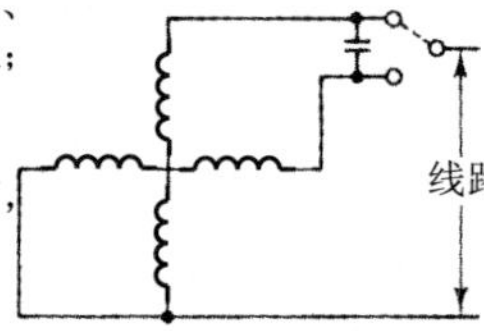

反应式同步永久分容3引线电动机，电容的任意接线与供电线路换接可反转

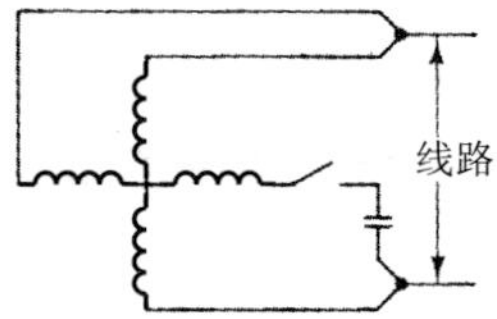

反应式同步电容启动式电动机，仅从静止启动可反转（通过换接引线实现）

续图 7.14

187 鼠笼式转子的测试

以额定转速运行的感应电动机所产生的输出转矩损耗，可能是由于鼠笼式转子的断路引起的把转子置于短路线圈测试仪中，可以对转子进行测试，并确定松动或断开的转子铜条所处的位置。按照图 7.15 所示的方式，把钳形电流表套接在短路线圈测试仪的供电线路上。首先把开关调到最大电流量程，接通短路线圈测试仪，然后把测试装置调到合适的电流范围。转动位于短路线圈测试仪上的转子，只要测试仪通电，就要随时注意指示电流。电动机转子中的铜条和端环的特性表现与变压器的短路次级线圈很相似。短路线圈测试仪起到变压器初级线圈的作用。只要是质量好、性能可靠的转子，当它位于各种不同的位置时，将产生大小几乎相等的电流指示。对于有缺陷的转子，当断开的铜条进入短路线圈测试仪磁场时，将出现较低的电流读数。

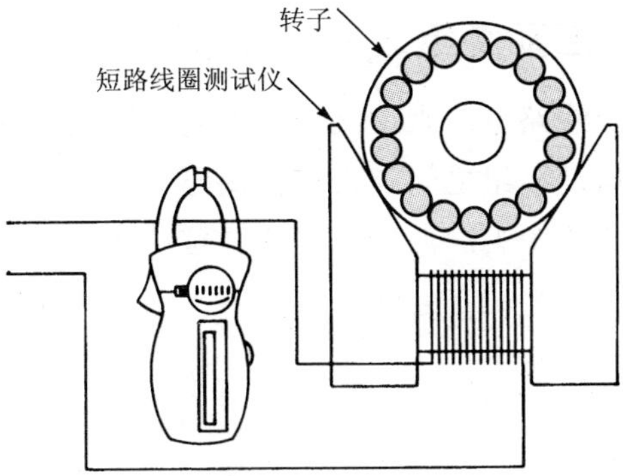

图7.15 使用短路线圈测试仪测试转子

188 单相电动机的离心开关测试

有缺陷的离心开关不能在适当的时刻断开启动绕组。为了最终确定启动绕组仍然接在电路中，把钳形电流表搭接在启动绕组的一根引线上，设置电流表的电流量程为最大，打开电动机开关，选用合适的电流范围，仔细观察启动绕组电路中是否有电流通过。如果有电流则表示当电动机运行速度达到正常转速时，离心开关并没有断开（图7.16）。

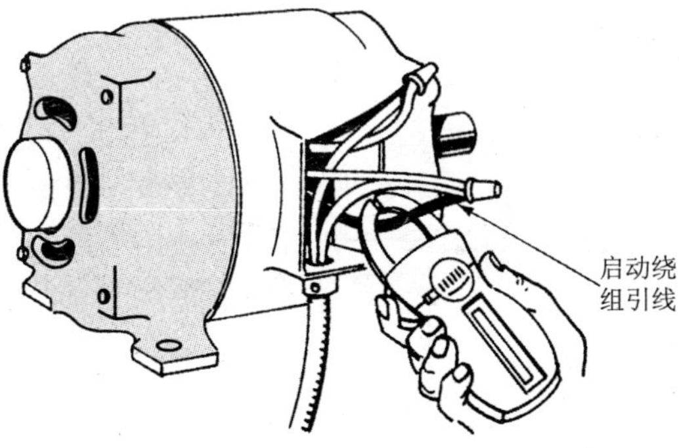

图7.16 利用钳形表检测离心开关

189 运行与启动绕组之间的短路测试

利用电流表及线路电压来检测两个隔离电路之间的导通性，就可以确定运行绕组与启动绕组之间是否存在短路。首先断开运行绕组和启动绕组的引线，并按照图7.17所示的方式连接测量仪表。把测量仪表设为电压挡，如果两个绕组相互之间存在短路，那么将获得一个供电线路电压读数。

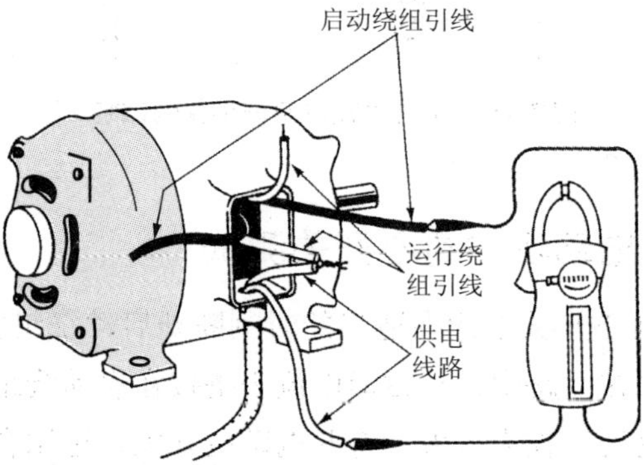

图7.17 利用钳形仪表查找短路绕组

190 电容器测试

在电容式电动机中，电容器缺陷是一种非常常见的故障原因。一旦电路出现短路、断路、接地和电容器出现微法级的差别等状况，就应该对电容器进行测试，以确定其性能是否可靠。首先设置测量仪表到适当的电压量程，然后按照图7.18所示的接线方式把测量仪表及电容器接入供电线路，就可以确定电容器是否接地。若测量仪表指示供电线路电压，则表示

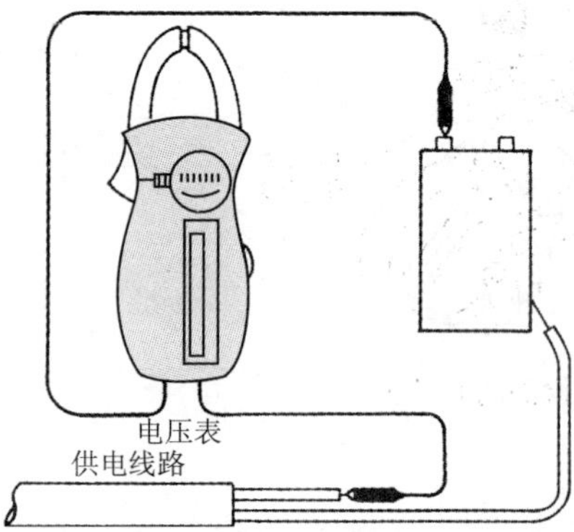

图7.18 利用钳形表确定接地电容器

电容器接地。根据稍微低于线路电压的电压表读数，就可判定是非常明显的高阻接地。读数可忽略或无电压读数表示电容器没有接地。

为了测量电容器的电容，首先将测量装置的开关置于适当的电压量程，并读取线路电压值。然后，将测量装置的开关调到适当的电流量程，并读取电容器的电流指示值。在测量过程中，要使电容器接在电路上的时间非常短，因为电动机启动用电解电容器的额定值为间歇负载（图7.19）。假如供电线路的频率为60Hz，根据如下所示的公式，带入测量得出的电压及电流读数，便可以计算出以微法计量的电容。

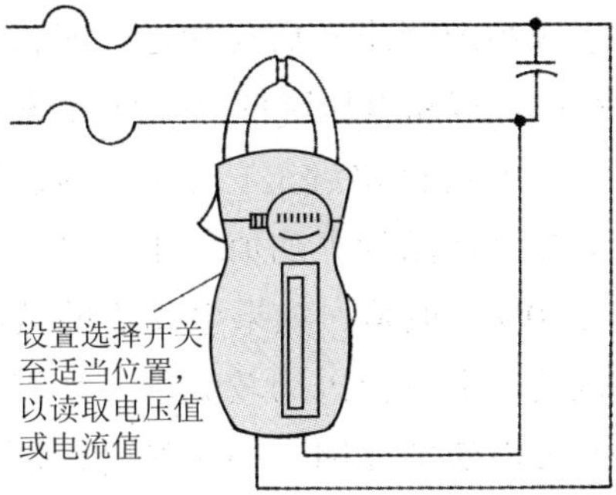

图7.19 利用钳形表确定电容器规格

电容（微法［拉］）=2650×电流（安［培］）/电压（伏［特］）

如果在测量中没有电流指示，那么非常明显就是电容器断路。电容器短路也容易检测。此时，当打开线路开关测量线路电压时，短路电容器将烧断保险丝。

191 用仪表检查电动机故障

用电压表和欧姆表可以查找多种故障。读懂电路原理图后，就可以在正确的位置进行电压和电阻测量。如果读数不正常，就能初步确定问题。故障诊断表有助于排查给定系统中的故障。一旦找到了可能导致故障症候的系统，就可以对系统进行局部断电隔离，再用欧姆表来诊断。集中注意力发现问题后，就可以根据原来的正确读数来定位故障点。与标称读数相差10%通常意味着存在功能故障。此时，通常应该更换器件，以保证正确的操作，避免故障复现。

192 用电压－电流表检修电动机故障

对于绝大多数电气设备而言，如果线路电压与铭牌标称的电压额定值相差 ± 10%，它们也能正常工作。在个别情况下，10% 的电压降就会造成系统瘫痪。启动和运行时都承受满载的感应电动机，就会发生这种情况。线路电压降低 10% 将导致 20% 的转矩损耗。

电动机铭牌上标明的满载电流额定值是电动机生产厂同一生产线上多个产品的平均值。单个产品的实际电流可能与额定输出电流值相差 ± 10%。但是，如果电动机的负载电流超过额定值的 20% 或更多，电动机的寿命就会因为较高的工作温度（发热）而降低。因此，必须查明产生过电流的原因。很多场合，原因仅仅是电动机过载。负载的过载量与电动机负载电流的增加量并不成正比。例如，对于单相感应电动机来说，负载电流增加 30% 可导致输出转矩提高 80%。

电气设备的使用条件和动作特性只能通过实际测量获得。通过比较测得的端电压和电流，就能判断出设备是否在正常的电气参数下工作。

电压表和电流表可实现两种基本测量。测量电压时，应将电压表的两个测试端与待测线路的接线端相接。测量电流时，应将普通电流表串联在待测线路中，使电流流经电流表。

串联电流表就意味着必须先对设备断电、拆开线路、连接电流表，然后再给设备通电，以获得电流读数。用完后，还必须再重复上述步骤来拆下电流表。如果需要定位故障点，可能还要进行其他费时的工作。不过，所有这些麻烦都可以由钳形电压－电流表来解决（图 7.20）。

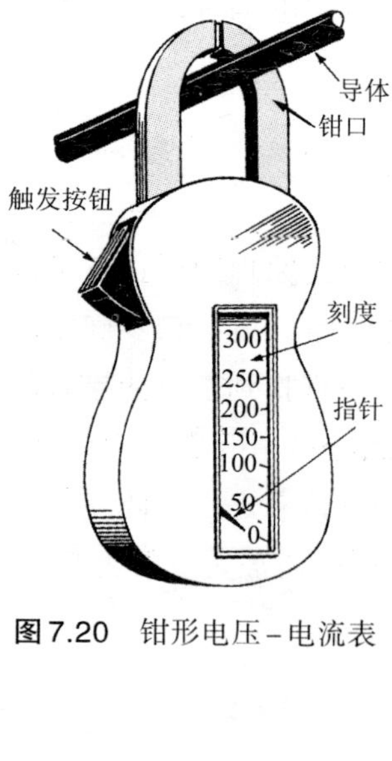

图 7.20 钳形电压－电流表

193 钳形电压－电流表

图7.20中的便携式钳形电压－电流表可以解决实际工作中大量的故障排查问题。它无需断开线路即可读取电流值。此表基于变压器原理进行工作。它能拾取载流导体周围的磁力线，根据电流量与磁场强度的函数关系来显示线路中的电流值。可以回忆一下在变压器中，如何根据变压器铁心中的磁场强度计算次级线圈中的电流。同样，此处利用了相同的原理来判断线路电流的存在并检测其大小。为了获得变压器效应，可按动触发按钮打开分裂铁心，然后套住待测线路的导线。使用带分裂铁心的电流－电压表，无需测量端子电压及负载电流，即可解决电动机维修中的多种难题。

194 接地检查

按照图7.21所示的方法连接测试仪表和探针，可检测判断绕组是否与地短接或它们是否具有非常低的绝缘电阻。假设线路电压是120V，并使用仪表的最低电压量程挡。如果绕组与外壳短接，表的读数将是供电线路电压值。

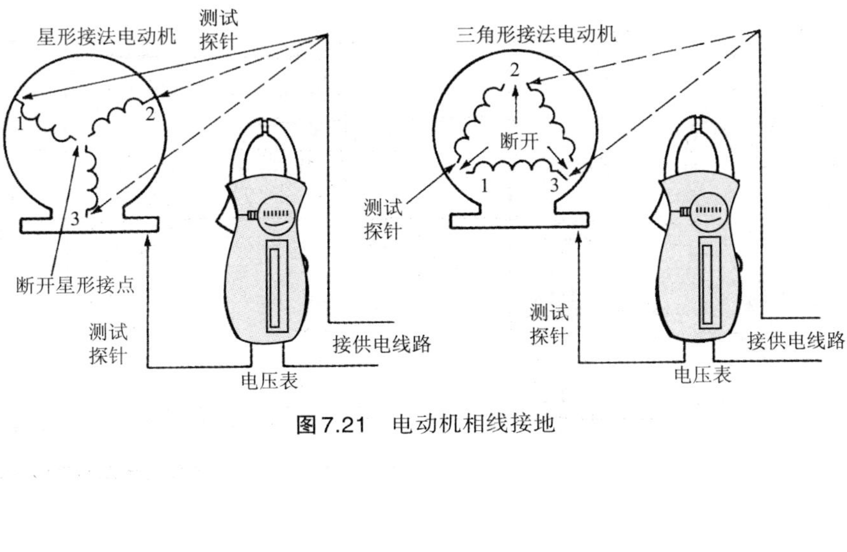

图7.21 电动机相线接地

高阻接地通常意味着低的绝缘电阻。高阻接地时的读数会比线路电压稍微小一点。如果绕组没有接地，则读数很小或可忽略不计。这种现象主要是由绕组与层叠钢片之间的电容效应引起的。

为了定位绕组的接地部位，需要断开一些连接跳线，然后再进行测试。根据电压读数可判定接地部分。

195 开路检查

按图7.22和图7.23所示的方式连接测试仪表和探针，可检查绕组是否断开。如果绕组断开，就不会有电压读数。如果电路没有断开，电压表上的读数应为全电压。

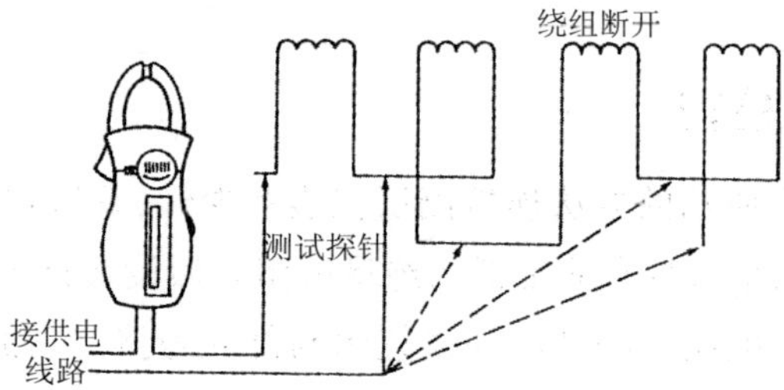

图7.22 判定断开的绕组

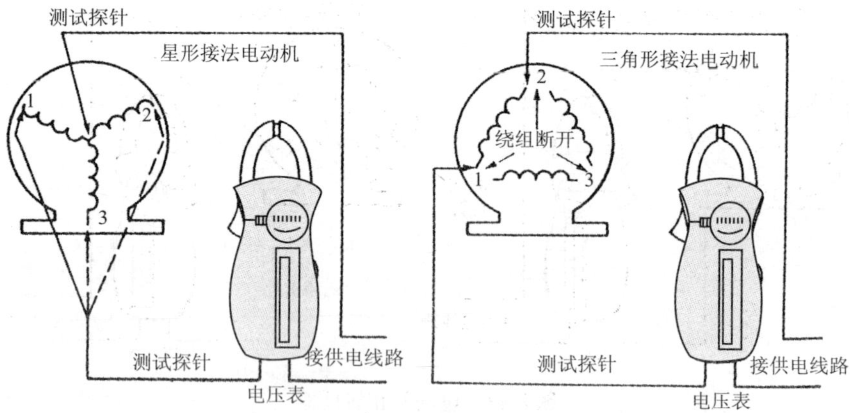

图7.23 查找断开的绕组

196 电动机故障检修指南

高效的故障排查方法是将故障症候与故障表中列出的可能原因进行比较。这样能够迅速查出原因并确定相应的解决方案。所有三相电动机和相应的启动器都可以用这种方法进行快速检查。表7.1和表7.2列出了如何快速排查电动机和启动器故障。

表7.1 三相电动机故障排查指南

症 状	可能原因	解决方法
输入电流过高（所有三相）	电流表精度不正常	先检查所有三相绕组的电流读数精度
空转（与负载断开）	线路电压过高：超出铭牌所示额定值的5%~10%	向电力公司咨询，也可以使用低压变压器抽头降压
运行时过载	电动机过载	减小负载或使用大型电动机
	电动机额定电压与系统电压不匹配	用额定电压合适的电动机替换
输入电流不平衡（与平均输入电流相差5%或更多） 注意：小的电压失衡将导致很大的电流失衡。随失衡程度和负载的不同，电动机单相或多相输入线路中的电流可能超过电动机的额定电流	可能由以下原因导致线路电压不平衡： 1. 电力系统 2. 系统负载不平衡 3. 高阻接点 4. 输电线规格不够 5. 电动机缺陷	首先用一个性能可靠的、校准过的电压表测量电动机端子上每一相的电压 如果怀疑电力系统或电动机有问题，可做如下检查：将电源线依次轮换一个位置连接到电动机（如将线1接到电动机的2号抽头、线2接到电动机的3号抽头、线3接到电动机的1号抽头）。如果线路随输入电源线路的变化出现不平衡电流，则说明电力系统有问题；如果线路随电动机端子的变化出现不平衡电流，则说明电动机有问题；根据上述情况，调整不平衡的供电线路电压或更换电动机
过大的电压降（大于正常供电电压的2%~3%）	启动或运行负载过大	减小负载
	供电电压不够	咨询供电公司
	供电线规格偏小	增加导线线径
	存在高阻接点	检查电动机端子，排除不可靠接点

续表 7.1

症 状	可能原因	解决方法
过大的电压降（大于正常供电电压的2%~3%）	连接三相抽头引线的线路不在同一条管线中	根据全国电气规程的要求，三相抽头接线必须在同一条管线中（只适用于铁磁性金属管线）
启动时过载继电器跳闸，也可参见“启动过慢”	由于大惯性负载引起的启动过慢（10~15s或更多）	减小启动负载；如果需要可增大电动机规格
	电动机端电压过低	改善供电情况或增大线径
运行时过载	过载	减小负载或增大电动机规格
	输入电流不平衡	平衡供电电压
	单相供电	排除
	电压降过大	排除
	过于频繁的启动或间歇性过载	降低启动和过载频率或使用大规格的电动机
	启动器环境温度过高	降低环境温度或提供外部冷却空气
	继电器规格不对	根据电动机铭牌上的每种电流值选择正确的继电器。继电器本身就能提供一定的工作条件系数电流，具体参见全国电气规程
电动机运行时过热	过载	减小负载或运行周期内的负载峰值和启动次数，或增大电动机规格
	通风口堵塞	清理外部通风系统，检查风扇
	TEFCs	疏通内部通风管道
	ODPs	排除影响电动机通风的外来干扰
	外界环境温度大于40℃	降低外界环境温度或提供外部冷却空气
	输入电流不平衡	平衡供电电压，检查电动机接线是否牢固
	单相供电	排除
不能启动（只是“嗡嗡”响并发热）	单相供电	切断电源，排除单相运行故障；检查电动机接线是否牢固
	转子或轴承卡死	切断电源，检查轴是否能自由运转 确认三相启动器每一路中的过载继电器的规格都合适

续表 7.1

症　状	可能原因	解决方法
带载运行时有噪声	单相供电	切断电源，如果电动机不能再次启动，说明出现单相供电情况，排除该故障 确认三相启动器每一路中的过载继电器的规格都合适
启动过慢（小型电动机大于等于10s，大型电动机大于等于15s）		
全压启动	电压降过大（5%~10%的电压降会使启动转矩下降10%~20%）	咨询供电公司；检查系统，排除故障
	大惯性负载	减小启动负载或使用大规格电动机
降压启动	电压降过大；启动转矩损失	检查并排除
Y-△启动	启动转矩下降到3%	减小启动器第一和第二步之间的启动延时；使电动机更快地全压启动
负载转速比额定转速稍低	过载	减小负载或增大电压
	电压过低	注意：正常的过载和10%~15%的电压降只会使转速下降1%~2% 转速下降过大说明有问题
	铭牌有误	如果转速下降不是一点（如从1800rpm下降到1200rpm），请检查铭牌上的编码钢印（在电动机定子的顶部）。如果编码不对，更换电动机
	转速测量方法不正确	采用其他设备或方法检查仪表
过大的机械振动	电动机安装支架	确保牢固安装和固定电动机支架
	负载	断开传动带或联轴器与负载之间的连接，重新启动电动机，如果没有振动，说明负载不平衡
	带轮或联轴器	拆除带轮或联轴器，将键在电动机转轴上的键槽内绑好，重新启动电动机。如果没有振动，说明带轮或联轴器不平衡
	电动机	更换电动机
	紧凑式封闭传动中存在安装偏斜	检查，并使电动机与从动机重新对正

续表 7.1

症 状	可能原因	解决方法
轴承噪声（听轴承运行时的声音）		
平稳的中频“嗡鸣”噪声	安装正常	轴承正常
高频“飕飕”噪声	轴承的内部配合太紧	更换轴承，检查配合
低频“隆隆”噪声	轴承的内部配合太松	更换轴承，检查配合
刺耳的“咔嗒”噪声	轴承损坏	更换轴承，应避免 ①机械损坏 ②润滑油太多 ③使用牌号不当的润滑油 ④固体污染物 ⑤电动机进水 ⑥紧凑式封闭传动中出现安装偏差 ⑦皮带过于张紧
机械噪声	噪声来自从动机器还是电动机	将电动机从从动机器中屏蔽开，检查噪声大小的变化
	电动机噪声被共振的安装支架放大	在电动机支架下安装缓冲垫或对共振部分进行隔音
	从动机器的噪声通过传动装置传导到电动机	降低从动机器的噪声或对噪声传递通道进行隔离
	紧凑式封闭传动中存在安装偏斜	改善安装

表7.2 电动机启动器故障排查

症 状	可能原因	解决方法
	磁性元件机械组件	
磁极“嗡鸣”噪声	磁极面没有对正或不匹配	重新对正或更换磁性组件
	磁极面上有异物（灰尘、纤维、锈斑等）	清理（但是不要锉）磁极面，如果需要，进行密封
	线圈电压过低	检查系统和线圈电压，注意观察启动时的电压变化

续表 7.2

症 状	可能原因	解决方法
较大的“嗡鸣”声	屏蔽线圈损坏	更换屏蔽线圈和/或磁性组件
不能拉出和推进	电压低	检查系统电压，线圈电压，注意观察启动时的电压变化
	磁极线圈或连接有误	检查接线和线圈型号等
	线圈断路或短路	用欧姆表检查，如果有问题，更换线圈
	机械堵塞	断电，检查磁性元件和触点组件能否自由移动
不能弹出复位	在磁极面或磁性滑块上有黏性物质	用非挥发性溶剂、除油液，或者汽油（小心）清洗
	电压或线圈没有清除	短路推进触点（检查线圈电路进一步查找原因）
	磨损或生锈的元件导致堵塞	清洁或更换磨损元件
	磁路中的气隙太小产生剩磁	更换任何磨损的磁性元件或配件
	清 洁	
触点“咔嗒”响（原因也可能来自磁性组件）	屏蔽线圈损坏	更换组件
	控制电路中触点导通的连续性不好	改善触点导通的连续性，或利用自锁保持电路（三线控制）
	欠压	改善电压条件，检查启动时的瞬时电压降
触点烧结	异常涌流	使用大的接触器或检查是否有接地、短路或过大的电动机负载电流
	快速微动	使用与微动任务相匹配的器件或题型操作人员注意
	触点回复压力不够	更换触点弹簧，检查触点托架是否变形或损坏
	欠压导致漏磁	改善电压条件，检查启动时的瞬时电压降

续表 7.2

<table>
<tr><th>症　状</th><th>可能原因</th><th>解决方法</th></tr>
<tr><td rowspan="2">触点烧结</td><td>异物导致触点不能闭合</td><td>用非挥发性溶剂清洗触点。小电流和低电压的接触器、启动器和控制组件在用溶剂清洗后要用丙酮去除表面的残留溶剂</td></tr>
<tr><td>短路</td><td>排除短路故障，检查保险丝或断路器的规格是否合适</td></tr>
<tr><td rowspan="2">触点寿命短或过热</td><td>打磨或敷料</td><td>不要打磨银触点，粗糙污点不会影响其导通效率</td></tr>
<tr><td>瞬时过大电流</td><td>使用更大型的元件或检查是否有接地、短路或过大的电动机负载电流</td></tr>
<tr><td colspan="3">线　圈</td></tr>
<tr><td>断路</td><td>机械损坏</td><td>处理和存放线圈时应小心。更换线圈</td></tr>
<tr><td rowspan="6">线圈过热</td><td>过电压或外界环境温度过高</td><td>检查应用环境和电路。线圈应在额定电压的85%~110%范围内工作</td></tr>
<tr><td>线圈不匹配</td><td>检查额定值，如果不对，换用正确的线圈</td></tr>
<tr><td>由于机械损坏或腐蚀导致线圈短路</td><td>更换线圈</td></tr>
<tr><td>欠压导致磁性不够</td><td>改善系统电压</td></tr>
<tr><td>磁极面上的灰尘或铁锈导致气隙增大</td><td>清理磁极面</td></tr>
<tr><td>持续的低电压</td><td>根据当地要求进行补救，使用低压系统保护等</td></tr>
<tr><td colspan="3">过载继电器</td></tr>
<tr><td>经常跳闸</td><td>持续过载</td><td>检查电动机或电气设备是否接地或短路，以及是否有因过载引起的过大的电动机电流。检查电动机绕组与地之间的电阻</td></tr>
</table>

续表 7.2

<table>
<tr><th colspan="2">症　状</th><th>可能原因</th><th>解决方法</th></tr>
<tr><td colspan="2" rowspan="2">经常跳闸</td><td>连接松脱</td><td>清洁并紧固接点，包括负载绕组和热元件的安装螺钉</td></tr>
<tr><td>热元件不匹配</td><td>检查热元件规格和外界环境温度</td></tr>
<tr><td colspan="2" rowspan="3">不能跳闸（可导致电动机烧坏）</td><td>机械结合、灰尘、腐蚀等</td><td>清洁或更换</td></tr>
<tr><td>热元件不匹配或用跳线替换了热元件</td><td>重新检查热元件的型号和规格。如果需要，进行纠正</td></tr>
<tr><td>标定调节不正确</td><td>咨询厂家。除非由厂家监督，否则不推荐标定调节。通常应将产品返给厂家进行标定检测</td></tr>
<tr><td colspan="4">手控启动器</td></tr>
<tr><td colspan="2" rowspan="2">不能操作（机械方面）</td><td>包括弹簧在内的机械零件，磨损或损坏</td><td>更换所需零件</td></tr>
<tr><td>因使用不当或其他非正常原因导致触点焊死</td><td>更换触点，检查操作</td></tr>
<tr><td colspan="2">过早跳闸</td><td>电动机过载、热元件不匹配或使用不当</td><td>检查环境，根据需要进行更换或调整</td></tr>
<tr><td colspan="4">按钮开关</td></tr>
<tr><td rowspan="2">按钮无法操作</td><td rowspan="2">机械原因</td><td>按钮轴被灰尘或残渣堵塞</td><td>检查，清洁，清除</td></tr>
<tr><td>触点板弹簧断裂</td><td>更换触点板</td></tr>
<tr><td colspan="2" rowspan="5">按钮无法操作</td><td>触点污染或锈蚀</td><td>清洁</td></tr>
<tr><td>过于频繁的微动</td><td>使用大规格元件，检查微动额定值或提醒操作人员</td></tr>
<tr><td>触点压力不足</td><td>更换触点弹簧，检查触点支架是否变形或损坏</td></tr>
<tr><td>触点表面有灰尘或异物</td><td>用非挥发性溶剂清洗触点</td></tr>
<tr><td>短路</td><td>排除短路故障，确认保险丝盒断路器正常</td></tr>
</table>

续表 7.2

症 状	可能原因	解决方法
按钮无法操作	连接松脱	清洁并紧固
	持续过载	使用大规格元件并检查电动机负载电流是否过大
	过量磨损	高于常值的电压会导致作用力过大，产生机械磨损
触点、支架褪色	连接松脱	紧固结构或更换

197 直流电动机故障

与直流电动机相关的问题之一就是需要在时间和材料方面付出较高的维护成本。直流电动机的换向器和电刷需要格外引起关注。图7.24所示是与换向器磨损和损坏相关的一些故障现象。

如图7.24（a）所示，换向器表面由烧蚀点组成的斜条状痕迹数量等于电动机极数的一半或全部。

如图7.24（b）所示，换向器表面的条纹表明金属被碳刷刮掉的现象比较严重。

如图7.24（c）所示，粗的槽型条状痕迹表明换向片的边沿存在刻蚀，换向片与每个槽上的编号导体相对应。

如图7.24（d）所示，换向器上细的丝状条纹表明金属过度磨损、出现新表面或电刷过度磨损。

如图7.24（e）所示，铜碾压变形在换向片的边沿产生多出来的异常换向器材料。虽然很少见，但是如果不处理，有可能产生击穿打火。

如图7.24（f）所示，磨蚀性材料导致换向器表面或电刷产生槽缝。

正常的换向器表面如图7.25所示。判断换向器表面状况是否理想时，可将此图与前面的图进行对比。

如图7.25（a）所示，换向器表面覆盖一层轻微的黑膜是正常现象。

如图7.25（b）所示，随机的片状表面斑是符合要求的。

如图7.25（c）所示，出现在导电条上形状一致的槽型条状痕迹代表正常磨损。

如图7.25（d）所示，在整个换向器表面出现很深的均匀黑膜也是可以接受的。

图7.26说明了如何处理上述情形。

(a) 斜条状痕迹在换向器表面产生低的斑点或烧蚀点，数量等于电动机极数的一半或全部

(b) 换向器表面的条纹表明金属被碳刷刮掉的现象比较严重

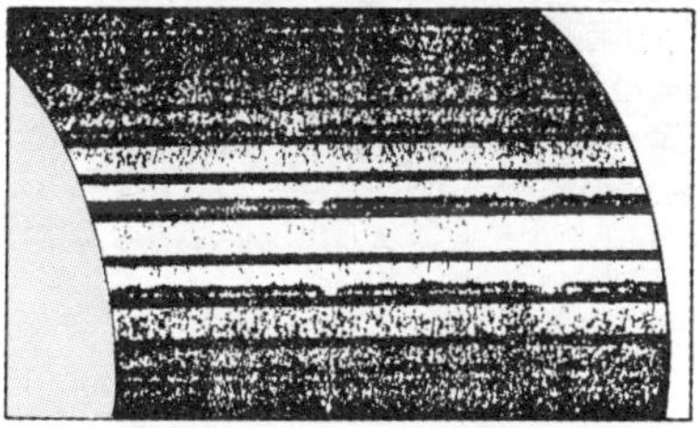

(c) 粗的槽型条状痕迹表明换向片的边沿存在刻蚀，换向片与每个槽上的编号导体相对应

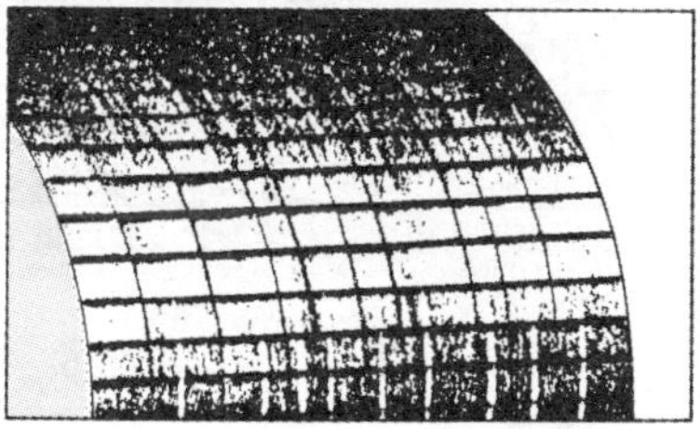

(d) 换向器上细的丝状条纹表明金属过度磨损、出现新表面或电刷过度磨损

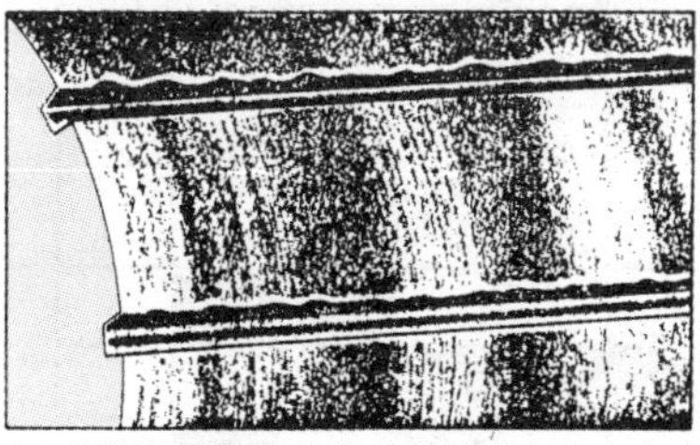

(e) 铜碾压变形在换向片的边沿产生多出来的异常换向器材料。虽然很少见，但是如果不处理，有可能产生击穿打火

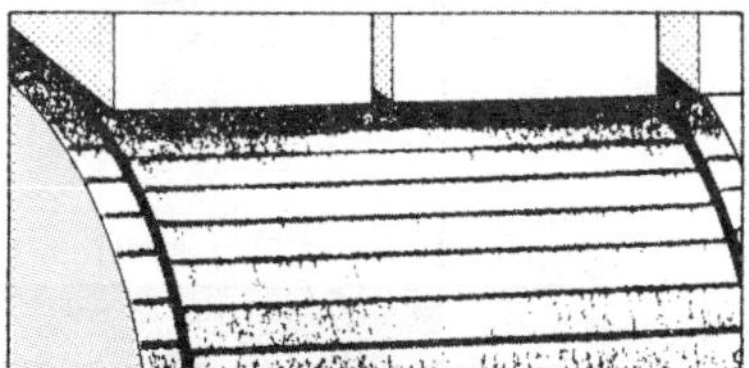

(f) 磨蚀性材料导致换向器表面或电刷产生槽缝

图7.24 磨损或受损换向器

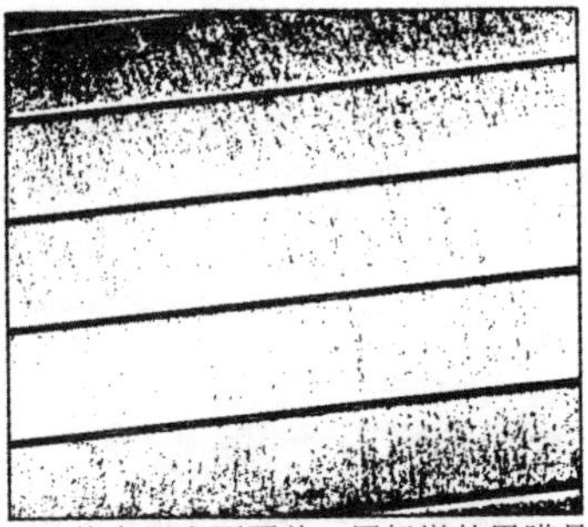

(a) 换向器表面覆盖一层轻微的黑膜是正常现象

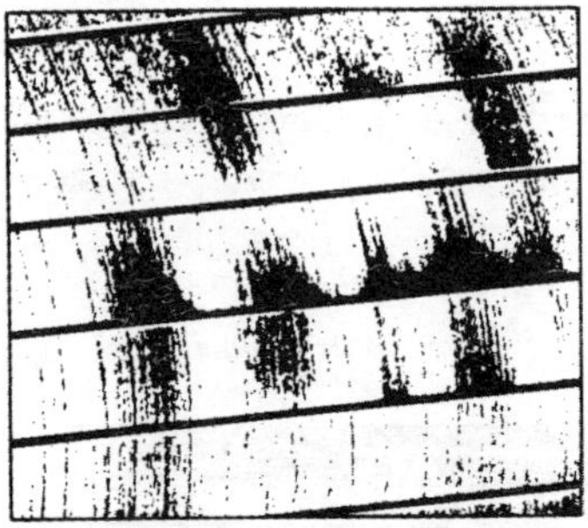

(b) 随机的片状表面斑是符合要求的

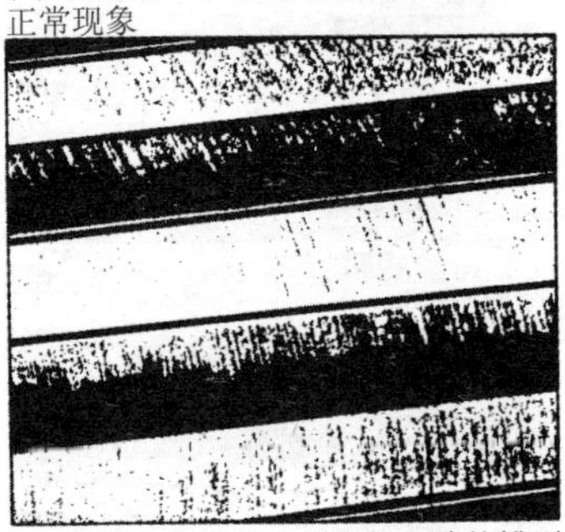

(c) 出现在换向片上的形状一致的槽型条状痕迹代表正常磨损

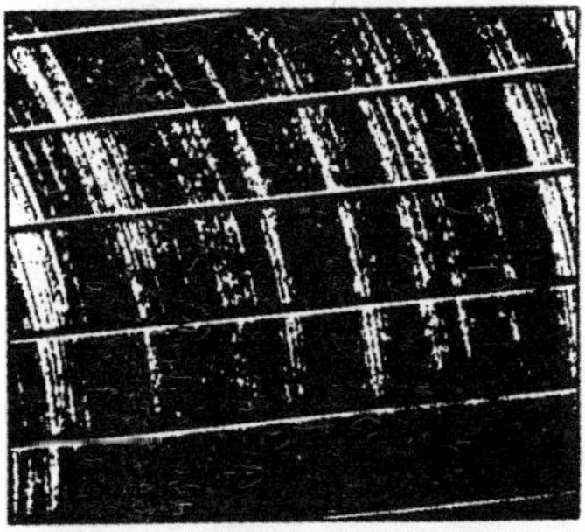

(d) 在整个换向器表面出现很深的均匀黑膜也是可以接受的

图7.25　正常的换向器表面

	振动	电刷压力（轻）	并励磁场不平衡	电枢接线	小型电气负载	电气过载	电气调整	污染		所用电刷类型	
								气体	磨料粉尘	磨蚀性电刷	多孔电刷
斜条状痕迹	■	■	■	■						■	
槽型条状痕迹						■	■	■			
铜碾压变形	■	■						■		■	
划痕		■			■			■	■	■	■
丝状条纹		■			■			■			■
沟槽									■	■	

图7.26　查找换向器磨损的原因

198 三相电动机机械方面的故障检查

1）轴承磨损情况

电动机本身对前后的两套轴承要求是很严格的，轴承质量的好坏直接影响着电动机本身的工作状况。检查时如果电动机是在运行中，可用螺丝刀的一端触及轴承盖，耳朵贴紧螺丝刀的手柄，细听轴承运行有无杂音、振动等异常声音。

如果声音异常可判断出轴承已有损坏，要停止电动机运行，打开电动机检查。检查轴承小环与大环中间的固架损坏情况，轴承是否卡死损坏，电动机端盖与轴承、轴承与转轴是否配合适当，有无旷动，发现旷动时，要用錾子在转轴上打些痕迹或用铣床在电动机轴上进行辊花处理，再装配轴承。再检查轴承缺油情况，轴承装配是否到位，装配的同心度是否良好，电动机端盖装配是否到位等。

2）定子转子摩擦状况

首先用手转动电动机转子，仔细听有无摩擦声音，或用手轻轻触及电动机轴和周围部位，即可感觉出有无摩擦现象，另外也可拆开电动机，观察定子铁心表面上有无摩擦后的痕迹，再观察转子上有无摩擦后的痕迹，根据转子铁心上摩擦痕迹的部位来判断造成摩擦的原因。主要原因有：端盖没有上到合适位置、轴承损坏、轴与轴承摩擦、转子与定子间夹有杂物、硅钢片错位串出、电动机旋转磁场变异等。

199 三相电动机定子绕组的检查

1）电动机绕组发生接地的检查

① 用兆欧表查找电动机接地点。电动机绕组出现接地，首先要查出电动机三个绕组中的哪一组接地，或是哪两组接地。先把三相绕组的连接线拆除，然后用500V的兆欧表分别对三相绕组进行相间绝缘检测，如果三相绕组之间绝缘良好，再进行对地检测。检测方法是兆欧表一端接通三相绕组的出线一端，另一端触及电动机金属壳的铭牌或触及电动机

不生锈的金属外壳上，如图7.27所示，如果兆欧表的指针为零位，说明该相绕组有接地短路点，为了进一步查出哪个线圈接地，需再将该线圈绕组中的各线圈间连接过桥线分开，逐步查找。

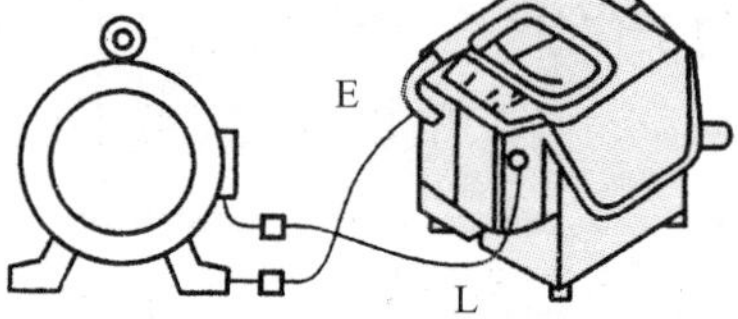

图7.27　用兆欧表检查电动机接地点

② 用灯泡查找电动机接地点。在农村，有时电工仪表不全，可采用图7.28所示方法进行检测，把交流电220V直接串联灯泡后接在电动机外壳及电动机绕组一端（注意：零线接电动机外壳，人员不要触及带电部分），若三相绕组中的某一相在触及时灯泡发亮，说明该相绕组有接地故障点，可按照上一条方法查找接地点的具体部位。

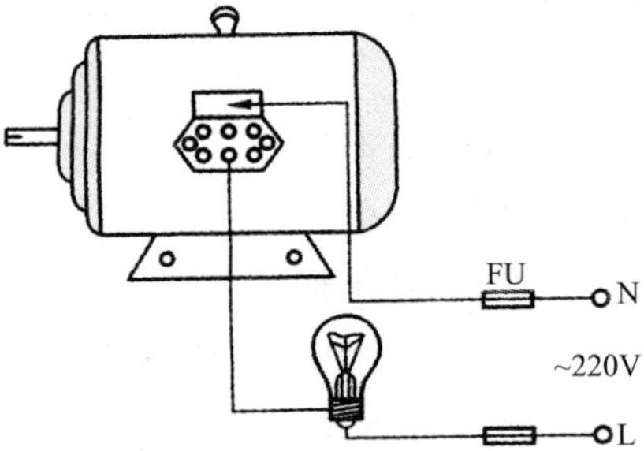

图7.28　用灯泡检测电动机接地点

③ 用耐压机查找电动机接地点。这种方法可直接观察到接地点的部位，如图7.29所示，当耐压机电压逐渐升高时，若绕组线圈有接地故障，线圈接地点便会起弧冒烟，只要仔细观察，就可找出接地点的具体位置。如果接地点在电动机槽内，根据打耐压所产生的“吱吱”声来判断接地点的大概部位，然后取出槽内的槽楔，重新打耐压，直至查出接地点的具体部位。应用这种方法，在打耐压时应注意人身安全，人和设备要保

持一定的安全距离，严防触电。

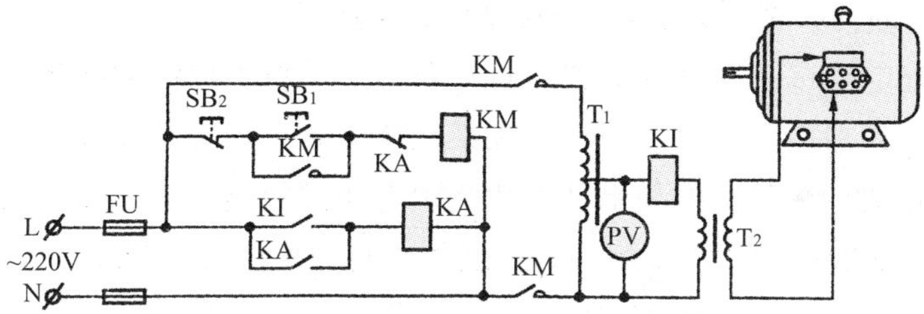

图7.29 用耐压机检测电动机接地点

2）电动机绕组短路故障的检查

电动机绕组发生短路会使周围绝缘损坏变色。若是相间短路，用兆欧表可测出，这种故障所产生的后果较严重，从外表上即可观察到短路部位有烧坏的痕迹。

电动机绕组存在匝间短路的检测方法是用短路侦察器查找。把短路侦察器接于220V交流电源上，如图7.30所示，然后将铁心开口对准被检查线圈所在的槽，这时短路侦察器和定子的一部分组成一个小型“变压器”，短路侦察器本身的线圈为变压器的初级，而被检测的电动机绕组为变压器的次级线圈，短路侦察器的铁心和定子铁心的一部分组成变压器的磁路。当接上220V交流电源后，被检测的定子绕组线圈便会产生感应电动势，若有短路线匝存在，短路线匝中便会有电流通过，反映到短路侦察器的初级电流也比通常要大，并且同时会使电动机定子绕组周围的铁心产生磁场，这时在槽口处放一块薄铁片，短路线圈产生的磁通就会通过铁片形成回路，将铁片吸引在铁心上，并产生振动，这样即可判断出电动机匝间短路点的部位。

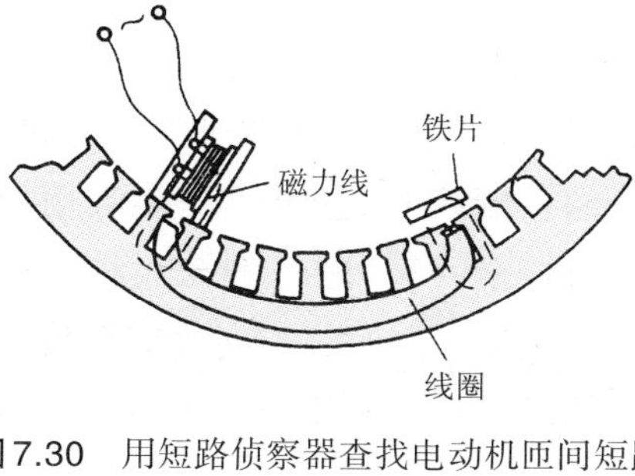

图7.30 用短路侦察器查找电动机匝间短路

利用短路侦察器检查电动机匝间短路时，必须将定子绕组的多路线圈并联处断开，否则无法判断短路故障点的位置。

检查电动机有无相间短路，首先要将电动机引出线的线板连接线拆除，然后分别用兆欧表的一端接在某相绕组上，另一端接在另一相绕组上进行测试，在测试中如果某两相绕组有相间短路点时，兆欧表指针为零。然后依次把这两相绕组的各组线圈之间的连接线拆开逐一进行测试，最终查出发生短路的两组线圈。

3）电动机绕组断路故障的检查

检查电动机绕组断路也需将电动机接线端子的连接线断开，然后用万用表的低阻挡分别测试三相线圈绕组的通断，若某相线圈断路，则电阻会很大，说明该相线圈断路。为了进一步查出断路点的部位。可用电池与小灯泡串联，一端接于断线绕组首端，另一端接一根钢针，用钢针从断路相的首端起依次刺破线圈绝缘，观察灯泡是否发亮，当刺到某点时，灯泡不亮，则说明断路点在该点的前后之间，如图7.31所示。

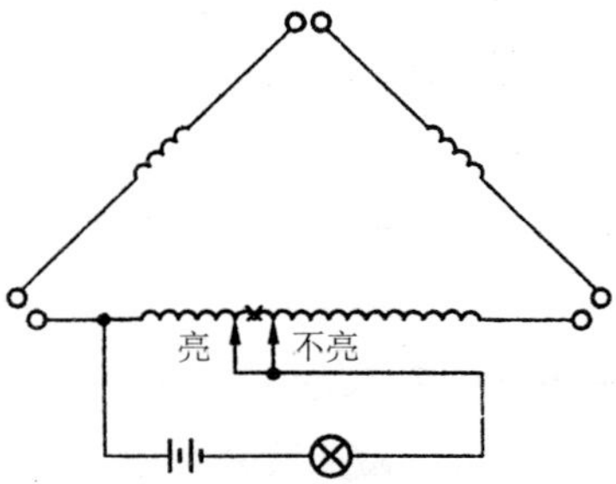

图7.31　用灯泡查电动机断路点

4）电动机绕组接错线的检查

可用一种简便的方法来检测电动机绕组是否接错线，如图7.32所示。首先将被检查的相绕组两端接上直流电源，然后用指南针沿定子内圈移动，如果绕组线圈没有接错，每当指南针经过该绕组的一组线槽时，它的指向是反向，并且在旋转一周时，方向改变次数正好与极数相等，如果指南针经过某组线槽时，指针不反向，或是指向不定，则说明该组有接错处。

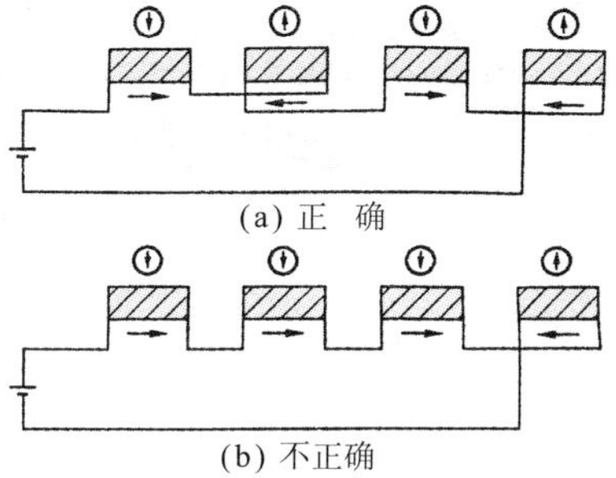

(a) 正 确

(b) 不正确

图7.32 利用指南针检查线圈绕组接地是否正确

200 电动机定子绕组的判别

1）电动机的接线

电动机接线盒内的接线方式有△形连接（三角形连接）和Y形连接（星形连接）两种方式。当铭牌上标有220／380V、△／Y字样时，表示电源电压如果为220V三相交流电时，定子绕组为△形接法，如果接入电源电压为380V时，定子绕组应接成Y形。接线方式不允许任意更改。目前Y系列电动机3kW及以下为Y形接法，4kW以上均为△形接法，电动机的额定线电压为380V。

电动机接线盒内有上下两排6个接线头，规定下排3个接线端子自左至右的编号为U_1、V_1、W_1，上排3个接线端子自左至右编号为W_2、U_2、V_2，如图7.33（a）所示。

当采用△形连接时，按图7.33（b）所示方法连接，将电动机接线盒内的接线端子上、下两两用短接铜片连接，再分别把三相电源接到U_1、V_1、W_1上。也就是将三相定子绕组的第一相的尾端U_2接到第二相的首端V_1，第二相的尾端V_2接到第三相的首端W_1，第三相的尾端W_2接到第一相的首端U_1。然后把来自开关的3根导线的线头，分别与U_1、V_1、W_1连接。如果出现电动机反转，可把任意两相线头对换接线端子位置，即会顺转。

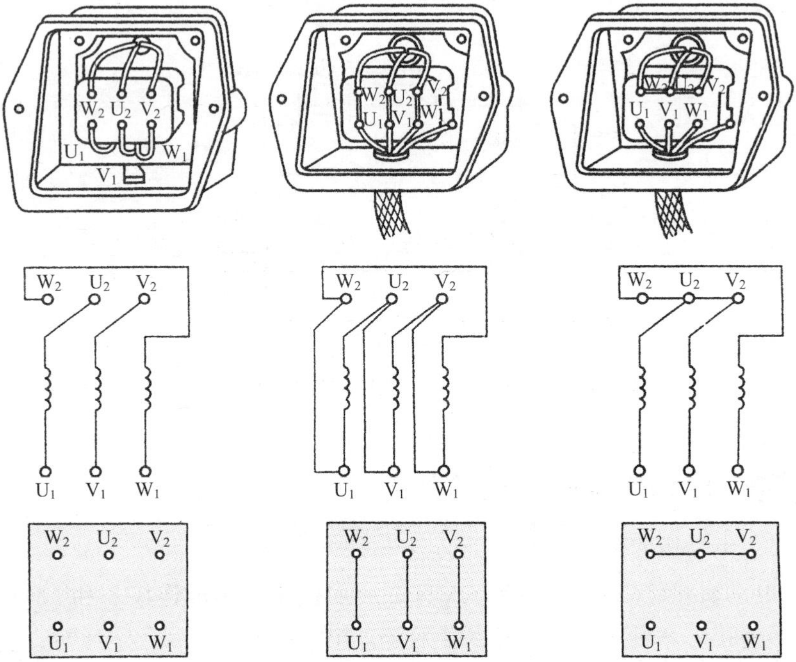

(a) 接线端子排列　　(b) △形连接　　(c) Y形连接

图7.33 电动机的接线

当采用Y形连接时，按图7.33（c）所示方法连接，将三相绕组的尾端W_2、U_2、V_2用短接铜片连在一起，首端U_1、V_1、W_1分别接三相电源。

2）用万用表判别电动机绕组的首、尾端

使用时间久了的三相异步电动机，常因电动机定子绕组引出线头上标记号模糊不清或遗失，而造成定子三相绕组引出线的首尾端头混乱。因此，往往由于定子绕组一相反接而引起电动机损坏的严重事故。所以，简捷而准确地辨别出电动机定子三相绕组引出线的首尾端头是非常重要的。

利用万用表的毫安挡可以快速准确地辨别出电动机定子三相绕组的首、尾端，电路如图7.34所示。

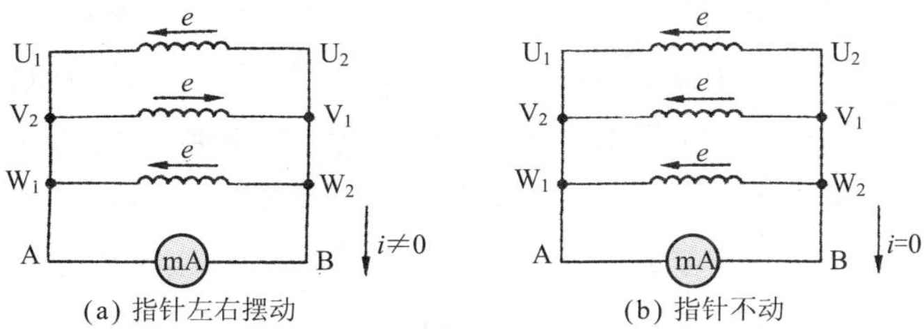

(a) 指针左右摆动　　(b) 指针不动

图7.34 用万用表判别绕组的首尾端的电路

此法所测试的电动机转子必须有剩磁，即必须是运转过的或通过电流的电动机。

首先，用万用表电阻挡找出被测电动机定子各相绕组的两根线端，电阻值最小的两线端为同相绕组，并给各端头做好编号。

任意选定三相绕组的首、尾，并联起来接到万用表的低毫安挡上。这时慢慢匀速转动电动机转子，看万用表指针摆动情况。如果万用表指针向左右摆动明显，说明有一相绕组的首、尾与其他两相绕组的首、尾相反，如图7.34（a）所示。任意调换其中一相绕组线端头的位置，再用上述同样的方法测试。一相一相分别对调，看万用表指针摆动的情况，直至万用表指针无明显摆动为止，如图7.34（b）所示。此时接在一起的三个线头，就是被测电动机定子绕组的三个首端或尾端。

3）用干电池和万用表判别电动机绕组的首、尾端

判别电路如图7.35所示。

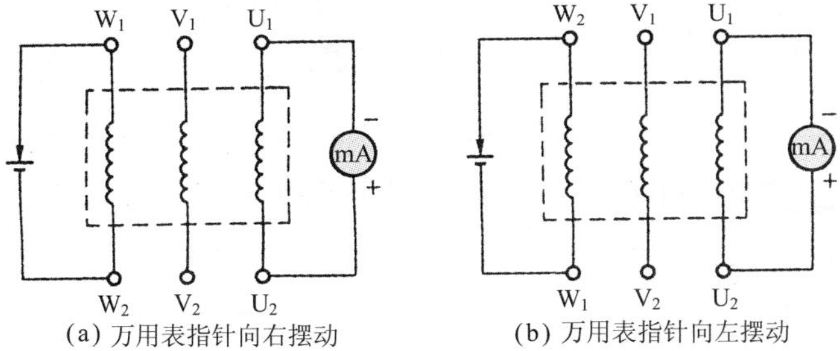

(a) 万用表指针向右摆动　　(b) 万用表指针向左摆动

图7.35 用干电池和万用表判别绕组的首尾端的电路

① 先判别出三个绕组各自的两个线端。把万用表调到电阻挡，根据

电阻的大小可分清哪两个线端属于同一相绕组，同一相绕组的电阻很小。

② 再判别出其中两相绕组的首、尾端。先把万用表调到直流电流最小挡位，再把任意一相绕组的两个线端接到万用表上，并指定接表“−”端的为该相绕组的首端，接表“+”端的为尾端。然后将另外任意一相绕组的一个引出线线头接电池的负极，另一个引出线线头去碰触电池的正极，同时注意观察万用表指针在线头碰触电池的瞬间偏转方向。如果万用表指针正转（向右转），则说明与电池正极触碰的那根引出线线头为首端（标上W_1），如图7.35（a）所示；如果万用表指针在瞬间反转（向左转），则该相绕组的首、尾端与上述判断相反，如图7.35（b）所示。

③ 判别最后一相绕组的首、尾端。前面万用表所接的这相绕组不动，将剩下的一相绕组的两个线端分别去碰触干电池的“+”和“−”极，用上述相同的方法即可判断出最后一相绕组的首、尾端。

4）用市电和灯泡判别电动机绕组首、尾端

① 先判别同一相绕组的两线端。用市电和灯泡判别电动机同相绕组的两线端的电路如图7.36所示。

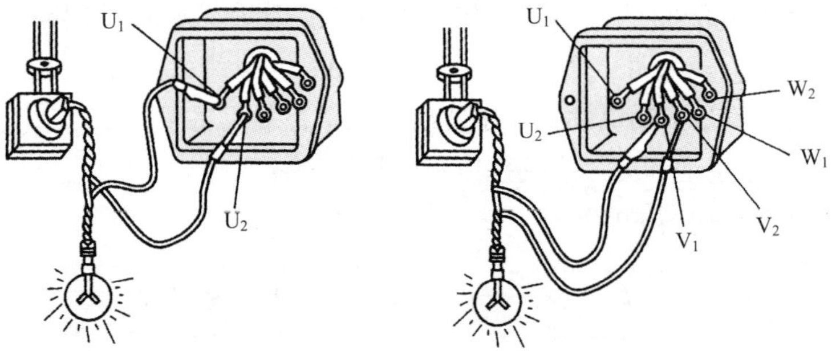

(a) 找出2个线头　　(b) 找出4个线头

图7.36　用市电和灯泡判别电动机同相绕组的两线端的电路

取220V 60W白炽灯泡一盏，串接在220V相线L上。把白炽灯泡的一根引出线线头与被测电动机定子绕组任意一根线头相连接，并把这个线头记为“U_1”。把电源的中性线N线头依次与定子绕组其余5个线头接触，当接触到电动机某一个线头而电灯发光时，说明这个线头与“U_1”

是同一相绕组，并把这个线头记为“U_2”。用同样的方法可以判别出另一相绕组，并把两个线头记为“V_1”、“V_2”。余下两个线头是同一相绕组，就可记为“W_1”、“W_2”。

② 判别每相绕组的首、尾端。用市电和灯泡判别电动机绕组的首、尾端的电路如图7.37所示。

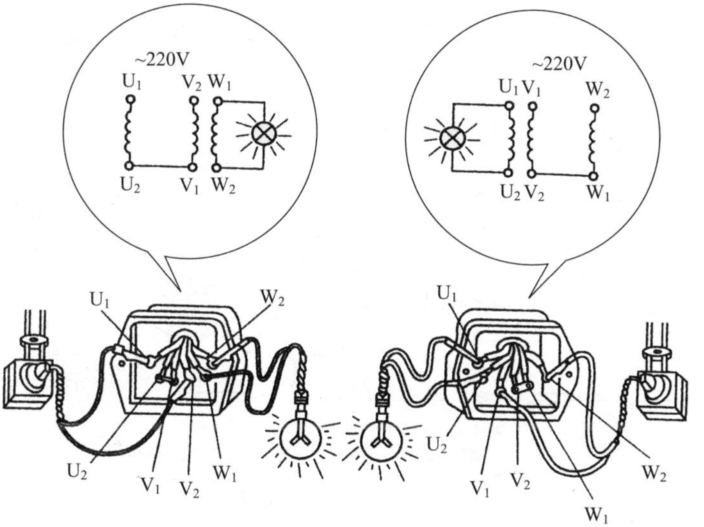

(a) 连接电路一　　(b) 连接电路二

图7.37　用市电和灯泡判别电动机绕组的首尾端的电路

先假定上述的编号是正确的，把“U_2”、“V_1”连接起来，“U_1”、“V_2”跨接220V电源，“W_1”、“W_2”接白炽灯泡。接通电源后，如果电灯灯丝发红闪亮，说明“V_1”、“V_2”的编号正确；如果电灯灯丝不发红闪亮，只要把“V_1”、“V_2”编号对换即可，如图7.37（a）所示。

把“V_2”、“W_1”连接起来，“V_1”、“W_2”跨接220V电源，“U_1”、“U_2”接灯泡。接通电源后，如果电灯灯丝发红闪亮，说明“W_1”、“W_2”编号正确；如果灯丝不发红闪亮，只要把“W_1”、“W_2”编号对换即可，如图7.37（b）所示。

③ 注意事项。此法不适于辨别大、中型电动机定子绕组的首尾。若用此法判别大、中型电动机线头时，220V电源的熔丝立即熔断。另外，

在判别电动机线头时，先用鳄鱼夹夹住电动机线头，后接通电源，以免触电。

201 电动机转子故障的检查

鼠笼式电动机出现转子断条故障后，启动转矩下降，在带负荷运行时，其转速比正常时要低，而且机身振动厉害且伴有强烈的噪声。转子是否断条，一般是不易直接查看出来的。在没有短路测试器等仪器检查的情况下，可用图7.38所示电路进行检查。

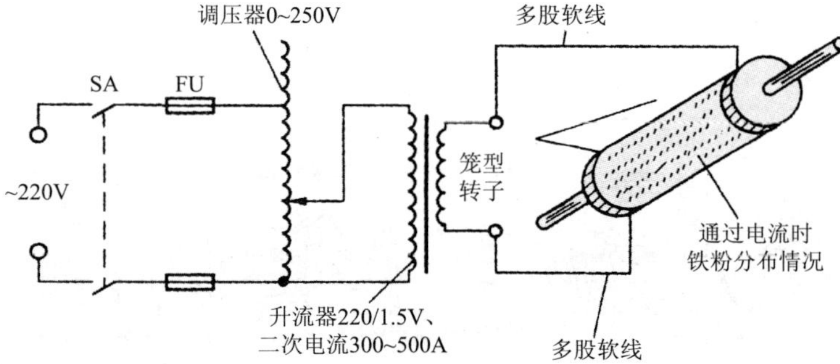

图7.38 用铁粉检查鼠笼式转子

将控制开关SA合上，调压器从零点升高，升流器的电流逐渐升高，则在笼型转子表面产生磁场。将铁粉撒在转子上，铁粉都很整齐地一行一行地排列成铜条或铝条的方向，电流大小一般可升到铁粉能排列清楚为止。如果某一根铜条或铝条上铁粉较少，则说明有可能是该铜条或铝条断条。

第8章 电动机常用控制线路安装及调试

202 单向启动、停止电路

1）电路构成

单向启动、停止电路元器件作用对照图如图8.1所示。

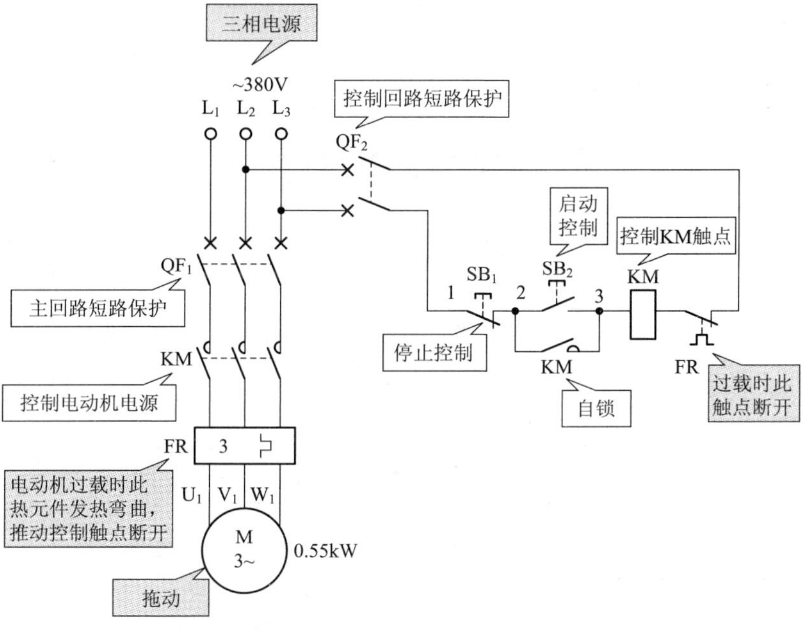

图8.1 单向启动、停止电路元器件作用对照图

① 主回路由断路器QF_1、交流接触器KM、热继电器FR及电动机M组成。

② 控制回路由断路器QF_2、启动按钮SB_2、停止按钮SB_1、交流接触器KM及热继电器FR常闭触点组成。

③ 保护器件由断路器QF_1作为主回路短路保护，断路器QF_2作为控

制回路短路保护，热继电器FR作为电动机M的过载保护。

2）工作原理分析

首先合上主回路断路器QF_1、控制回路断路器QF_2，为电路工作提供准备条件。

启动：按下启动按钮SB_2，交流接触器KM线圈得电吸合且KM辅助常开触点闭合自锁，KM三相主触点闭合，电动机M得电运转，拖动设备开始工作。

停止：按下停止按钮SB_1，交流接触器KM线圈断电释放，KM三相主触点断开，电动机M失电停止运转，拖动设备停止工作。

3）电路布线图

单向启动、停止电路布线图如图8.2所示。

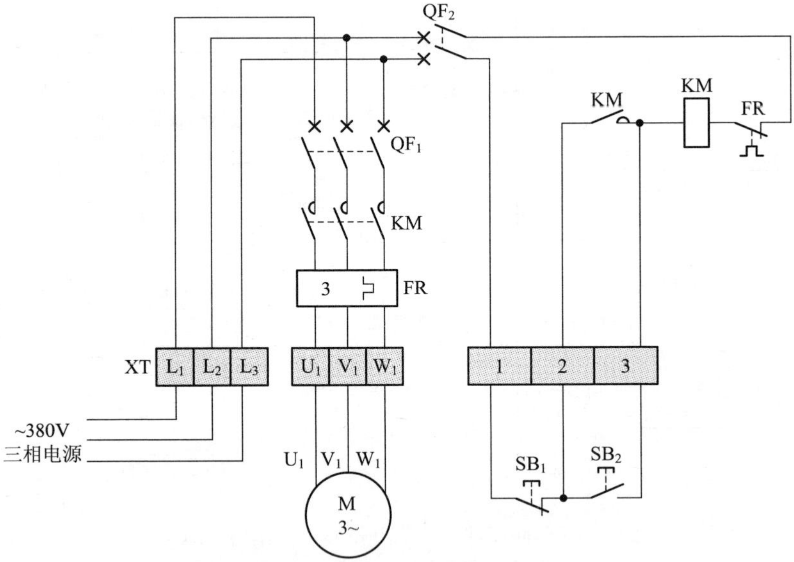

图8.2 单向启动、停止电路布线图

从图8.2中可以看出，XT为接线端子排，通过端子排XT来区分电气元件的安装位置，XT的上方为放置在配电箱内底板上的电气元件，XT的下方为外接或引至配电箱门面板上的电气元件。

从端子排XT上看，共有9个接线端子，其中，L_1、L_2、L_3三根线为由外引入至配电箱内的三相380V电源，并穿管引入；U_1、V_1、W_1三根线为电机线，穿管接至电动机接线盒内的U_1、V_1、W_1上；1、2、3三根线为控制线，接至配电箱门面板上的按钮开关SB_1、SB_2上。

4）元器件安装排列图及端子图

单向启动、停止电路元器件安装排列图及端子图如图8.3所示。

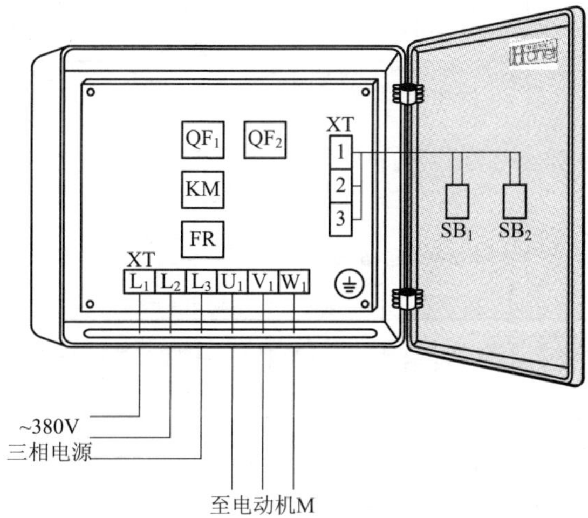

图8.3　单向启动、停止电路元器件安装排列图及端子图

从图8.3可以看出，断路器QF_1、QF_2，交流接触器KM，热继电器FR，安装在配电箱内底板上；按钮开关SB_1、SB_2安装在配电箱门面板上。

通过端子L_1、L_2、L_3将三相380V交流电源接入配电箱中。

端子U_1、V_1、W_1接至电动机M接线盒中的U_1、V_1、W_1上。

端子1、2、3将配电箱内的器件与配电箱门面板上的按钮开关SB_1、SB_2连接起来。

5）电气元件作用表

单向启动、停止电路电气元件作用表见表8.1。

表8.1　电气元件作用表

序　号	名称符号	型号规格	作　用
1	断路器QF_1	DZ47-63 6A 三极	主回路过流保护
2	断路器QF_2	DZ47-63 6A 二极	控制回路过流保护
3	交流接触器KM	CJX2-09 线圈电压380V	控制电动机电源
4	热继电器FR	JRS1-12.5 1.6~2.5A	电动机过载保护
5	按钮开关SB_1	LA19-11 红色	停止电动机用
6	按钮开关SB_2	LA19-11 绿色	启动电动机用
7	三相异步电动机M	Y801-4 0.55kW 1.6A 1390r/min	拖　动

依据电气元件作用表给出的相关技术数据选择导线，本电路所配电动机型号为Y801-4，功率为0.55kW，电流为1.6A，其电机线U_1、V_1、W_1可选用BV1.5mm^{2}导线；电源线L_1、L_2、L_3可选用BV1.5mm^{2}导线；控制线1、2、3可选用BVR0.75mm^{2}导线。

6）按钮接线图

单向启动、停止电路按钮接线图如图8.4所示。

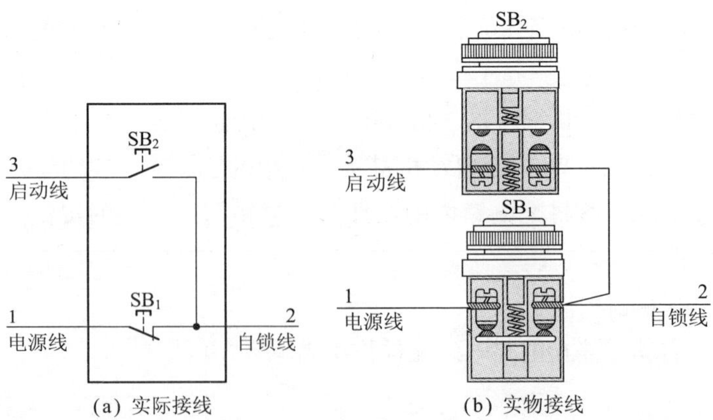

图8.4　按钮接线图

7）调 试

首先断开主回路断路器QF_1，合上控制回路断路器QF_2，调试控制回路，按下启动按钮SB_2，交流接触器KM线圈应吸合动作，松开SB_2，KM也不释放，按动停止按钮SB_1，交流接触器KM线圈断电释放。经反复试验几次若无不正常情况，就可以调试主回路了。再合上主回路断路器QF_1，按动启动按钮SB_2，交流接触器KM线圈得电吸合且自锁，其三相主触点闭合，电动机得电正常运转（此时应观察电动机转向是否符合运转要求，若不符合则需停下电动机，任意调换三相电源中的两相就会改变其运转方向）。按动停止按钮SB_1，交流接触器KM线圈断电释放，KM其三相主触点断开电动机电源，电动机停止运转。

在调试控制电路时，倘若一合断路器QF_2，交流接触器KM线圈就吸合动作，则说明按钮线1或2错接到3上了，造成不用按动启动按钮SB_2就直接启动了。遇到此问题，应断开断路器QF_2，按图纸正确连线。这里告诉读者一个小经验，只要记住按钮中三根导线中的一根启动线接至配电盘端子的3上了，另外两根导线可任意连接。

再调试过载保护电路，首先将热继电器FR电流整定旋钮调得低一些，要大大低于电动机额定电流，按动启动按钮SB_2，此时交流接触器KM线圈得电吸合且自锁，电动机得电运转工作，由于热继电器整定的电流远远小于电动机的额定电流，不一会儿，热继电器FR动作，交流接触器KM线圈断电释放，起到过载作用，说明热继电器FR良好，而且控制回路接线正确。此时将热继电器电流整定旋钮调整至所控电动机额定电流1.6A左右即可。

203 单向点动控制电路

单向点动控制电路元器件作用对照图如图8.5所示。

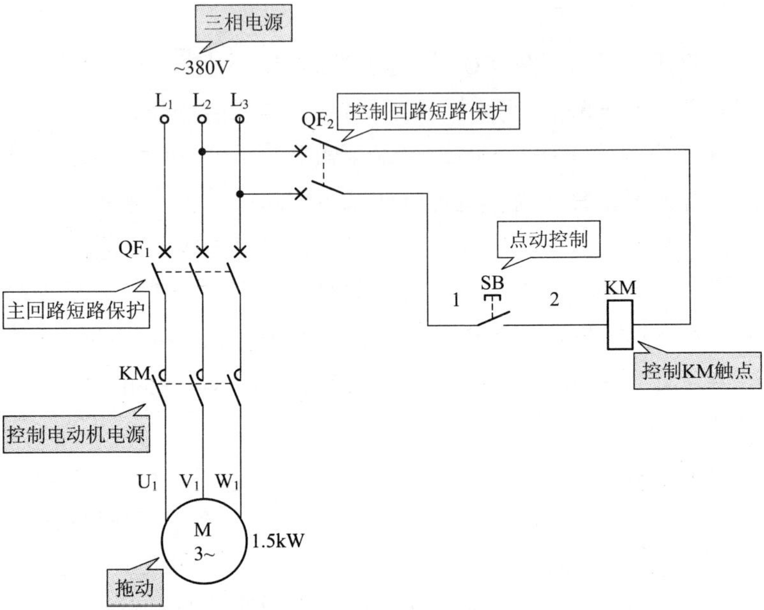

图8.5 单向电动控制电路元器件作用对照图

1）电路构成

① 主回路由断路器QF_1、交流接触器KM及电动机M组成。

② 控制回路由断路器QF_2、点动按钮SB及交流接触器KM组成。

③ 保护器件由断路器QF_1作为主回路短路保护，断路器QF_2作为控制回路短路保护。

2）工作原理分析

首先合上主回路断路器QF_1、控制回路断路器QF_2，为电路工作提供准备条件。

点动：按下点动按钮SB，交流接触器KM线圈得电吸合，KM三相主触点闭合，电动机M得电运转，拖动设备工作。按住点动按钮的时间长短即为电动机M点动运转的时间。

停止：松开点动按钮SB，交流接触器KM线圈断电释放，KM三相主触点断开，电动机M失电停止运转，拖动设备停止。

3）电路布线图

单向点动控制电路布线图如图8.6所示。

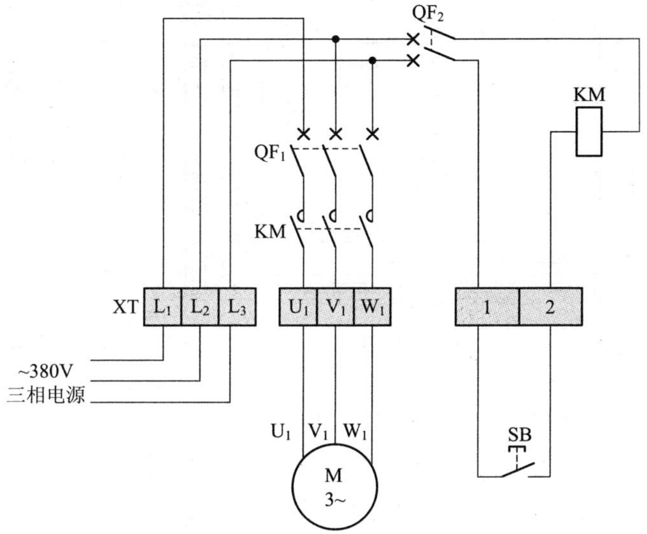

图8.6 单向点动控制电路布线图

从图8.6中可以看出，XT为接线端子排，通过端子排XT来区分电气元件的安装位置，XT的上方为放置在配电箱内底板上的电气元件，XT的下方为外接或引至配电箱门面板上的电气元件。

从端子排XT上看，共有8个接线端子，其中，L_1、L_2、L_3三根线为由外引入至配电箱内的三相380V电源，并穿管引入；U_1、V_1、W_1三根线为电机线，穿管接至电动机接线盒内的U_1、V_1、W_1上；1、2二根线为控制线，接至配电箱门面板上的按钮开关SB上。

4）元器件安装排列图及端子图

单向点动控制电路元器件安装排列图及端子图如图8.7所示。

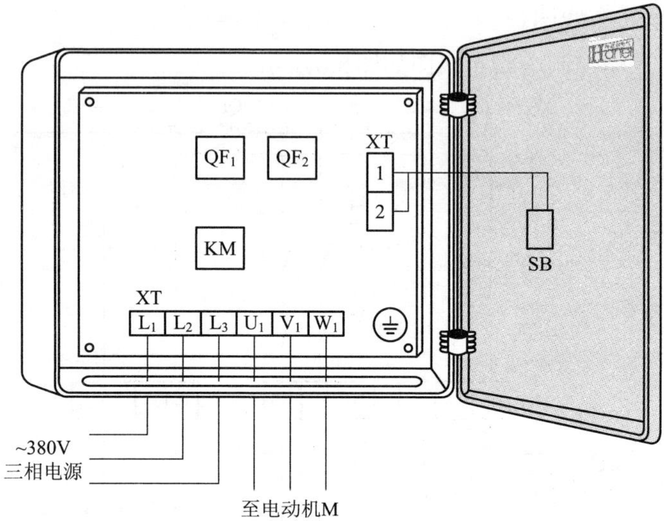

图8.7 单向点动控制电路元器件安装排列图及端子图

从图8.7可以看出，断路器QF_1、QF_2及交流接触器KM安装在配电箱内底板上；按钮开关SB安装在配电箱门面板上。

通过端子L_1、L_2、L_3将三相380V交流电源接入配电箱中。

端子U_1、V_1、W_1接至电动机M接线盒中的U_1、V_1、W_1上。

端子1、2将配电箱内器件与配电箱门面板上的按钮开关SB连接起来。

5）电气元件作用表

单向点动控制电路电气元件作用表见表8.2。

表8.2 电气元件作用表

序 号	名称符号	型号规格	作 用
1	断路器QF_1	DZ47-63 10A 三极	主回路过流保护
2	断路器QF_2	DZ47-63 6A 二极	控制回路过流保护
3	交流接触器KM	CDC10-10 线圈电压380V	控制电动机电源

续表 8.2

序 号	名称符号	型号规格	作 用
4	按钮开关SB	LA19-11 绿色	点动操作
5	三相异步电动机M	Y90S-2 1.5kW 3.4A 2840r/min	拖 动

依据电气元件作用表给出的相关技术数据选择导线，本电路所配电动机型号为Y90S-2，功率为1.5kW，电流为3.4A，其电机线U_1、V_1、W_1可选用BV 1.5mm^{2}导线；电源线L_1、L_2、L_3可选用BV 1.5mm^{2}导线；控制线1、2可选用BVR0.75mm^{2}导线。

6）按钮接线图

单向点动控制电路按钮接线图如图8.8所示。

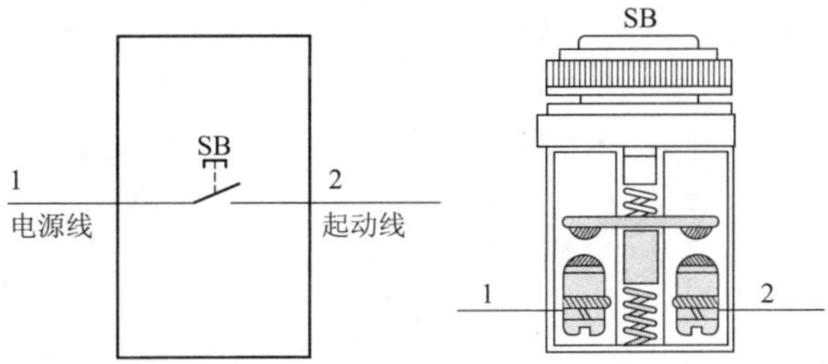

(a) 实际接线　　(b) 实物接线

图8.8 按钮接线图

7）调 试

本电路最大的优点是主回路与控制回路分别由断路器QF_1、QF_2来进行控制，所以调试起来也方便许多。

首先断开主回路断路器QF_1，先不让电动机运转。合上控制回路断路器QF_2，调试控制回路工作情况是否正常。按下点动按钮SB，此时配电盘内的交流接触器KM线圈得电吸合，一直按着SB不放，KM就一直吸合着；当松开SB时，交流接触器KM线圈就断电释放。反复试验多次，直到能按其控制要求动作即可，控制回路调试完毕。

此时可调试主回路，合上主回路断路器QF_1，需注意的是电动机转向是否有要求，以及电动机与拖动设备之间是否存在问题。按动一下（时间越短越好）点动按钮SB，观察电动机转向是否符合要求以及工作是否正常，若运转正常，再长时间按住点动按钮SB不放，观察电动机运行情况，若运转正常，电路调试结束。最后将热继电器整定电流设置在3.4A上即可。

204 防止相间短路的正反转控制电路

防止相间短路的正反转控制电路元器件作用对照图如图8.9所示。

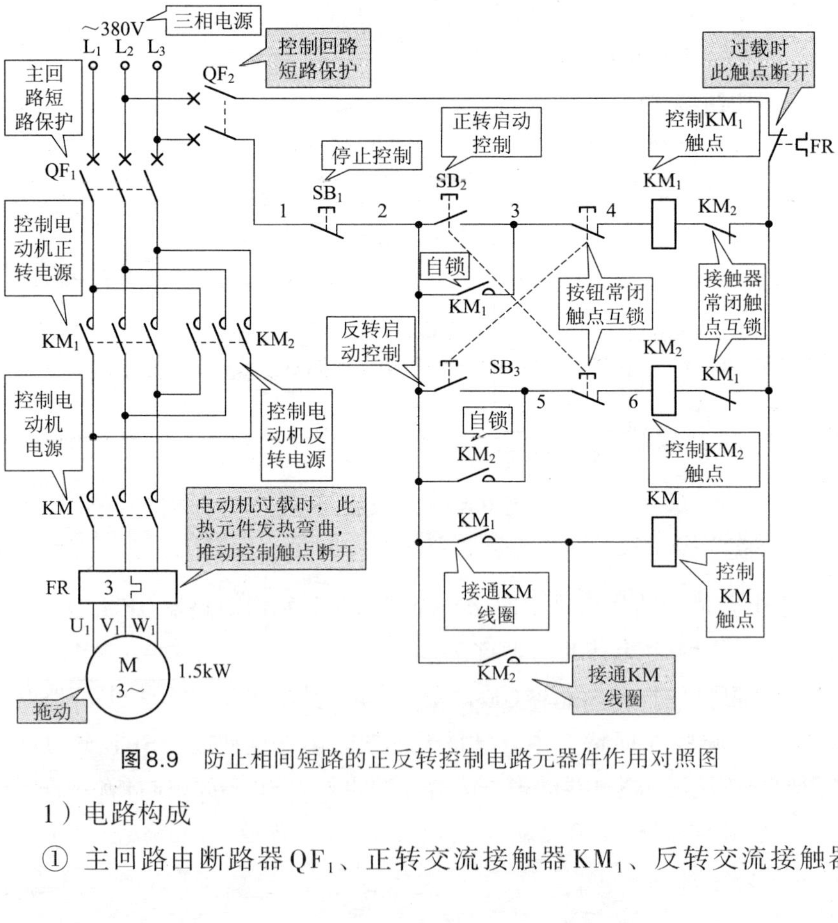

图8.9 防止相间短路的正反转控制电路元器件作用对照图

1）电路构成

① 主回路由断路器QF_1、正转交流接触器KM_1、反转交流接触器

KM_2、延长转换时间用交流接触器KM、热继电器FR及电动机M组成。

② 控制回路由断路器QF_2、正转启动按钮SB_2、反转启动按钮SB_3、停止按钮SB_1、正转交流接触器KM_1、反转交流接触器KM_2、延长转换时间用交流接触器KM及热继电器FR常闭触点组成。

③ 保护器件由断路器QF_1作为主回路短路保护，断路器QF_2作为控制回路短路保护，热继电器FR作为电动机M的过载保护。

2）工作原理分析

首先合上主回路断路器QF_1、控制回路断路器QF_2，为电路工作提供准备条件。

本电路与常用的具有按钮常闭触点互锁、接触器常闭触点互锁基本相同，不同的是分别利用KM_1或KM_2的一对辅助常开触点来控制交流接触器KM的线圈电源，使其在选择好正转或反转之后再将KM投入进去，以此延长正反转选择后与电动机电源的转换时间，达到防止相间短路之目的。从主回路看，正转交流接触器KM_1与反转交流接触器KM_2是并联关系（但需换相），再与交流接触器KM相串联，这样从电路中不难看出，正转时先KM_1工作，再KM工作；而反转时则先KM_2工作，再KM工作，以延长其转换时间。

正转启动：按下正转启动按钮SB_2，SB_2的一组常闭触点断开，切断反转交流接触器KM_2线圈回路，起到互锁作用；SB_2的另外一组常开触点闭合，接通了正转交流接触器KM_1线圈电源，KM_1线圈得电吸合且KM_1辅助常开触点闭合自锁，KM_1三相主触点先闭合（说明已正转选择完成），同时KM_1辅助常开触点闭合，再接通延长转换时间用交流接触器KM线圈电源，KM三相主触点随后紧跟着也闭合（就是利用KM_1与KM之间的转换时间来防止相间短路事故的发生），这时电动机绕组才会得以三相交流380V电源而正常运转。

反转启动：当电动机处于正转运转后，欲需进行反转启动时，则不需按下停止按钮SB_1，直接按动反转启动按钮SB_3，SB_3的一组常闭触点断开，切断了正转交流接触器KM_1线圈回路电源，KM_1线圈断电释放，KM_1三相主触点断开，电动机失电正转停止运转；与此同时延长转换时间用交流接触器KM线圈也断电释放，KM三相主触点断开，为下一次重新工作做准备。在按下反转启动按钮SB_3的同时，SB_3的另外一组常开触点闭合，接通了反转交流接触器KM_2线圈回路电源，KM_2线圈得电吸合且KM_1辅助常开触点闭合自锁，KM_2三相主触点闭合（说明已反转选择完成，此时因延长转换时间用交流接触器KM动作滞后于KM_2，所以在KM_2先闭合时是不带负载的，不会出现正反转换相时的弧光相间短路问题），同时KM_2辅助常开触点闭合，再接通延长转换时间用交流接触器KM线圈电源，KM三相主触点随后紧跟着也闭合，才会给电动机提供三相交流380V电源，这时电动机绕组得电反转运转。

注意，当电动机处于反转运转后，欲需进行正转启动时，与反转启动操作相同。

3）电路布线图

防止相间短路的正反转控制电路布线图如图8.10所示。

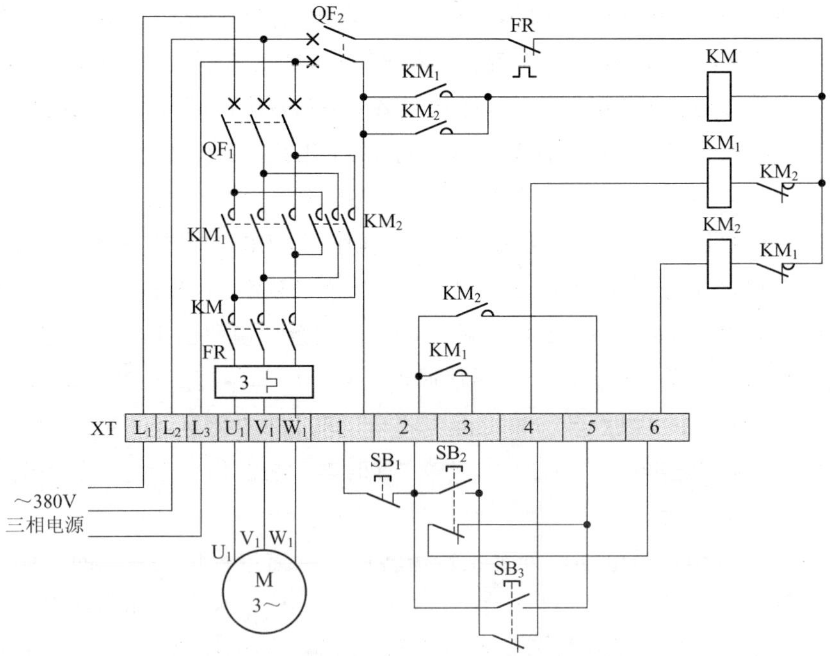

图8.10 防止相间短路的正反转控制电路布线图

从图8.10中可以看出，XT为接线端子排，通过端子排XT来区分电气元件的安装位置，XT的上方为放置在配电箱内底板上的电气元件，XT的下方为外接或引至配电箱门面板上的电气元件。

从端子排XT上看，共有12个接线端子，其中，L_1、L_2、L_3三根线为由外引入至配电箱内的三相380V电源，并穿管引入；U_1、V_1、W_1三根线为电机线，穿管接至电动机接线盒内的U_1、V_1、W_1上；1、2、3、4、5、6六根线为控制线，接至配电箱门面板上的按钮开关SB_1、SB_2、SB_3上。

4）元器件安装排列图及端子图

防止相间短路的正反转控制电路元器件安装排列图及端子图如图8.11所示。

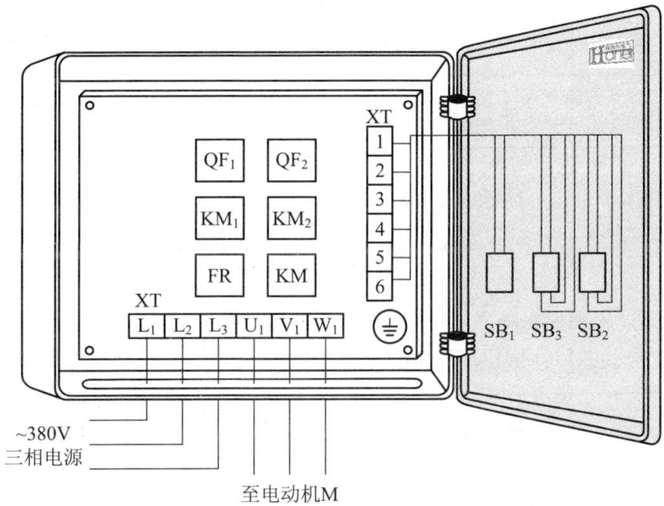

图8.11 防止相间短路的正反转控制电路元器件安装排列图及端子图

从图8.11可以看出，断路器QF_1、QF_2，交流接触器KM_1、KM_2、KM，热继电器FR，安装在配电箱内底板上；按钮开关SB_1、SB_2、SB_3安装在配电箱门面板上。

通过端子L_1、L_2、L_3将三相380V交流电源接入配电箱中。

端子U_1、V_1、W_1接至电动机M接线盒中的U_1、V_1、W_1上。

端子1、2、3、4、5、6将配电箱内的器件与配电箱门面板上的按钮开关SB_1、SB_2、SB_3连接起来。

5）电气元件作用表

防止相间短路的正反转控制电路电气元件作用表见表8.3。

表8.3 电气元件作用表

序 号	名称符号	型号规格	作 用
1	断路器 QF_1	DZ47-63 10A 三极	主回路过流保护
2	断路器 QF_2	DZ47-63 6A 二极	控制回路过流保护
3	交流接触器KM	CDC10-10 线圈电压380V	电动机电源接通用
4	交流接触器 KM_1	CDC10-10 线圈电压380V	控制电动机正转电源
5	交流接触器 KM_2	CDC10-10 线圈电压380V	控制电动机反转电源
6	热继电器FR	JR36-20 3.2~5A 带断相保护功能	过载保护
7	按钮开关 SB_1	LA19-11 红色	停止电动机用
8	按钮开关 SB_2	LA19-11 绿色	电动机正转启动用
9	按钮开关 SB_3	LA19-11 蓝色	电动机反转启动用
10	三相异步电动机M	Y90S-2 1.5kW 3.4A 2840r/min	拖 动

依据电气元件作用表给出的相关技术数据选择导线，本电路所配电动机型号为Y90S-2，功率为1.5kW，电流为3.4A，其电机线 U_1、V_1、W_1 可选用BV1.5mm^{2}导线；电源线 L_1、L_2、L_3 可选用BV1.5mm^{2}导线；控制线1、2、3、4、5、6可选用BVR0.75mm^{2}导线。

6）按钮接线图

防止相间短路的正反转控制电路按钮接线图如图8.12所示。

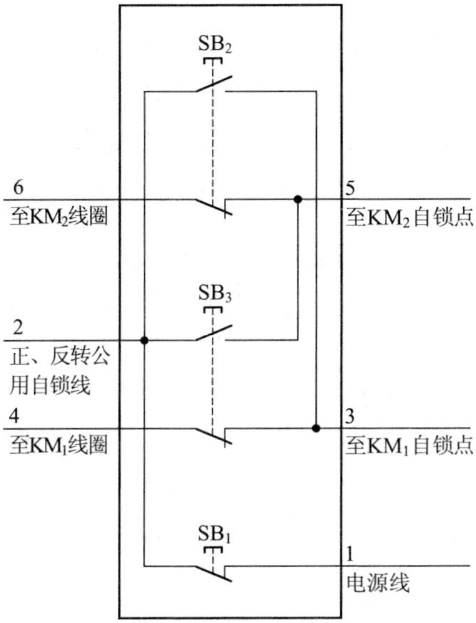

(a) 实际接线

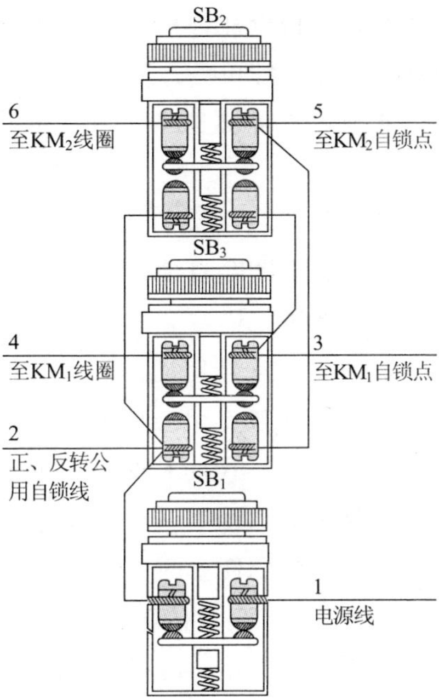

(b) 实物接线

图8.12 按钮接线图

7）调 试

首先断开主回路断路器QF_1，合上控制回路断路器QF_2来调试控制回路。控制回路的调试分为正转调试和反转调试。正转调试时，按下正转启动按钮SB_2，交流接触器KM_1、KM线圈得电吸合且KM_1辅助常开触点闭合自锁，说明正转正常。反转调试时按下反转启动按钮SB_3，交流接触器KM_2、KM线圈得电吸合且KM_2辅助常开触点闭合自锁，说明反转正常。

无论怎样调试操作，KM_1与KM_2相互互锁，它们之间一直一只工作。调试中若正转已工作，直接操作反转按钮SB_3不能完成反转操作，应检查SB_3常闭触点是否串联在KM_1线圈回路中。若正转已工作，交流接触器KM_1、KM线圈均得电吸合，此时按下反转启动按钮SB_3，交流接触器KM_2线圈也得电吸合，说明交流接触器KM_1、KM_2辅助常闭触点相互之间没有联锁，检查并将KM_1、KM_2的辅助常闭触点相互串联在对方交流接触器线圈回路中即可。

控制回路调试完毕，可将主回路断路器QF_1合上，调试主回路工作情况。

按下正转启动按钮SB_2，交流接触器KM_1、KM线圈得电吸合且KM_1辅助常开触点闭合自锁，其三相主触点闭合，电动机得电正转运转工作，说明正转调试完毕。

此时按下反转启动按钮SB_3，交流接触器KM_2、KM线圈得电吸合且KM_2辅助常开触点闭合自锁，其三相主触点闭合，电动机得电运转，但转向仍为正转，说明KM_2三相主触点未倒相，不能改变电源相序，所以电动机转向未改变。先停止电动机，再将QF_1断开，把KM_2主触点上端或下端三相中的任意两相连线相序颠倒一下即可。再合上QF_1，按下反转启动按钮SB_3，交流接触器KM_2、KM线圈得电吸合，其主触点闭合，电动机得电反转工作。说明反转调试完毕。

欲停止则按下SB_1，控制回路电源被切断，交流接触器KM_1+KM或KM_2+KM线圈失电释放，其各自的三相主触点断开，电动机停止运转。

控制回路和主回路调试完毕后，接下来需要进行过载保护调试。首先将热继电器整定旋钮设置在比电动机额定电流小很多的刻度上，此时启动电动机，若热继电器FR能够保护动作，说明热继电器FR正常，再将热继电器FR电流设定与电动机额定电流值相同即可。

205 自动往返循环控制电路

自动往返循环控制电路元器件作用对照图如图8.13所示。

1）电路构成

① 主回路由断路器QF_1、正转交流接触器KM_1、反转交流接触器KM_2、热继电器FR及电动机M组成。

② 控制回路由断路器QF_2，正转启动按钮SB_2，反转启动按钮SB_3，停止按钮SB_1，行程开关SQ_1、SQ_2，正转交流接触器KM_1，反转交流接触

器KM_2及热继电器FR常闭触点组成。

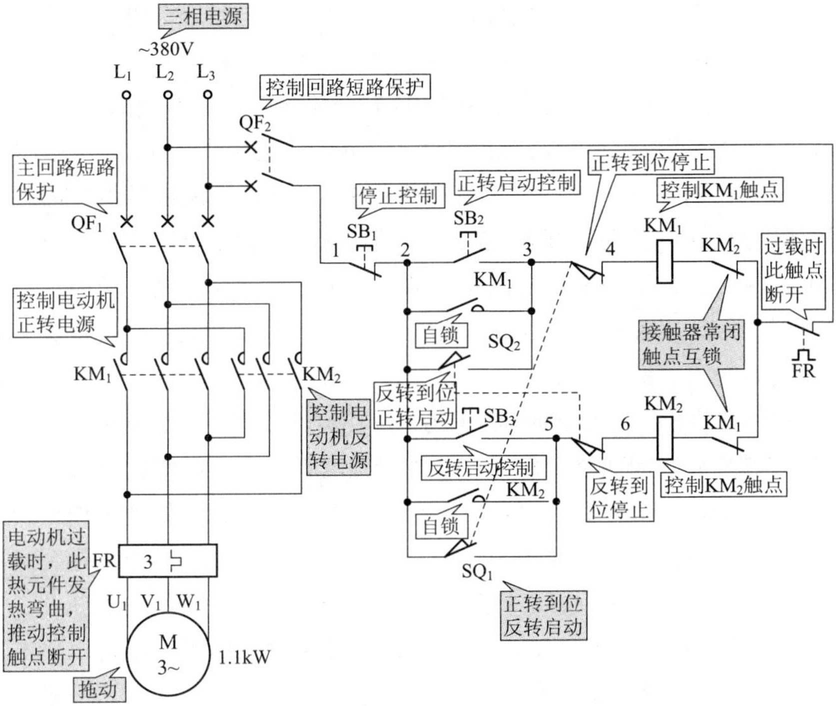

图8.13 自动往返循环控制电路元器件作用对照图

③ 保护器件由断路器QF_1作为主回路短路保护，断路器QF_2作为控制回路短路保护，热继电器FR作为电动机M的过载保护。

2）工作原理分析

首先合上主回路断路器QF_1、控制回路断路器QF_2，为电路工作提供准备条件。

正转启动：按下正转启动按钮SB_2，正转交流接触器KM_1线圈得电吸合且KM_1辅助常开触点闭合自锁，KM_1三相主触点闭合，电动机得电正转运转，拖动工作台向左移动。

正转停止：按下停止按钮SB_1，正转交流接触器KM_1线圈失电释放，KM_1三相主触点断开，电动机失电停止运转，拖动工作台向左移动停止。

反转启动：按下反转启动按钮SB_3，反转交流接触器KM_2线圈得电吸合且KM_2辅助常开触点闭合自锁，KM_2三相主触点闭合，电动机得电反转运转，拖动工作台向右移动。

反转停止：按下停止按钮SB_1，反转交流接触器KM_2线圈失电释放，KM_2三相主触点断开，电动机失电停止运转，拖动工作台向右移动停止。

自动往返控制：按下正转启动按钮SB_2，正转交流接触器KM_1线圈得电吸合且KM_1辅助常开触点闭合自锁，KM_1三相主触点闭合，电动机得电正转运转，拖动工作台向左移动。当工作台向左移动到位时，碰块触及左端行程开关SQ_1，SQ_1的一组常闭触点断开，切断正转交流接触器KM_1线圈电源，KM_1三相主触点断开，电动机失电正转停止运转，工作台向左移动停止；与此同时SQ_1的另外一组常开触点闭合，接通了反转交流接触器KM_2线圈回路电源，KM_2线圈得电吸合且KM_2辅助常开触点闭合自锁，KM_2三相主触点闭合，电动机得电反转运转，拖动工作台向右移动（在碰块离开行程开关SQ_1后，SQ_1恢复原始状态）。当工作台向右移动到位时，碰块触及右端行程开关SQ_2，SQ_2的一组常闭触点断开，切断反转交流接触器KM_2线圈电源，KM_2三相主触点断开，电动机失电反转停止运转，工作台向右移动停止；与此同时SQ_2的另外一组常开触点闭合，接通了正转交流接触器KM_1线圈回路电源，KM_1线圈得电吸合且自锁，KM_1三相主触点闭合，电动机得电又正转运转了，拖动工作台向左移动（在碰块离开行程开关SQ_2后，SQ_2恢复原始状态）……如此这般往返循环下去，完成自动往返控制。

自动往返停止：按下停止按钮SB_1，正转交流接触器KM_1或反转交流接触器KM_2线圈断电释放，KM_1或KM_2三相主触点断开，电动机失电停止运转，拖动工作台停止工作。

3）电路布线图

自动往返循环控制电路布线图如图8.14所示。

从图8.14中可以看出，XT为接线端子排，通过端子排XT来区分电气元件的安装位置，XT的上方为放置在配电箱内底板上的电气元件，XT的下方为外接或引至配电箱门面板上的电气元件。

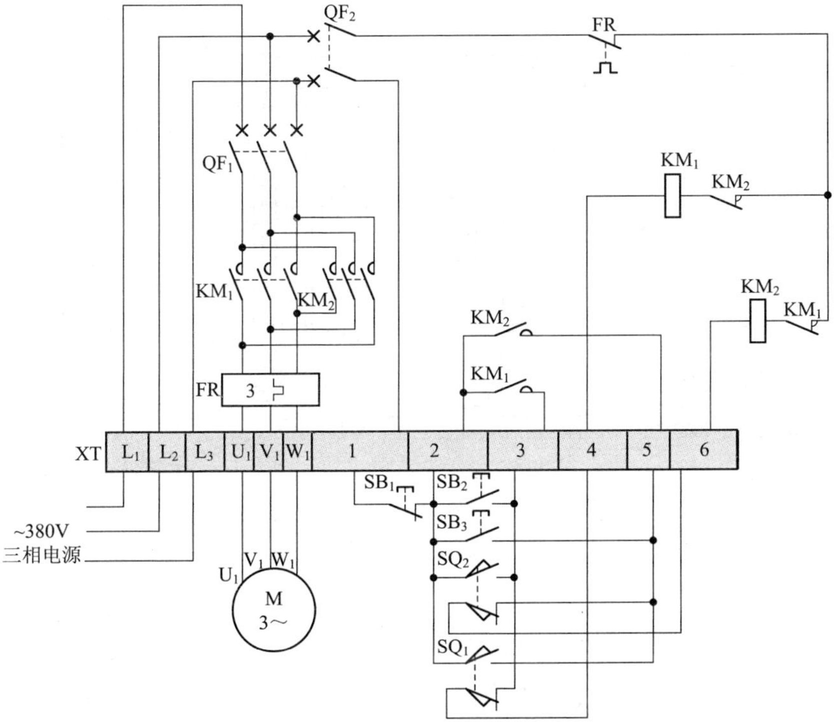

图8.14 自动往返循环控制电路布线图

从端子排XT上看，共有12个接线端子，其中，L_1、L_2、L_3三根线为由外引入至配电箱内的三相380V电源，并穿管引入；U_1、V_1、W_1三根线为电机线，穿管接至电动机接线盒内的U_1、V_1、W_1上；1、2、3、5四根线为控制线，接至配电箱门面板上的按钮开关SB_1、SB_2、SB_3上；2、3、4、5、6五根线为行程开关SQ_1、SQ_2控制线，穿管分别接至行程开关SQ_1、SQ_2上。

4）元器件安装排列图及端子图

自动往返循环控制电路元器件安装排列图及端子图如图8.15所示。

从图8.15可以看出，断路器QF_1、QF_2，交流接触器KM_1、KM_2，热继电器FR，安装在配电箱内底板上；按钮开关SB_1、SB_2、SB_3安装在配电箱门面板上。

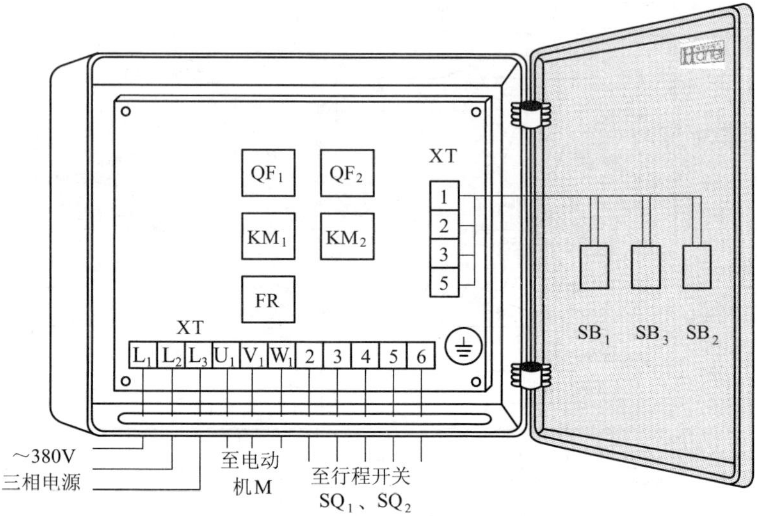

图8.15　自动往返循环控制电路元器件安装排列图及端子图

通过端子L_1、L_2、L_3将三相380V交流电源接入配电箱中。

端子U_1、V_1、W_1接至电动机M接线盒中的U_1、V_1、W_1上。

端子1、2、3、5将配电箱内的器件与配电箱门面板上的按钮开关SB_1、SB_2、SB_3连接起来。

端子2、3、4、5、6分别接至行程开关SQ_1、SQ_2上。

5）电气元件作用表

自动往返循环控制电路电气元件作用表见表8.4。

表8.4　电气元件作用表

序　号	名称符号	型号规格	作　用
1	断路器QF_1	DZ47-63 10A 三极	主回路过流保护
2	断路器QF_2	DZ47-63 6A 二极	控制回路过流保护
3	交流接触器KM_1	CJX2-09 线圈电压380V	控制电动机正转电源用
4	交流接触器KM_2	CJX2-09 线圈电压380V	控制电动机反转电源用

续表 8.4

序 号	名称符号	型号规格	作 用
5	热继电器FR	JRS1D-25 2.5~4A	过载保护
6	行程开关SQ_1	LXK1-111 自动复位	反转启动、正转限位停止
7	行程开关SQ_2	LXK1-111 自动复位	正转启动、反转限位停止
8	按钮开关SB_1	LA19-11 红色	停止电动机用
9	按钮开关SB_2	LA19-11 绿色	正转启动用
10	按钮开关SB_3	LA19-11 蓝色	反转启动用
11	三相异步电动机M	Y802-2 1.1kW 2.6A 2825r/min	拖 动

依据电气元件作用表给出的相关技术数据选择导线，本电路所配电动机型号为Y802-2，功率为1.1kW，电流为2.6A，其电机线U_1、V_1、W_1可选用BV 1.5mm^{2}导线；电源线L_1、L_2、L_3可选用BV1.5mm^{2}导线；按钮控制线1、2、3、5可选用BVR 0.75mm^{2}导线；行程开关控制线2、3、4、5、6可选用BVR0.75mm^{2}导线。

6）按钮接线图

自动往返循环控制电路按钮接线图如图8.16所示。

7）调 试

断开主回路断路器QF_1，合上控制回路断路器QF_2，调试其控制回路。

在调试时观察配电箱内交流接触器KM_1、KM_2的工作情况来判断控制电路是否正常。

手动正转或自动往返正转启动控制电路的调试：按下正转启动按钮SB_2或人为手动触碰一下行程开关SQ_2，交流接触器KM_1线圈能得电吸合且自锁，说明手动正转或自动往返正转启动回路动作正常。

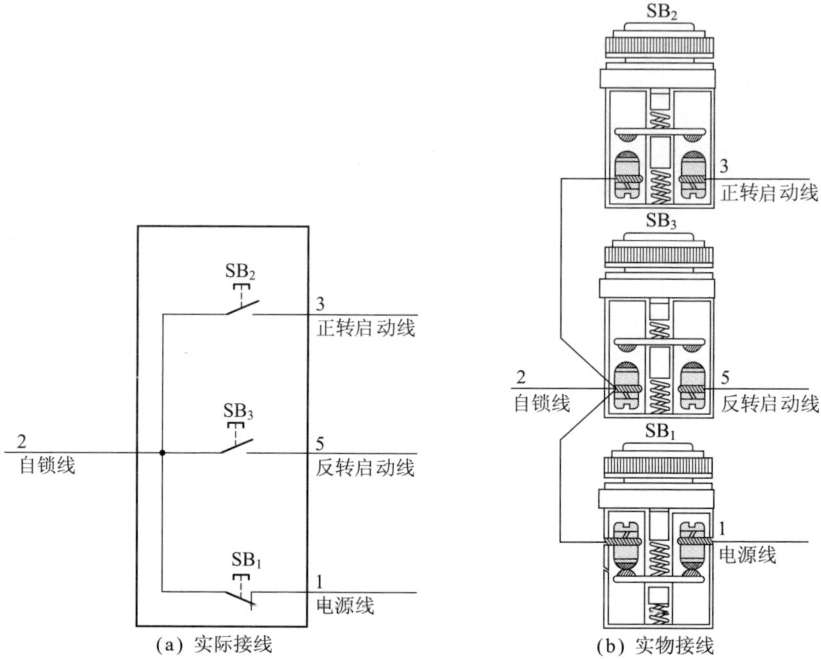

图8.16 按钮接线图

手动反转或自动往返反转启动控制电路的调试：按下反转启动按钮SB_3或人为手动触碰一下行程开关SQ_1，交流接触器KM_2线圈能得电吸合且自锁，说明手动反转或自动往返反转启动回路动作正常。

手动启动自动往返循环控制调试：手动启动时无论启动正转或反转均可，这里先按下手动正转启动按钮SB_2，交流接触器KM_1应得电吸合且自锁（说明正转运转），然后再人为触碰一下行程开关SQ_1，这里先KM_1断电释放（说明正转停止运转），与此同时KM_2得电吸合且自锁（说明自动转为反转运转），再人为触碰一下行程开关SQ_2，这里先KM_2断电释放（说明反转停止运转），与此同时KM_1又得电吸合且自锁（说明又自动转为正转运转），再按下停止按钮SB_1，KM_1断电释放，至此，整个自动往返循环控制电路调试结束。

再合上主回路断路器QF_1调试主回路，因主回路为常用的正反转电路，这里不再介绍。值得注意的是，电动机的转向要与行程开关配合得当，以免因电动机的转向不对而失控造成事故。

206 自耦变压器手动控制降压启动电路

自耦变压器手动控制降压启动电路元器件作用对照图如图8.17所示。

1）电路构成

① 主回路由断路器QF_1、全压运转交流接触器KM_1、降压启动交流接触器KM_2、自耦变压器TM、热继电器FR及电动机M组成。

② 控制回路由断路器QF_2、降压启动按钮SB_2、全压运转按钮SB_3、停止按钮SB_1、全压运转交流接触器KM_1、降压启动交流接触器KM_2、中间继电器KA及热继电器FR常闭触点组成。

③ 保护器件由断路器QF_1作为主回路短路保护，断路器QF_2作为控制回路短路保护，热继电器FR作为电动机的过载保护。

2）工作原理分析

首先合上主回路断路器QF_1、控制回路断路器QF_2，为电路工作提供准备条件。

按下启动按钮SB_2，交流接触器KM_2线圈得电吸合且自锁，由于KM_2辅助常开触点的闭合，接通了中间继电器KA线圈电源，KA吸合且自锁，KA串联在全压运转按钮回路中的常开触点闭合，为电动机降压启动操作转为全压运转操作做准备。此时KM_2的六只主触点闭合，电动机绕组串入自耦变压器TM进行降压启动；随着电动机转速的不断提高，可按下全压运转按钮SB_3，SB_3的一组常闭触点断开，切断了交流接触器KM_2线圈电源，KM_2线圈断电释放，KM_2主触点断开，切除自耦变压器，降压启动结束；与此同时，SB_3的另一组常开触点闭合，接通了交流接触器KM_1线圈回路电源，KM_1线圈得电吸合且自锁，KM_1三相主触点闭合，电动机得以三相380V电源全压运转。

图中KA的作用是防止在未按动启动按钮前误按全压运转按钮SB_3，造成直接启动电动机的问题。

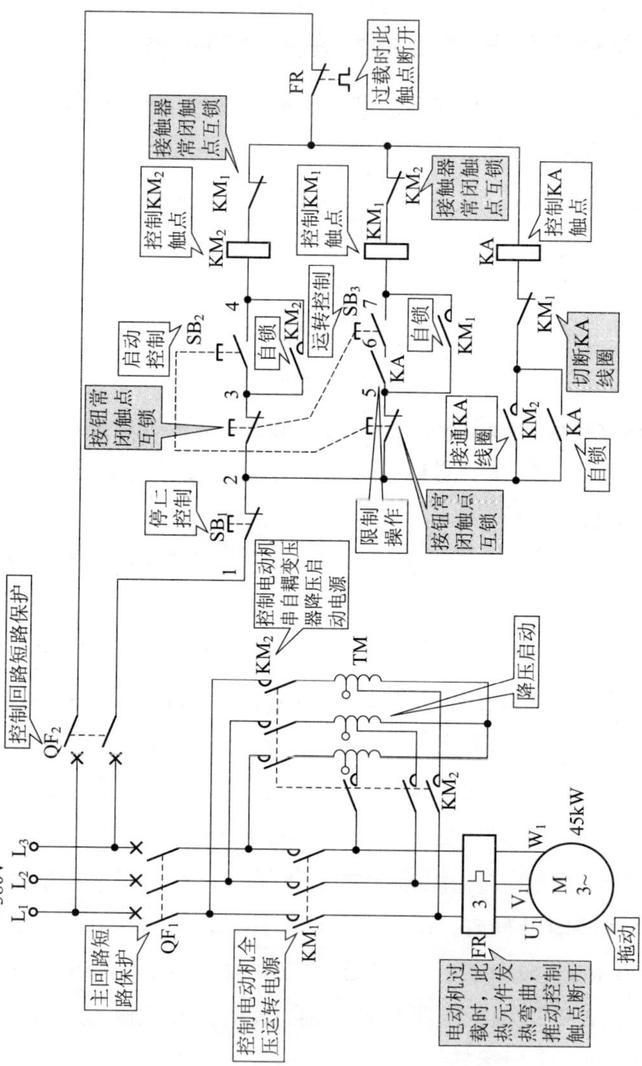

图8.17　自耦变压器手动控制降压启动电路元器件作用对照图

3）电路布线图

自耦变压器手动控制降压启动电路布线图如图8.18所示。

从图8.18中可以看出，XT为接线端子排，通过端子排XT来区分电气元件的安装位置，XT的上方为放置在配电箱内底板上或底部位置的电气元件，XT的下方为外接或引至配电箱门面板上的电气元件。

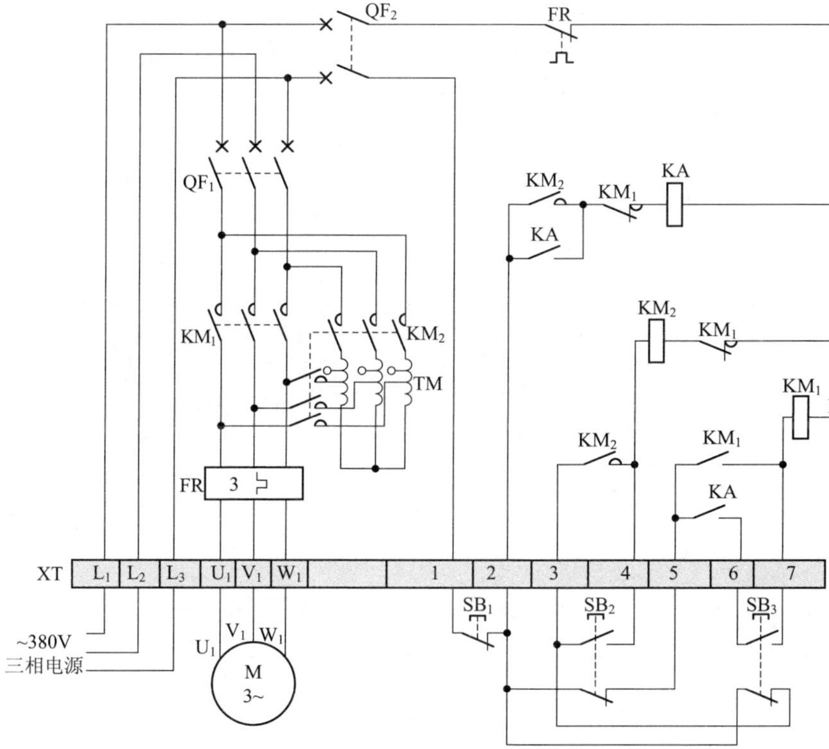

图8.18　自耦变压器手动控制降压启动电路布线图

从端子排XT上看，共有13个接线端子，其中，L_1、L_2、L_3三根线为由外引入至配电箱内的三相380V电源，并穿管引入；U_1、V_1、W_1三根线为电机线，穿管接至电动机接线盒内的U_1、V_1、W_1上；1、2、3、4、5、6、7七根线为控制线，接至配电箱门面板上的按钮开关SB_1、SB_2、SB_3上。

4）元器件安装排列图及端子图

自耦变压器手动控制降压启动电路元器件安装排列图及端子图如图

8.19所示。

从图8.19可以看出，断路器QF_1、QF_2，交流接触器KM_1、KM_2、KM_3，中间继电器KA，热继电器FR，安装在配电箱内底板上；自耦变压器TM可安装在配电箱内底部位置；按钮开关SB_1、SB_2、SB_3安装在配电箱门面板上。

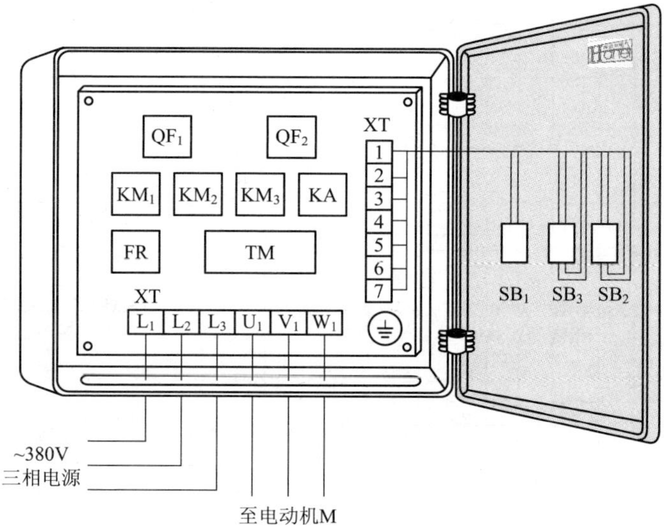

图8.19 元器件安装排列图及端子图

通过端子L_1、L_2、L_3将三相380V交流电源接入配电箱中。

端子U_1、V_1、W_1接至电动机M接线盒中的U_1、V_1、W_1上。

端子1、2、3、4、5、6、7将配电箱内的器件与配电箱门面板上的按钮开关SB_1、SB_2、SB_3连接起来。

5）电气元件作用表

自耦变压器手动控制降压启动电路电气元件作用表见表8.5。

表8.5 电气元件作用表

序 号	名称符号	型号规格	作 用
1	断路器QF_1	DZ20-225 125A 三极	主回路过流保护

续表 8.5

序　号	名称符号	型号规格	作　用
2	断路器 QF_2	DZ47-63 10A 二极	控制回路过流保护
3	交流接触器 KM_1	CDC10-100 线圈电压 380V	控制电动机电源用（全压）
4	交流接触器 KM_2	CDC10-100 两只并联使用 线圈电压 380V	接通自耦变压器作降压启动
5	热继电器 FR	JR36-160 75~120A	过载保护
6	自耦减压变压器 TM	QZB-45 84A	降压启动用
7	按钮开关 SB_1	LA19-11 红色	停止电动机用
8	按钮开关 SB_2	LA19-11 绿色	降压启动用
9	按钮开关 SB_3	LA19-11 蓝色	全压运行用
10	中间继电器	JZ7-44 5A 线圈电压 380V	防止直接操作全压启动保护
11	三相异步电动机 M	Y 225M-2 45kW 84A 2970r/min	拖　动

依据电气元件作用表给出的相关技术数据选择导线，本电路所配电动机型号为 Y225M-2，功率为 45kW，电流为 84A，其电机线 U_1、V_1、W_1 可选用 $VV3 \times 16mm^2$ 电缆；电源线 L_1、L_2、L_3 可选用 $VV3 \times 16mm^2$ 电缆；控制线 1、2、3、4、5、6、7 可选用 BVR 0.75 mm^2 导线。

6）按钮接线图

自耦变压器手动控制降压启动电路按钮接线图如图 8.20 所示。

7）调 试

断开主回路断路器QF_1，合上控制回路断路器QF_2，调试控制回路。

注意：调试时，若有经验，参照电气原理图，只要观察配电箱内的电气元件动作情况就可知道电路是否正常。

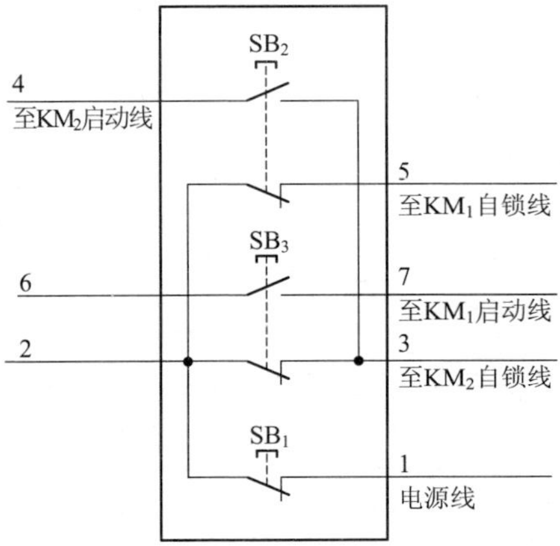

（a）实际接线

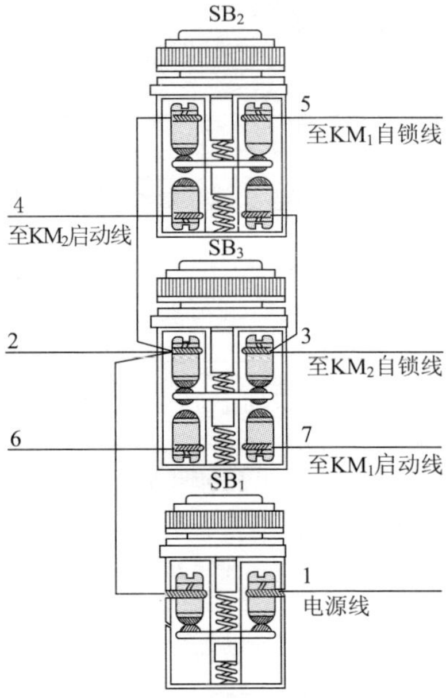

（b）实物接线

图8.20 自耦变压器手动控制降压启动电路按钮接线图

按下降压启动按钮SB_2，观察交流接触器KM_2线圈是否得电吸合自锁，若能，则说明降压控制电路正常。同时观察中间继电器KA线圈能否也吸合自锁，若KA线圈不吸合，那么下一步操作SB_3，△形全压运转按钮将无效。若KA吸合，说明互锁误操作保护电路正常。

再进行全压运转调试，按下全压运转按钮SB_3，观察交流接触器KM_1线圈能否吸合且自锁，同时也切断了中间继电器KA线圈回路，使KA线圈断电释放。若满足要求，则说明△形全压运转控制电路正常。最后再按下停止按钮SB_1，电路若能停止，则说明停止电路正常，控制电路调试完毕。

再合上主回路断路器QF_1，调试主回路，只要主回路接线无误，即可正常工作。

观察当KM_2吸合后，串入TM是否有异味、异响、发烫等症状，以及电动机转动是否困难吃力等，若正常，说明降压启动正常，当电动机运转一段时间后，手动转换为△形全压运转，观察电动机运转是否正常，最好用钳形电流表测其电流是否正常，并调整好热继电器的电流整定值。至此整个电路调试完毕。

207 手动Y-△降压启动控制电路

手动Y型-△降压启动控制电路元器件作用对照图如图8.21所示。

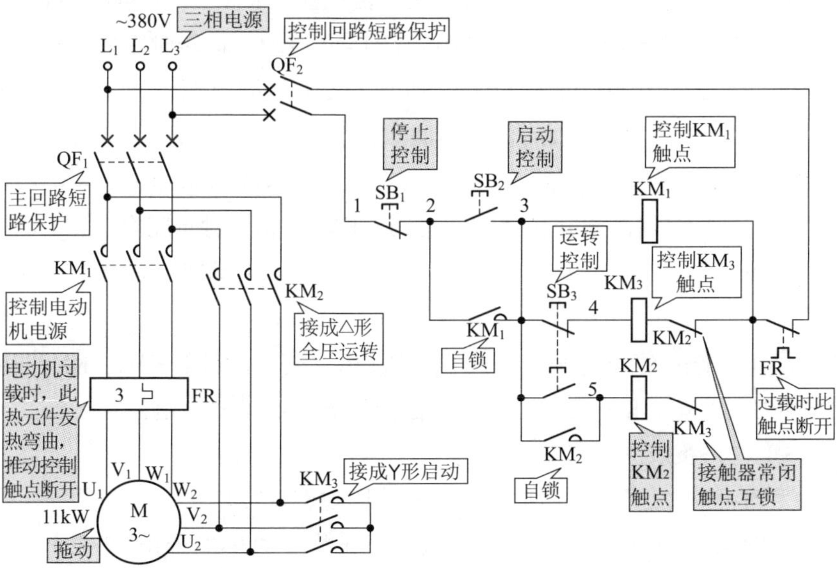

图8.21　手动Y型-△降压启动控制电路元器件作用对照图

1）电路构成

① 主回路由断路器QF_1、电源交流接触器KM_1、Y型-△启动交流接触器KM_3、△形全压运转交流接触器KM_2、热继电器FR及电动机M

组成。

② 控制回路由断路器QF_2、Y型－△降压启动按钮SB_2、△形全压运转按钮SB_3、停止按钮SB_1、电源交流接触器KM_1、Y型－△启动交流接触器KM_3、△形全压运转交流接触器KM_2及热继电器FR常闭触点组成。

③ 保护器件由断路器QF_1作为主回路短路保护，断路器QF_2作为控制回路短路保护，热继电器FR作为电动机的过载保护。

2）工作原理分析

首先合上主回路断路器QF_1、控制回路断路器QF_2，为电路工作提供准备条件。

启动操作：启动时按下启动按钮SB_2，交流接触器KM_1、KM_3线圈得电吸合且KM_1辅助常开触点闭合自锁，KM_1、KM_3各自的三相主触点闭合，其中，KM_1三相主触点接通三相交流电源，KM_3三相主触点将绕组U_2、V_2、W_2短接了起来，电动机接成Y型－△启动。运转时则按下运转按钮SB_3，SB_3的一组常闭触点断开，切断了KM_3线圈电源，使KM_3线圈断电释放，KM_3三相主触点断开，电动机绕组Y型－△接法解除；与此同时，SB_3的另一组常开触点闭合，接通了交流接触器KM_2线圈电源，KM_2线圈得电吸合且KM_2辅助常开触点闭合自锁，KM_2三相主触点闭合，KM_2将绕组U_1与W_2、V_1与U_2、W_1与V_2分别短接了起来，电动机接成△形全压运转了。

停止操作：停止时则按下停止按钮SB_1，交流接触器KM_1、KM_2线圈断电释放，KM_1、KM_2各自的三相主触点断开，电动机失电停止运转。

3）电路布线图

手动Y型－△降压启动控制电路布线图如图8.22所示。

从图8.22中可以看出，XT为接线端子排，通过端子排XT来区分电气元件的安装位置，XT的上方为放置在配电箱内底板上的电气元件，XT的下方为外接或引至配电箱门面板上的电气元件。

从端子排XT上看，共有14个接线端子，其中，L_1、L_2、L_3三根线为由外引入至配电箱内的三相380V电源，并穿管引入；U_1、V_1、W_1、U_2、V_2、W_2六根线为电机线，穿管接至电动机接线盒内的U_1、V_1、W_1、U_2、

V_2、W_2上；1、2、3、4、5五根线为控制线，接至配电箱门面板上的按钮开关SB_1、SB_2、SB_3上。

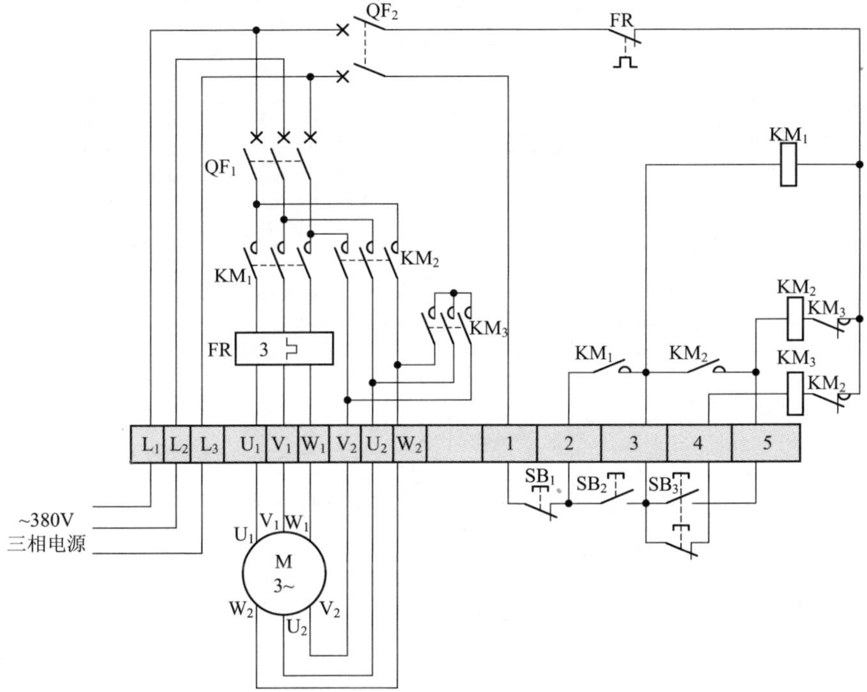

图8.22　手动Y型－△降压启动控制电路布线图

4）元器件安装排列图及端子图

手动Y型－△降压启动控制电路元器件安装排列图及端子图如图8.23所示。

从图8.23可以看出，断路器QF_1、QF_2，交流接触器KM_1、KM_2、KM_3，热继电器FR，安装在配电箱内底板上；按钮开关SB_1、SB_2、SB_3安装在配电箱门面板上。

通过端子L_1、L_2、L_3将三相380V交流电源接入配电箱中。

端子U_1、V_1、W_1、U_2、V_2、W_2对应接至电动机M接线盒中的U_1、V_1、W_1、U_2、V_2、W_2上。

端子1、2、3、4、5将配电箱内的器件与配电箱门面板上的按钮开关SB_1、SB_2、SB_3连接起来。

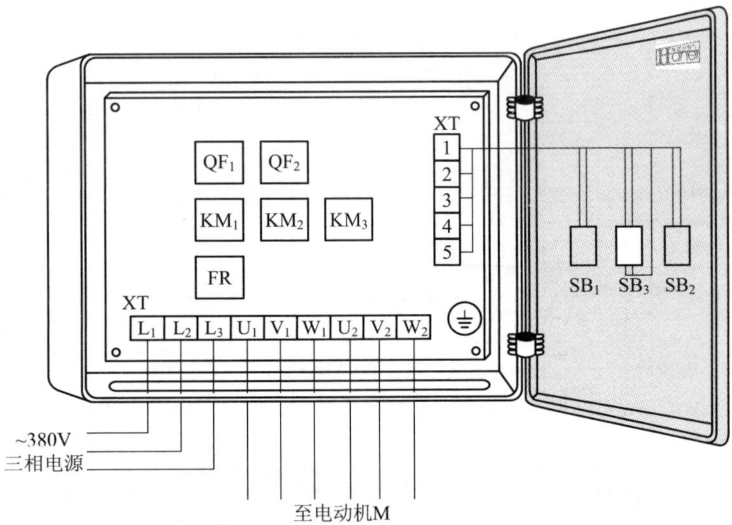

图8.23 手动Y型-△降压启动控制电路元器件安装排列图及端子图

5）电气元件作用表

手动Y型-△降压启动控制电路电气元件作用表见表8.6。

依据电气元件作用表给出的相关技术数据选择导线，本电路所配电动机型号为Y160M1-2，功率为11kW，电流为21.8A，其电机线U_1、V_1、W_1、U_2、V_2、W_2可选用BV4 mm^2导线；电源线L_1、L_2、L_3可选用BV 4mm^2导线，控制线1、2、3、4、5可选用BVR 0.75 mm^2导线。

表8.6 电气元件作用表

序　号	名称符号	型号规格	作　用
1	断路器QF_1	DZ20-100 40A 三极	主回路过流保护
2	断路器QF_2	DZ47-63 6A 二极	控制回路过流保护
3	交流接触器KM_1	CDC10-40 线圈电压380V	控制电动机电源用

续表 8.6

序　号	名称符号	型号规格	作　用
4	交流接触器 KM_2	CDC10–40 线圈电压 380V	三角形运转用
5	交流接触器 KM_3	CDC10–20 线圈电压 380V	Y形启动用
6	热继电器 FR	JR36–32 20~32A	过载保护
7	按钮开关 SB_1	LA19–11 红色	停止电动机用
8	按钮开关 SB_2	LA19–11 绿色	Y形启动用
9	按钮开关 SB_3	LA19–11 蓝色	三角形运转用
10	三相异步电动机 M	Y160M1–2 11kW 21.8A 2930r/min	拖　动

6）按钮接线图

手动Y型–△降压启动控制电路按钮接线图如图 8.24 所示。

7）调　试

断开主回路断路器 QF_1、合上控制回路断路器 QF_2，对其控制回路进行调试。

本电路调试只要满足以下条件为正确。即若先按下运转按钮 SB_3 无效，则必须先按下启动按钮 SB_2，电源交流接触器 KM_1 先吸合且自锁，在 KM_1 吸合的同时观察配电箱内的 Y 点交流接触器 KM_3 是否也吸合，若同时吸合，那么由 KM_1+KM_3 组成Y形启动；再按下运转按钮 SB_3 试之，若 Y 点交流接触器 KM_3 能先断电释放，然后△接交流接触器 KM_2 能吸合且自锁，那么由 KM_1+KM_2 组成△形运转。通过以上调试说明控制电路一切正常。可进一步对主回路进行调试。

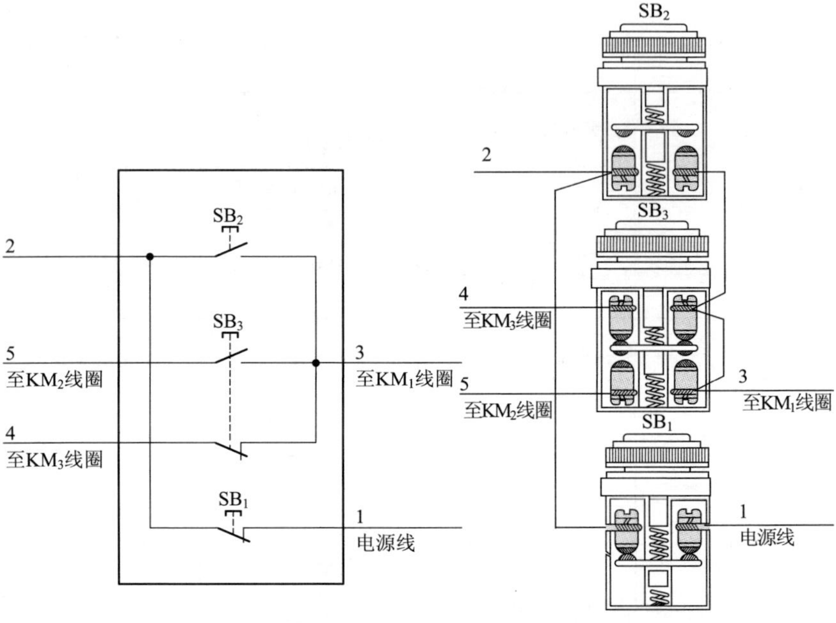

(a) 实际接线 (b) 实物接线

图8.24 手动Y型－△降压启动控制电路按钮接线图

调试主回路之前，应先检查热继电器下端的三根线是否分别接至电动机接线盒中U_1、V_1、W_1，再检查Y点交流接触器KM_3三相主触点上端是否已全部用导线短接起来，其KM_3三相主触点下端是否分别接到电动机接线盒中的W_2、U_2、V_2上；再检查△形交流接触器KM_2三相主触点的连接情况，检查KM_2三相主触点中的一对主触点是否能短接电动机绕组中的U_1、W_2，KM_2三相主触点中的一对主触点是否能短接电动机绕组中的V_1、U_2，KM_2三相主触点中的一对主触点是否能短接电动机绕组中的W_1、V_2，若连接全部正确，则可合上主回路断路器QF_1，进行通电试机。这里还需提醒的是电动机的旋转方向问题，特别是因电动机绕组接线不符合要求，可能Y形启动与△形运转方向不一致现象将导致只能启动，而转接到△接时断路器QF_1出现动作跳闸。

另外电路中过载保护热继电器FR电流整定值可不按电动机额定电流值设定，可按电动机功率乘8除以7的方法估算。即本电路电动机为

11kW，其热继电器电流整定值为11×8÷7≈13（A）。

208 电磁抱闸制动控制电路

电磁抱闸制动控制电路元器件作用对照图如图8.25所示。

1）电路构成

① 主回路由断路器QF_1、交流接触器KM、电磁抱闸YB、热继电器FR及电动机M组成。

② 控制回路由断路器QF_2、启动按钮SB_2、停止按钮SB_1、交流接触器KM及热继电器FR常闭触点组成。

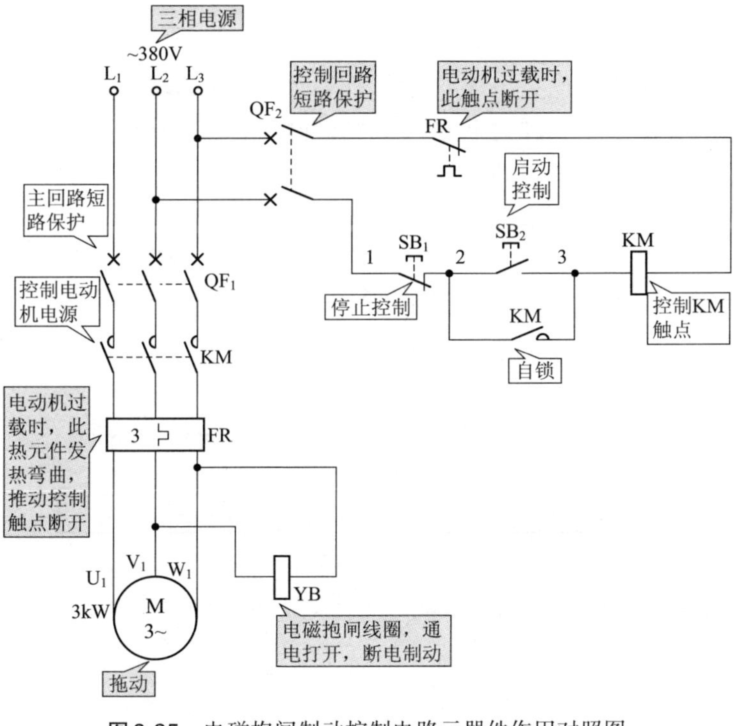

图8.25　电磁抱闸制动控制电路元器件作用对照图

③ 保护器件由断路器QF_1作为主回路短路保护，断路器QF_2作为控制回路短路保护，热继电器FR作为电动机的过载保护。

2）工作原理分析

首先合上主回路断路器QF_1、控制回路断路器QF_2，为电路工作提供准备条件。

启动：按下启动按钮SB_2，交流接触器KM线圈得电吸合且KM辅助常开触点闭合自锁，KM三相主触点闭合，电磁抱闸线圈得电松闸打开，电动机得电启动运转。

停止：按下停止按钮SB_1，交流接触器KM线圈断电释放，KM三相主触点断开，电动机失电停止运转且电磁抱闸线圈失电，其机械部分对电动机进行制动。

3）电路布线图

电磁抱闸制动电路布线图如图8.26所示。

从图8.26中可以看出，XT为接线端子排，通过端子排XT来区分电气元件的安装位置，XT的上方为放置在配电箱内底板上的电气元件，XT的下方为外接或引至配电箱门面板上的电气元件。

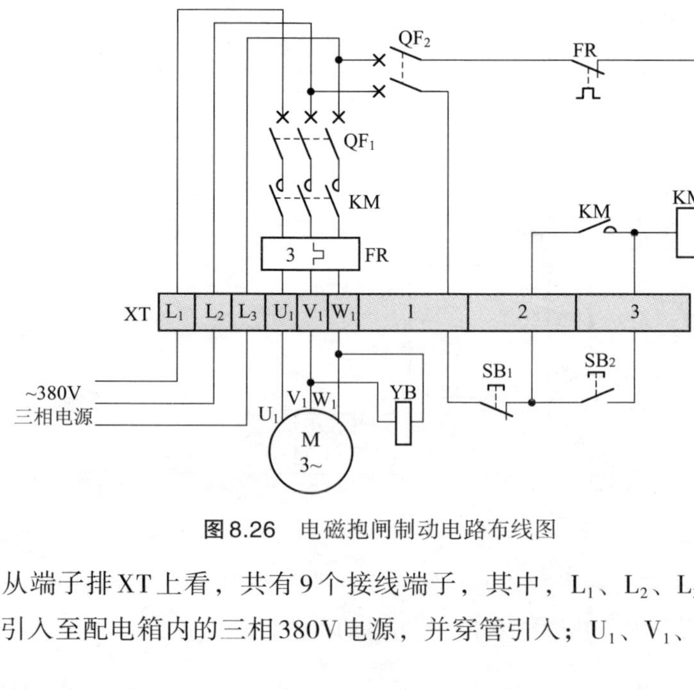

图8.26 电磁抱闸制动电路布线图

从端子排XT上看，共有9个接线端子，其中，L_1、L_2、L_3三根线为由外引入至配电箱内的三相380V电源，并穿管引入；U_1、V_1、W_1三根线为电机线，穿管接至电动机接线盒内的U_1、V_1、W_1上，并从V_1、W_1上接出二根线连至电磁抱闸YB线圈上；1、2、3三根线为控制线，接至配电箱门面板上的按钮开关SB_1、SB_2上。

4）元器件安装排列图及端子图

电磁抱闸制动电路元器件安装排列图及端子图如图8.27所示。

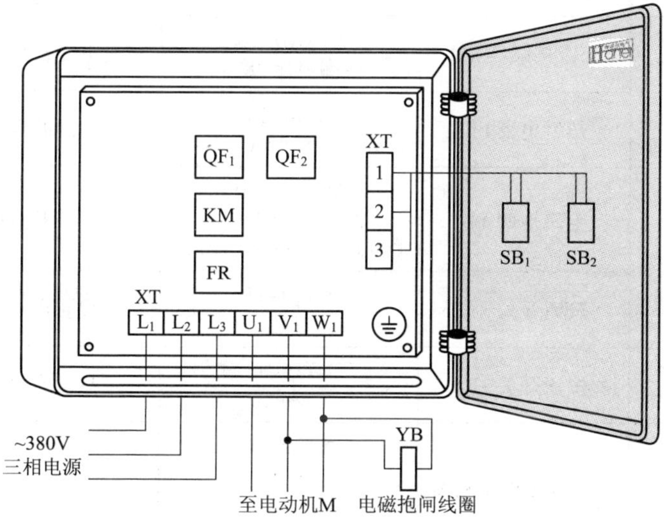

图8.27 电磁抱闸制动电路元器件安装排列图及端子图

从图8.27可以看出，断路器QF_1、QF_2，交流接触器KM，热继电器FR，安装在配电箱内底板上；按钮开关SB_1、SB_2安装在配电箱门面板上。

通过端子L_1、L_2、L_3将三相380V交流电源接入配电箱中。

端子U_1、V_1、W_1接至电动机M接线盒中的U_1、V_1、W_1上，并从接线盒中V_1、W_1引出两根线接至电磁抱闸线圈YB上。

端子1、2、3将配电箱内的器件与配电箱门面板上的按钮开关SB_1、SB_2连接起来。

5）电气元件作用表

电磁抱闸制动控制电路电气元件作用表见表8.7。

表8.7 电气元件作用表

序 号	名称符号	型号规格	作 用
1	断路器QF_1	DZ47-63 16A 三极	主回路过流保护
2	断路器QF_2	DZ47-63 6A 二极	控制回路过流保护
3	交流接触器KM	CDC10-10 线圈电压380V	控制电动机启动、停止
4	热继电器FR	JR36-20 6.8~11A	过载保护
5	电磁抱闸YB	MZD1-100 线圈电压380V 配TJ2系列闸瓦制动器	制 动
6	按钮开关SB_1	LA19-11 红色	停止电动机用
7	按钮开关SB_2	LA19-11 绿色	启动电动机用
8	三相异步电动机M	Y132S-6 3kW 7.2A 960r/min	拖 动

依据电气元件作用表给出的相关技术数据选择导线，本电路所配电动机型号为Y132S-6，功率为3kW，电流为7.2A，其电机线U_1、V_1、W_1可选用BV 1.5mm^{2}导线；电源线L_1、L_2、L_3可选用BV 1.5mm^{2}导线；控制线1、2、3可选用BVR 0.75mm^{2}导线。

6）按钮接线图

电磁抱闸制动控制电路按钮接线图如图8.28所示。

7）调 试

断开主回路断路器QF_1，合上控制回路断路器QF_2，来调试其控制电路。

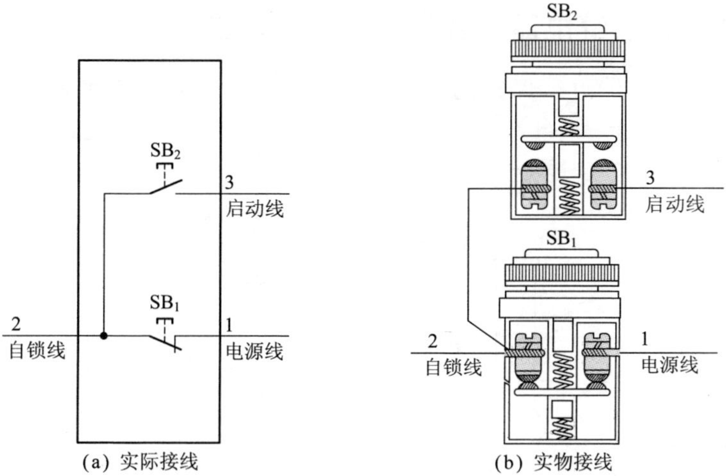

图8.28 电磁抱闸制动控制电路按钮接线图

实际上其控制电路非常简单，为通常应用最广泛的单向启动、停止控制电路。调试时，按下启动按钮SB_2，观察配电箱内的交流接触器KM是否能吸合并自锁，若能，则说明启动操作正常；再按下停止按钮SB_1，观察配电箱内的交流接触器KM应断电释放，说明停止操作正常。通过以上操作可以说明控制电路正常，控制回路调试结束。

检查主回路接线是否正确，是否接线牢固、并确定电磁抱闸YB的线圈线是否接在电动机接线盒中的V_1、W_1上，同时检查调整电磁抱闸使其处于抱紧电动机转轴，通过以上检查无误后，则可合上主回路断路器QF_1，通电对主回路进行调试。

这时可按下启动按钮SB_2，交流接触器KM线圈得电吸合且自锁，KM三相主触点闭合，电磁抱闸得电抱闸打开，同时电动机得电启动运转；在电动机正常运转后，可对电动机过载保护热继电器FR进行调试，用手将热继电器FR电流整定旋钮调至最小刻度处，并让电动机继续运转，观察热继电器FR能否动作，若能动作切断交流接触器KM线圈回路，则说明热继电器FR正常，再将热继电器FR电流整定旋转调至电动机额定电流处即可。

209 带热继电器过载保护的控制电路

带热继电器过载保护的点动控制电路元器件作用对照图如图8.29所示。

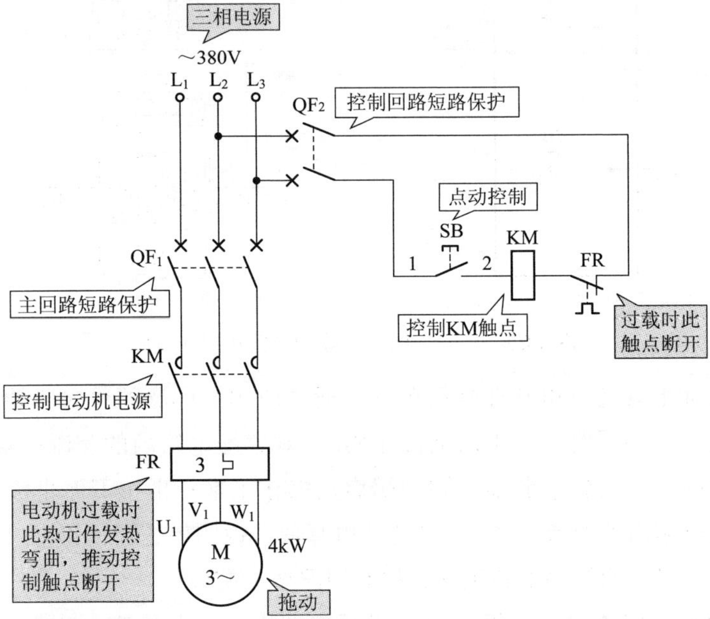

图8.29 带热继电器过载保护的点动控制电路元器件作用对照图

1）电路构成

① 主回路由断路器QF_1、交流接触器KM、热继电器FR及电动机M组成。

② 控制回路由断路器QF_2、点动按钮SB、交流接触器KM及热继电器FR常闭触点组成。

③ 保护器件由断路器QF_1作为主回路短路保护，断路器QF_2作为控制回路短路保护，热继电器FR作为电动机M的过载保护。

2）工作原理分析

首先合上主回路断路器QF_1、控制回路断路器QF_2，为电路工作提供准备条件。

点动：按下点动按钮SB，交流接触器KM线圈得电吸合，KM三相主触点闭合，电动机M得电运转，拖动设备工作。松开点动按钮SB，交流接触器KM线圈断电释放，KM三相主触点断开，电动机M失电停止运转，拖动设备停止。按住点动按钮SB的时间长短即为电动机M点动运转的时间。

3）电路布线图

带热继电器过载保护的点动控制电路布线图如图8.30所示。

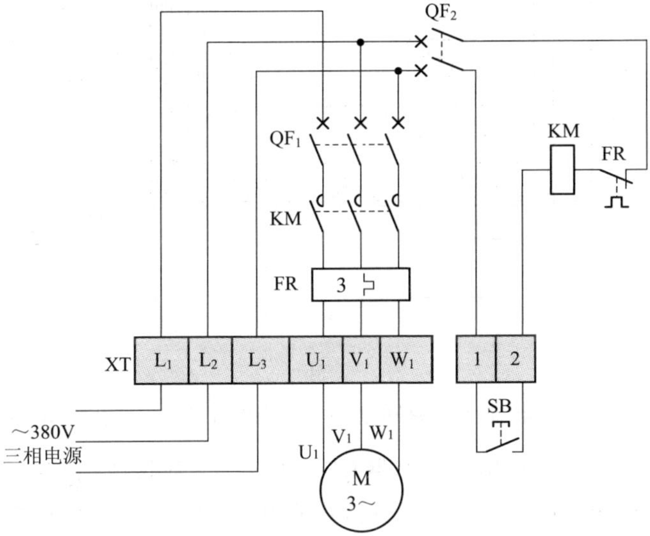

图8.30　带热继电器过载保护的点动控制电路布线图

从图8.30中可以看出，XT为接线端子排，通过端子排XT来区分电气元件的安装位置，XT的上方为放置在配电箱内底板上的电气元件，XT的下方为外接或引至配电箱门面板上的电气元件。

从端子排XT上看，共有8个接线端子，其中，L_1、L_2、L_3三根线为由外引入至配电箱内的三相380V电源，并穿管引入；U_1、V_1、W_1三根线为电机线，穿管接至电动机接线盒内的U_1、V_1、W_1上；1、2两根线为控制线，接至配电箱门面板上的按钮开关SB上。

4）元器件安装排列图及端子图

带热继电器过载保护的点动控制电路元器件安装排列图及端子图如图8.31所示。

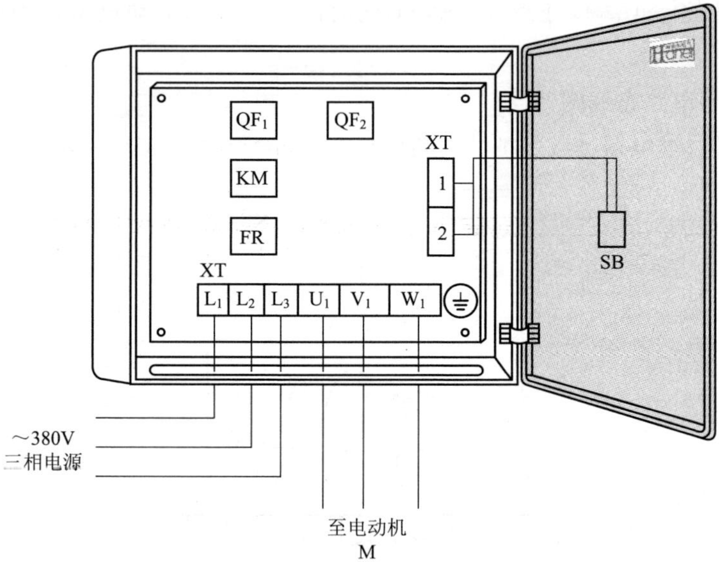

图8.31　带热继电器过载保护的点动控制电路元器件安装排列图及端子图

从图8.31可以看出，断路器QF_1、QF_2，交流接触器KM，热继电器FR，安装在配电箱内底板上；按钮开关SB安装在配电箱门面板上。

通过端子L_1、L_2、L_3将三相380V交流电源接入配电箱中。

端子U_1、V_1、W_1接至电动机M接线盒中的U_1、V_1、W_1上。

端子1、2将配电箱内的器件与配电箱门面板上的按钮开关SB连接起来。

5）电气元件作用表

带热继电器过载保护的点动控制电路电气元件作用表见表8.8。

表8.8　电气元件作用表

序　号	名称符号	型号规格	作　用
1	断路器QF_1	DZ47-63 16A 三极	主回路过流保护

续表 8.8

序　号	名称符号	型号规格	作　用
2	断路器 QF_2	DZ47–63 6A 二极	控制回路过流保护
3	交流接触器KM	CJX1–12 线圈电压为380V	控制电动机电源
4	热继电器FR	JRS2–12.5 7.8~10A 带断相保护	过载保护
5	按钮开关SB	LA19–11 绿色	点动操作
6	三相异步电动机M	Y112M–2 4kW 8.2A 2890r/min	拖　动

依据电气元件作用表给出的相关技术数据选择导线，本电路所配电动机型号为Y112M–2，功率为4kW，电流为8.2A，其电机线 U_1、V_1、W_1 可选用BV1.5mm² 导线；电源线 L_1、L_2、L_3 可选用BV1.5mm² 导线；控制线1、2可选用BVR0.75mm² 导线。

6）按钮接线图

带热继电器过载保护的点动控制电路按钮接线图如图8.32所示。

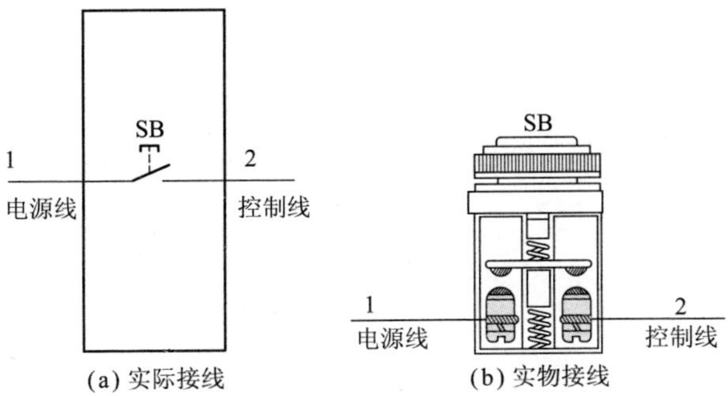

图8.32　带热继电器过载保护的点动控制电路按钮接线图

7）调 试

断开主回路断路器QF_1，合上控制回路断路器QF_2，来调试控制回路。

按下按钮开关SB，交流接触器KM线圈应得电吸合，按下按钮开关SB多长时间，交流接触器KM线圈就吸合多长时间，松开按钮开关SB，交流接触器KM线圈就会断电释放，通过以上操作说明符合点动控制条件。再合上主回路断路器QF_1，来调试主回路。此时按下按钮开关SB，交流接触器KM线圈得电吸合，KM三相主触点闭合，电动机得电运转；同时应核实电动机的转向是否符合要求，若不符合，需任意调换三相电源中的任意两相就可以改变其运转方向。

过载保护调试：首先将热继电器FR电流整定旋钮旋至最小处，按下启动按钮SB不放手，交流接触器KM线圈得电吸合，KM三相主触点闭合，电动机得电启动运转，由于电动机的工作电流远远地大于热继电器FR设置的最小处电流，电动机运转一段时间后，热继电器FR内的双金属片就会发热弯曲，推动其控制常闭触点断开，从而切断了交流接触器KM线圈回路电源，KM线圈断电释放，KM三相主触点断开，电动机失电停止运转，通过以上情况可以看出，热继电器FR完好，再将热继电器FR整定电流调至电动机额定电流偏低一点的刻度上即可。

第9章 电动机常用控制线路的检修

210 单向启动、停止电路

1）工作原理

在工农业生产及各个领域，控制电路应用最多的是单向启动、停止电路。该电路具有自锁、短路保护和过载保护作用，其控制电路见图9.1。

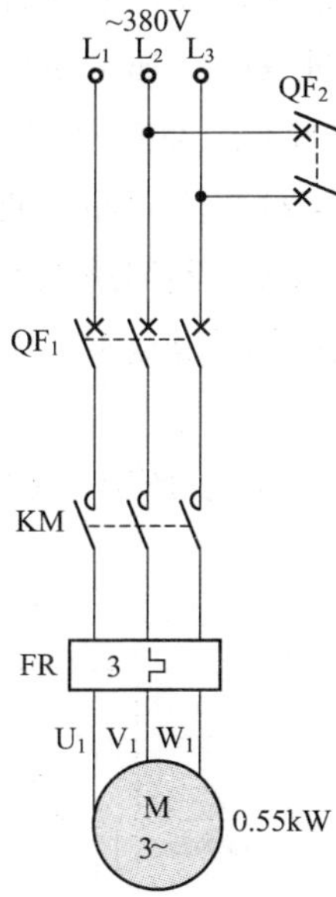

图9.1 单向启动、停止电路

启动：当需启动电动机时，合上主回路断路器QF_1和控制回路断路器QF_2，并按下启动按钮SB_2，此时交流接触器KM线圈得电吸合，KM三相主触点闭合，电动机M得电运转，同时KM辅助常开触点闭合自锁（又称自保），即使松开启动按钮SB_2，由于交流接触器KM常开辅助触点的自锁作用，控制电路仍保持接通，交流接触器KM线圈仍吸合，使电动机M仍继续运转。

停止：欲需停止时，则按下停止按钮SB_1，交流接触器KM线圈断电释放，KM其三相主触点断开电动机电源，电动机断电停止工作。

欠压或失压：当交流接触器KM线圈工作电压低于额定电压的85%以下时，交流接触器KM线圈会因欠压而断电释放，从而起到失压保护作用。实际上这种情况在我们实际工作中经常遇到，如在正常工作中，交流接触器KM线圈得电吸合工作，倘若电网出现停电现象，那么此时交流接触器KM线圈将失电释放，以作保护。即使再来电，电动机也不会再运转，理由很简单，从原理图中可以看出，那就是由于交流接触器KM自锁触点断开，必须人为按动启动按钮SB_2，才能重新操作完成启动控制。

过载保护：倘若电动机在运转中出现过载时，那么主回路热继电器FR热元件所通过的电流远远超过其额定电流值，此时热继电器FR双金属片上缠绕的电阻丝发热，其双金属片由于材料不同而弯曲，推动热继电器FR常闭触点断开，切断了交流接触器KM线圈回路电源，交流接触器KM线圈断电释放，电动机便失去三相电源而停止运转，从而起到过载保护作用。

元器件安装排列图及端子图如图9.2所示，图9.3所示是按钮实际接线。

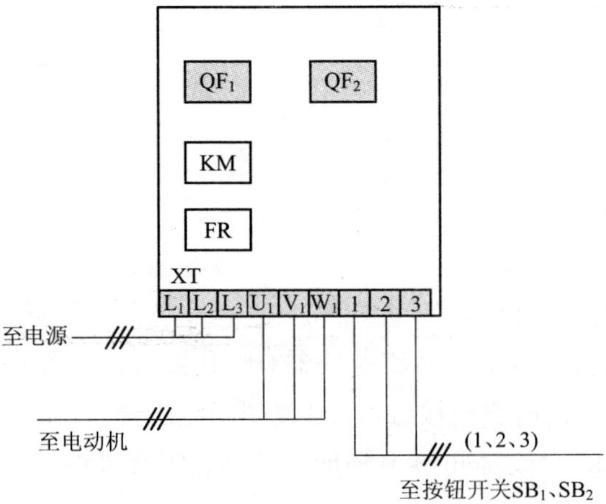

图9.2 元器件安装排列图及端子图

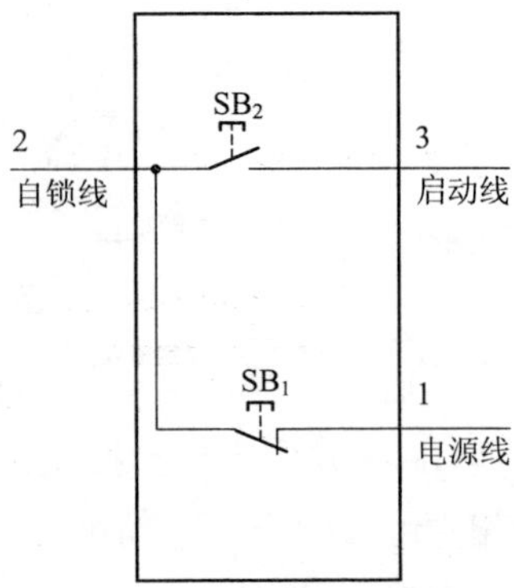

图9.3 按钮实际接线

在这里顺便讲一下按钮接线，这是经验之谈，对读者工作很有帮助。

对于单向启动、停止电路的按钮接线，从按钮接线图中可以看出，它实际上从配电盘上引出了三根导线：一根是电源线，接至停止按钮SB_1的常闭触点一端，即$1^{\#}$线；一根是自锁线，在接这根线之前用一根短路线将停止按钮SB_1常闭触点的另一端与启动按钮SB_2任意一端常开触点连接起来后并引出一根线，即$2^{\#}$线；最后一根线是启动线，这根线实际上是启动按钮SB_2常开触点另一端与交流接触器KM线圈之间的一根连线，即$3^{\#}$线。这三根导线一般情况下必须按图纸要求正确连接，有时也可按经验连接，所谓经验连接，就是$1^{\#}$线与$2^{\#}$线之间可任意连接。

2）常见故障及排除方法

① 一合QF_2控制断路器，交流接触器KM线圈就立即吸合，电动机M运转。此故障可能原因：一是启动按钮SB_2短路，可更换SB_2按钮；二是接线错误，电源线$1^{\#}$或自锁线$2^{\#}$错接到端子$3^{\#}$上了，可通过电路图正确连接；三是KM交流接触器主触点熔焊，需更换交流接触器主触点；四是交流接触器KM铁心极面有油污、铁锈，使交流接触器延时释放（延时时间不一），可拆开交流接触器将铁心极面处理干净；五是混线或碰线，将混线处或碰线处找到后并处理好。

② 按启动按钮SB_2，交流接触器KM不吸合。此故障可能原因：一是按钮SB_2损坏，更换新品即可解决；二是控制导线脱落，重新连接；三是停止按钮损坏或接触不良，更换损坏按钮SB_1；四是热继电器FR常闭触点动作后未复位或损坏，可手动复位，若不行则更换新品；五是交流接触器KM线圈断路，需更换新线圈。

③ 按下停止按钮SB_1，交流接触器KM线圈不释放。遇到此种情况，可立即将控制断路器QF_2断开，再断开QF_1断路器。检修控制电路，其原因可能是SB_1按钮损坏，此时需更换新品。另外交流接触器自身故障也会出现上述问题，可参照故障①加以区分处理。

④ 电动机运行后不久，热继电器FR就动作跳闸。可能原因：一是

电动机过载，检查过载原因，并加以处理；二是热继电器损坏，更换新品；三是热继电器整定电流过小，可重新整定至电动机额定电流。

⑤ 控制回路断路器QF_2合不上。可能原因：一是控制回路存在短路之处，应加以排除；二是断路器自身存在故障，更换新断路器即可。

⑥ 一启动电动机主回路，断路器就跳闸。这可能是主回路交流接触器下端以下存在短路或接地故障，排除故障点即可。

⑦ 主回路断路器合不上。可参照故障⑤加以处理。

⑧ 电动机运转时冒烟且电动机外壳发烫，热继电器FR不动作。此种故障原因是电动机出现严重过载，热继电器损坏所致，可更换新热继电器FR解决。有人会问，既然热继电器损坏，那么主回路断路器为什么不动作？原因很简单，电动机过载电流并没有超过断路器脱扣电流，所以断路器QF_1未动作。

⑨ 电动机不转或转动很慢且伴有“嗡嗡”声。此种故障原因为电源缺相。应立即切断电源，找出缺相故障并加以排除。需提醒的是，遇到此故障时，千万不能在未找到毛病之前反复试车，很容易造成电动机绕组损坏。

⑩ 按动启动按钮SB_2，交流接触器KM线圈得电吸合，电动机运转；松开启动按钮SB_2，交流接触器KM线圈立即释放。此故障是缺少自锁。原因一是交流接触器KM辅助常开触点损坏或接触不良（2号线与3号线之间），解决方法是控制或更换KM辅助常开触点；二是SB_1与SB_2之间的2号线连至KM辅助常开触点上的连线脱落，此时连接好脱落线即可；三是SB_2与KM线圈之间的3号线连至KM辅助常开触点上的连线脱落或断路，恢复脱落处，连接好断路点即可。

⑪ 按动启动按钮SB_2，交流接触器KM电磁噪声很大。此故障为接触器短路环损坏或铁心极面生锈或有油污，以及接触器动、静铁心距离变大而致，请参见交流接触器常见故障排除方法相关内容。

211 具有启动、停止、点动混合电路

1）工作原理

在很多实际应用场合，有很多操作不仅要有启动、停止，还要有点动控制，这样有时通过手动点动操作对电动机进行寸动，有时则通过按动启动按钮使电动机连续运转。图9.4所示为具有启动、停止、点动的混合电路。

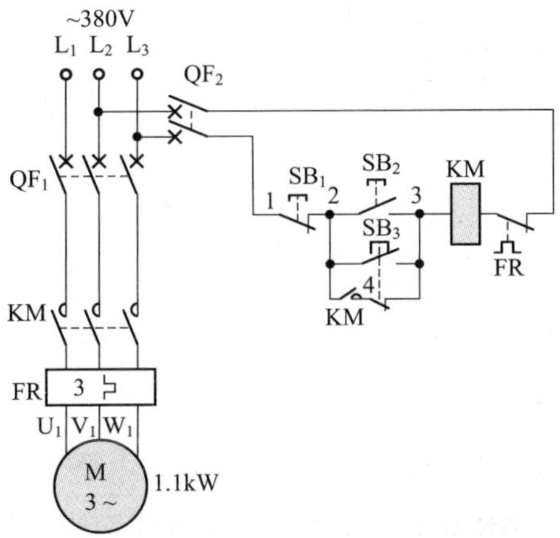

图9.4 具有启动、停止、点动混合电路

启动：当按下启动按钮SB_2时，交流接触器KM线圈得电吸合且KM辅助常开触点与点动按钮SB_3常闭触点相串联组成自锁回路，其三相主触点闭合，电动机得电运转。

停止：当电动机运转后，需停止操作，按下停止按钮SB_1，交流接触器KM线圈失电释放，其三相主触点断开，切断了电动机电源，电动机停止运转。

点动：需点动时，则按下点动按钮SB_3，SB_3按钮用了两组触头，一组常闭触头切断了交流接触器KM辅助常开自锁回路，另一组常开触头则闭合来接通交流接触器KM线圈工作，从而完成点动操作。

元器件安装排列图及端子图见图9.5。按钮实际接线见图9.6。

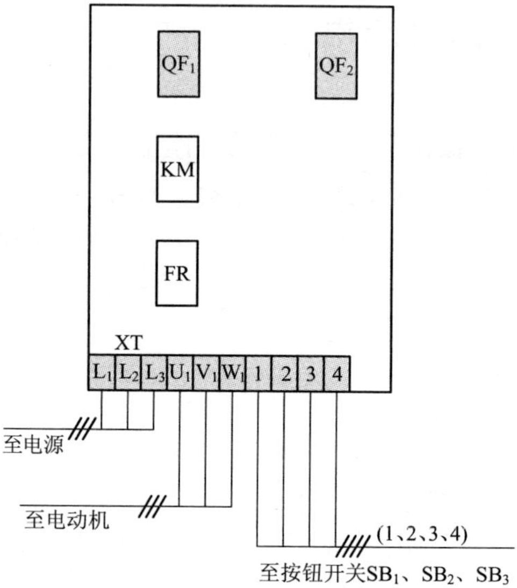

图9.5 元器件安装排列图及端子图

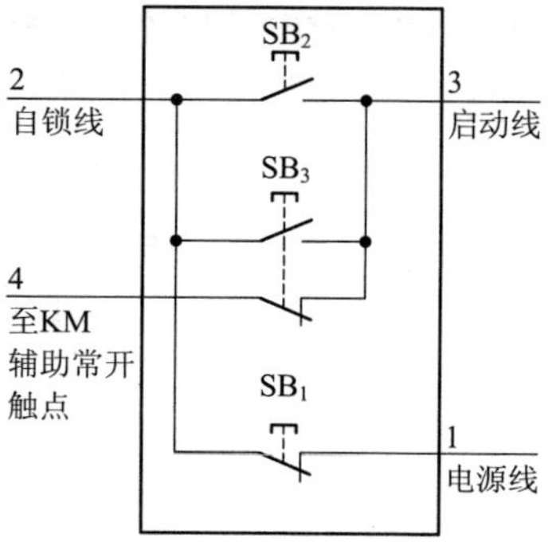

图9.6 按钮实际接线

2）常见故障及排除方法

常见故障及排除方法基本上同启动、停止电路。

① 按下SB_2启动按钮，交流接触器KM线圈吸不住。可能原因：一是供电电压低，需要测量并恢复供电电压；二是交流接触器动、静铁心距离相差太大（但此故障有很大的电磁噪声，应加以区分并分别排除故障），可通过在静铁心下面垫纸片的方式来调整动、静铁心之间的距离，排除相应故障。

② 一合上控制回路断路器QF_2，交流接触器KM线圈就吸合。此时可用一只手按下停止按钮SB_1不放，再用另一只手轻轻按住点动按钮SB_3（注意不要用力按到底），再将停止按钮SB_1松开，若此时交流接触器线圈不吸合，再将点动按钮SB_3松开，倘若交流接触器KM线圈吸合了，此故障应为SB_3点动按钮接线错误，通常最常见的故障是SB_3一组常闭触点应与KM辅助常开自锁触点相串联后并联在SB_2按钮开关上的，而上述故障出现错误为SB_3一组常闭触点、KM辅助常开自锁触点及SB_3常开触点、SB_2常开触点全部并联起来了。由于SB_3常闭触点的作用，所以一送电，

交流接触器KM线圈回路就得电工作。断开控制回路断路器QF_2，对照图纸恢复接线，故障排除。

212 接触器、按钮双互锁可逆启停控制电路

1）工作原理

图9.7所示为接触器、按钮双互锁可逆启停控制电路。本电路是非常标准的正反转控制电路，可靠性很高，是电工首选电路。

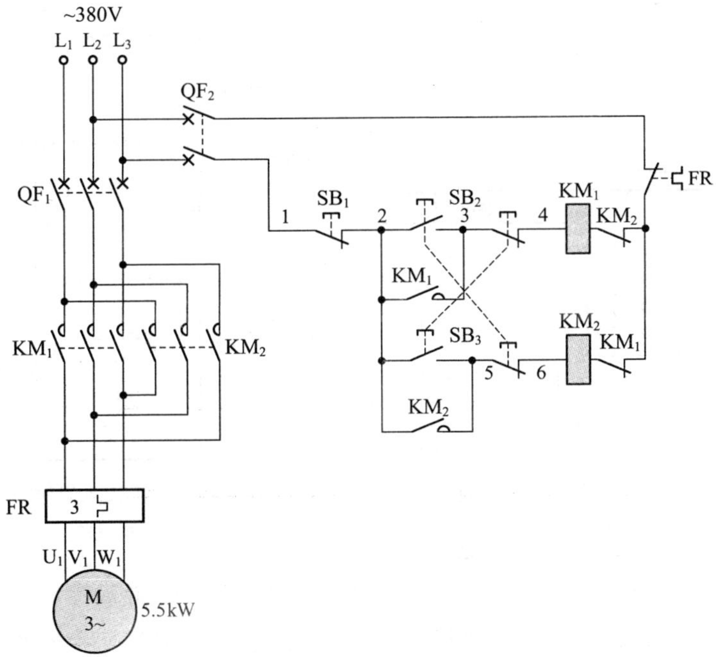

图9.7 接触器、按钮双互锁可逆启停控制电路

在正转启动时，其启动按钮SB_2的常闭触点首先断开了反转接触器KM_2线圈回路电源（第一种互锁保护），当正转交流接触器KM_1线圈得电吸合后，KM_1串联在KM_2线圈回路中的常闭触点又断开（进行第二种互锁保护），使KM_2线圈无法得电吸合动作，反转电路与正转电路相同。这样，无论在正转或反转操作时，不用先按下停止按钮SB_1即可任意正、反

转启动。同时还可避免因交流接触器主触点发生熔焊分不断时出现短路事故。

元器件安装排列图及端子图如图9.8所示，按钮实际接线如图9.9所示。

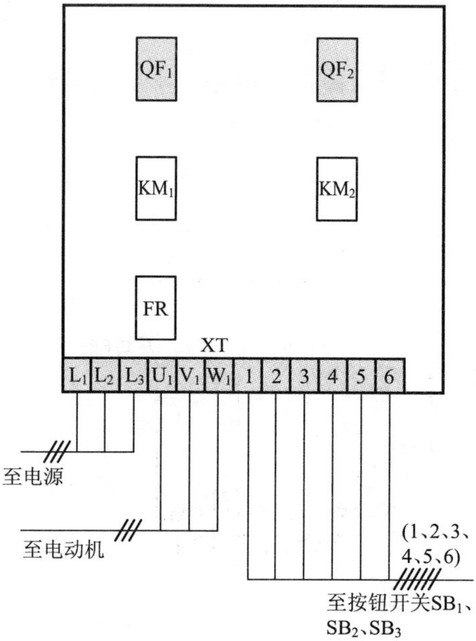

图9.8 元器件安装排列图及端子图

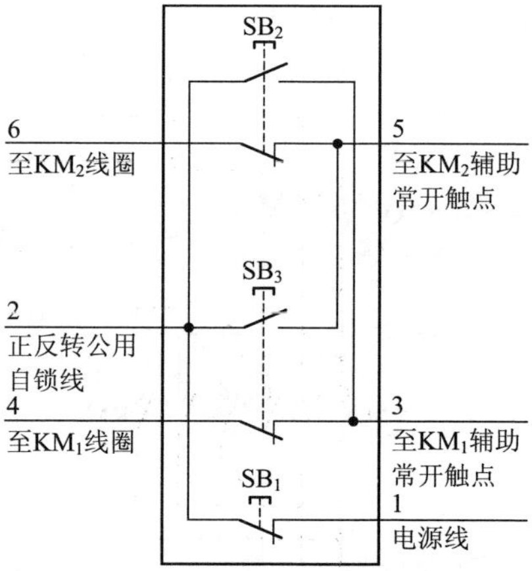

图9.9 按钮实际接线

2）常见故障及排除方法

① 正反转操作均无反应（控制回路电压正常）。此故障原因最大可能在公共电路，即停止按钮SB_1断路；热继电器FR常闭触点断路。用万用表检查上述两只电器元件是否正常，找出故障点加以排除。

② 反转启动变为点动。此故障为反转交流接触器KM_2自锁触点损坏所致。检查KM_2自锁回路故障即可排除。

③ 正转启动正常，但按停止按钮SB_1时，交流接触器KM_1线圈不释放，若按住SB_1很长时间KM_1才能释放恢复原始状态。此故障为KM_1铁心极面脏所致。用细砂纸或干布擦净KM_1动、静铁心极面后故障消除。

213 频敏变阻器启动控制电路

1）工作原理

频敏变阻器用在绕线式电动机中与转子绕组串联来平稳启动电动机，如图9.10所示。它是一种无触点电磁元件，类似一个铁心损耗特别大的三相电抗器。它的特点是阻抗随通过电流频率的变化而改变。由于频敏变阻器是串联在绕线式电动机的转子电路中，在启动过程中，变阻器的阻抗将随着转子电流频率的降低而自动减小，电动机平稳地启动起来后，再短接频敏变阻器（图9.11），使电动机正常运行。频敏变阻器由数片厚钢板和线圈组成，线圈为星形接法。

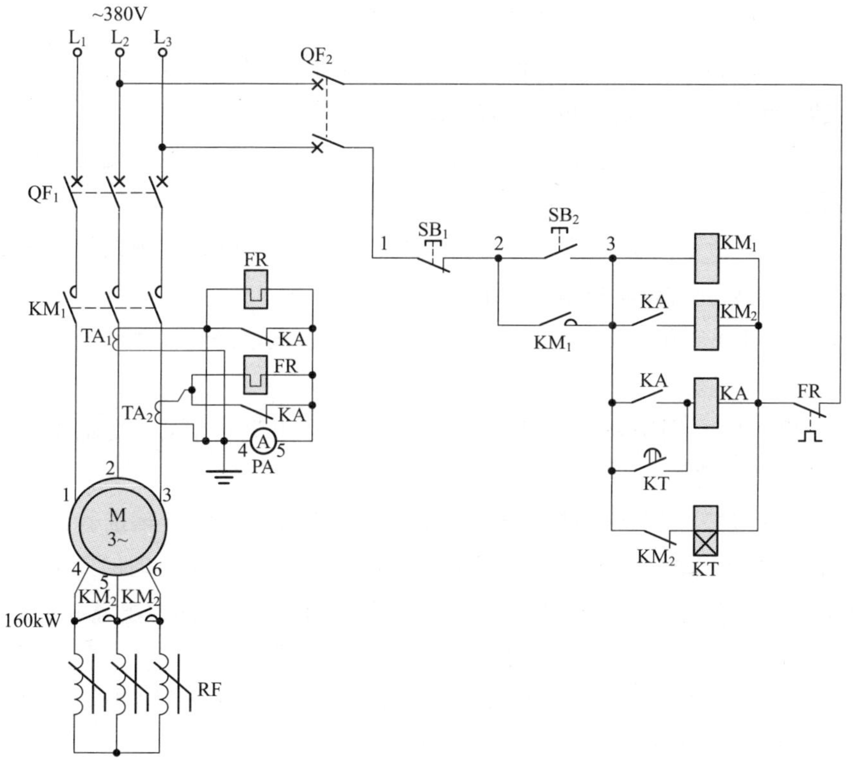

图9.10 频敏变阻器启动控制电路

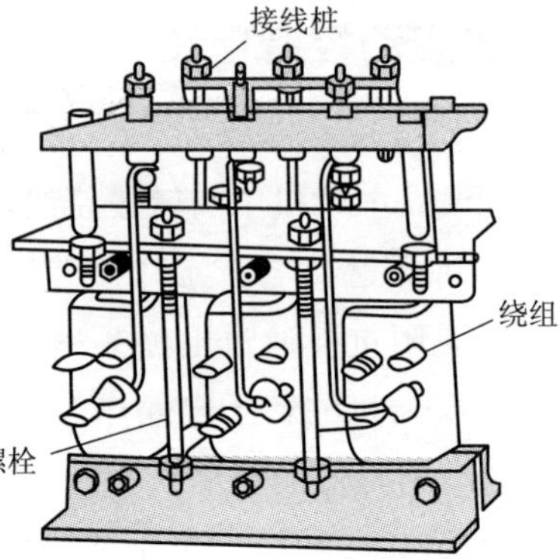

图9.11 频敏变阻器外形

在使用频敏变阻器时应注意以下问题：

① 启动电动机时，启动电流过大或启动太快时，可换接线圈接头，因匝数增多，启动电流和启动转矩便会同时减小。

② 当启动转速过低，切除频敏变阻器冲击电流过大时，则可换接到匝数较少的接线端子上，启动电流和启动转矩就同时增大。

③ 频敏变阻器在使用一段时间后，要检查线圈对金属壳的绝缘情况，应经常进行表面灰尘清除工作。

④ 如果频敏变阻器线圈损坏时，则可用B级电磁线按原线圈匝数和线径重新绕制。

图9.10是利用频敏变阻器的阻抗随着转子电流频率的变化而变化的特点来实现的。

启动时，按下启动按钮SB_2，KM_1得电动作，其常开辅助触点闭合自锁，电动机转子电路串入频敏变阻器RF启动。当得电延时时间继电器KT达到整定时间后，其延时闭合的常开触点闭合，中间继电器KA得电动作，其常开触点闭合，KM_2线圈得电动作，常闭触点断开，使时间继电器KT线圈断电释放，同时常开触点闭合，将频敏变阻器短接，启动过程结束（其延时时间可根据实际情况而定）。

KA的作用是在启动时，由其常闭触点将热继电器FR的发热元件短接，以免因启动时间过长造成热继电器FR误动作。启动结束后，KA动作，其常闭触点断开FR热元件，热继电器FR投入运行。

元器件安装排列图及端子图如图9.12所示。按钮实际接线如图9.13所示。

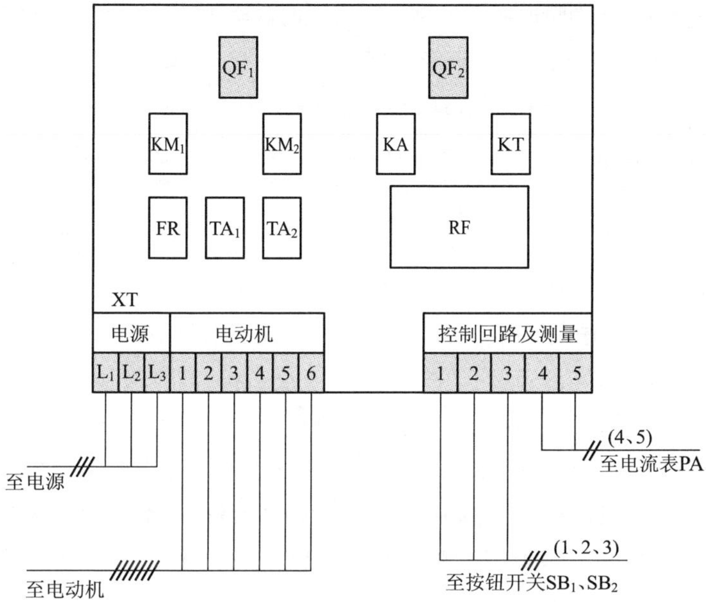

图9.12 元器件安装排列图及端子图

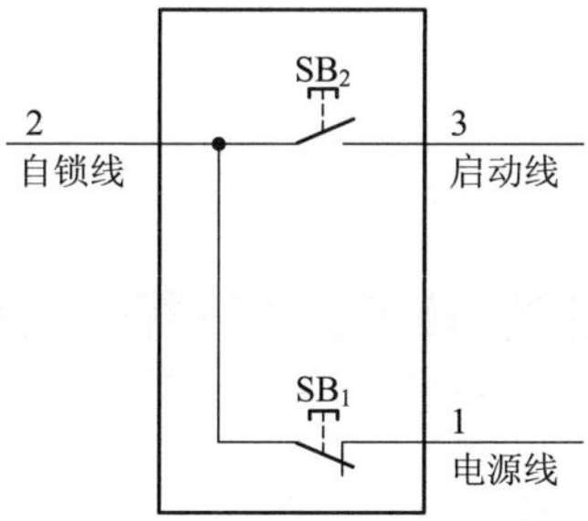

图9.13 按钮实际接线

2）常见故障及排除方法

① 按启动按钮SB_2时，无频敏变阻器降压而直接全压启动。观察配电箱内电器元件动作情况，在按动启动按钮SB_2时，交流接触器KM_1、时间继电器KT瞬间吸合又断开，使中间继电器KA、交流接触器KM_2线圈均得电吸合

工作，由于交流接触器KM_1、KM_2同时吸合，那么KM_2主触点将频敏变阻器短接了起来，电动机就会直接全压启动了。从上述电器元件动作情况分析，时间继电器KT线圈瞬间吸合又断开，说明时间继电器KT动作正常，可能是KT延时时间过短所致。重新调整时间继电器KT的延时时间，故障排除。

② 按启动按钮SB_2，电动机一直处于降压启动，而无法正常全压运行。观察配电箱内电器元件动作情况，此时交流接触器KM_1、时间继电器KT线圈一直吸合，经很长时间KT也不转换，进入不了全压控制。根据上述情况，故障由于时间继电器KT损坏所致，更换一只新的时间继电器并重新调整其延时时间即可解决。

③ 按动启动按钮SB_2，电动机一直处于降压启动状态。观察配电箱内电器元件动作情况，在按动启动按钮SB_2时，交流接触器KM_1、时间继电器KT线圈得电吸合且KM自锁，经延时后，KT触点转换，中间继电器KA吸合且自锁，但接通不了交流接触器KM_2线圈，也断不了时间继电器KT线圈。从元器件动作情况可以分析，故障原因为KM_2线圈断路；KA常开触点断路，如图9.14所示。用短接法或万用表测量其电器元件是否损坏，若损坏则更换新品。

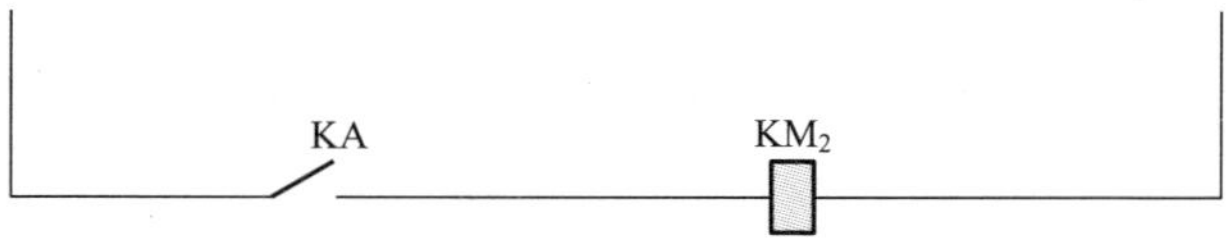

图9.14

214 用手动按钮控制转子绕组三级串对称电阻启动控制电路

1）工作原理

本电路采用手动按钮控制转子绕组三级串对称电阻启动控制电路。启动分三级逐级手动切换，随着转子绕组电阻的逐级切除，电动机的转速也会随电阻的切除而逐级加速，最后将全部电阻切除，电动机进入额定转速状态，整个启动过程结束。

如图9.15所示，首先合上主回路断路器QF_1和控制回路断路器QF_2，指示灯HL_1亮，说明电源正常。

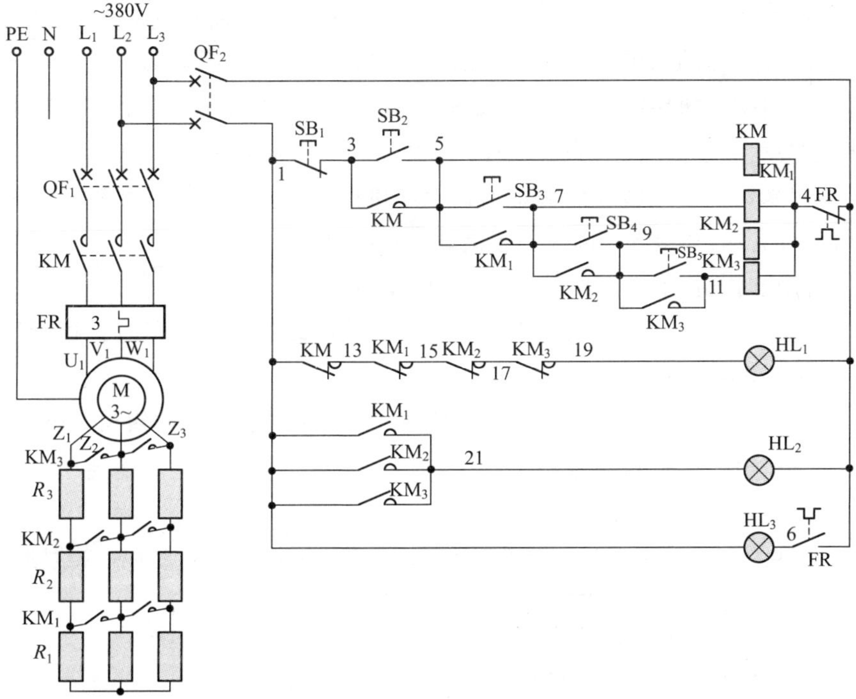

图9.15 用手动按钮控制转子绕组三级串对称电阻启动控制电路

第一次按下启动按钮SB_2（3–5），定子电源交流接触器KM线圈得电吸合，KM辅助常开触点（3–5）闭合自锁，KM三相主触点闭合，电动机的转子回路中串入三级电阻R_1、R_2、R_3进行第一级启动；KM辅助常闭触点（1–13）断开，KM辅助常开触点（1–21）闭合，指示灯HL_1灭，HL_2亮，说明电动机已进行启动。

随着电动机的运转，第二次按下加速启动按钮SB_3（5–7），交流接触器KM_1线圈得电吸合，KM_1辅助常开触点（5–7）闭合自锁，KM_1主触点闭合，短接电阻器R_1，使电动机转子电阻减小，电动机加速运转。此时，第一组电阻器R_1被KM_1切除掉。

随着电动机的运转速度进一步提高，第三次按下加速启动按钮SB_4（7–9），交流接触器KM_2线圈得电吸合，KM_2辅助常开触点（7–9）闭合自锁，KM_2主触点闭合，短接电阻器R_2，使电动机转子电阻进一步减小。

电动机再进一步加速运转。此时，第二组电阻器R_2被KM_2切除掉。

经过切除两级电阻器R_1、R_2后，电动机的转速逐渐提高，此时第四次按下启动按钮SB_5（9–11），交流接触器KM_3线圈得电吸合，KM_3辅助常开触点（9–11）闭合自锁，KM_3主触点闭合，将最后一级电阻器R_3短接了起来，电动机转速到额定值，电动机按额定转速运转。此时，电阻器R_1、R_2、R_3被全部切除。整个启动过程结束。

停止时则按下停止按钮SB_1（1–3）即可。

图中指示灯HL_3为电动机过载指示，当电动机出现过载时，指示灯HL_3亮，说明电动机已过载退出运行了。

本电路存在一个最大缺陷，就是当同时按下四只启动按钮SB_2、SB_3、SB_4、SB_5时，会造成电动机直接全压启动问题，很不安全。请使用者引起注意，并加以防范，以免误按造成事故发生。

图9.16所示为元器件安装排列图及端子图。图9.17所示为按钮接线图。

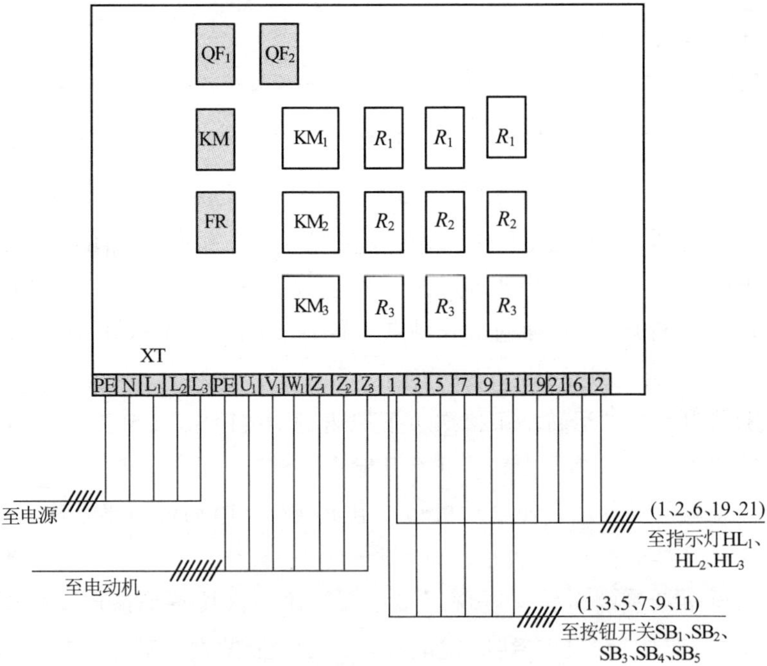

图9.16 元器件安装排列图及端子图

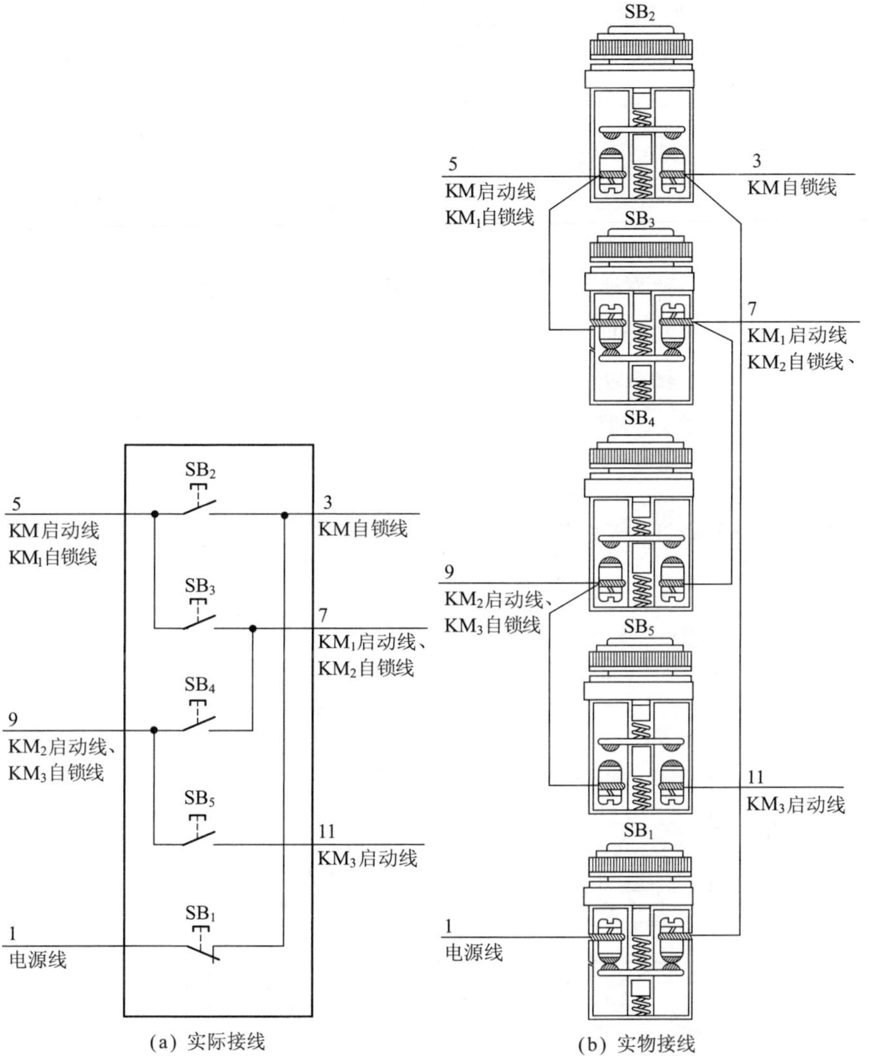

图9.17 按钮接线图

2）常见故障及排除方法

① 按启动按钮SB_2（3–5）时，绕线式电动机全速启动。其故障原因为交流接触器KM_3三相主触点熔焊或KM_3机械部分卡住所致。检查KM_3三相主触点及机械部分恢复其正常，故障即可排除。

② 按启动按钮SB_2（3–5）时，为点动操作。此故障原因为KM辅助常开自锁触点（3–5）损坏所致。检查并更换此自锁常开触点后故障即可排除。

③ 按SB_2（3–5）正常，再按SB_3（5–7）、SB_4（7–9）、SB_5（9–11）均无效。其故障原因为：按钮SB_3损坏或导线脱落；交流接触器KM_1线圈断路或导线脱落。

· 对于第一种方法，用万用表或测电笔检查SB_3是否正常，连接导线是否脱落，找出故障所在，故障即可排除。

· 对于第二种方法，检查KM_1线圈是否断路，若断路，则更换新品；若连接导线脱落，将其正确恢复后故障排除。

215 自耦变压器自动控制降压启动电路

1）工作原理

图9.18所示为自耦变压器自动控制降压启动电路。

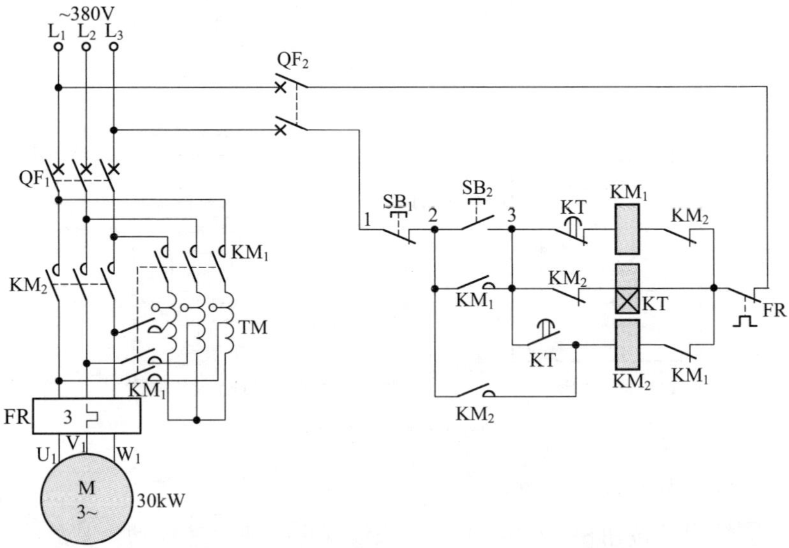

图9.18 自耦变压器自动控制降压启动电路

启动时按下启动按钮SB_2，降压交流接触器KM_1线圈得电吸合且自锁，

KM_1三相主触点闭合将自耦变压器TM串入电动机电源回路，电动机降压启动；同时，时间继电器线圈KT得电吸合并开始延时，经过设定时间后，KT延时断开的常闭触点切断降压交流接触器KM_1线圈电路，使自耦变压器退出启动，KT延时闭合的常开触点闭合，接通全压交流接触器KM_2线圈电源，KM_2三相主触点闭合，电动机转为全压运行。停止时，则按下停止按钮SB_1，全压交流接触器KM_2线圈断电释放，其三相主触点断开，电动机便断电停止运转。为了保证电路正常工作，将自保触点KM_1换成KT时间继电器不延时瞬动常开触点作为自锁触点效果极为理想，如图9.19所示。

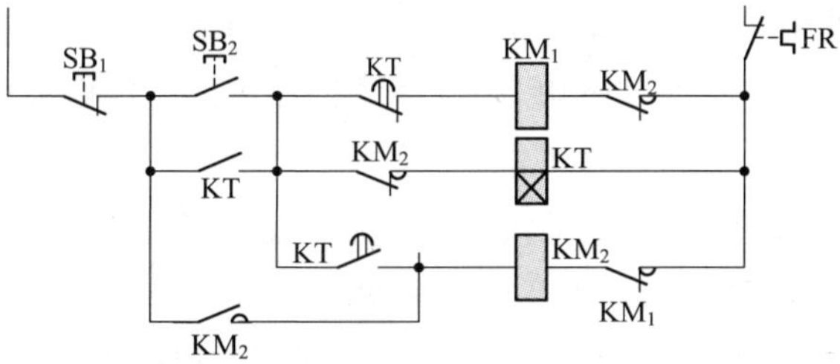

图9.19

元器件安装排列及端子图如图9.20所示。按钮实际接线如图9.21所示。

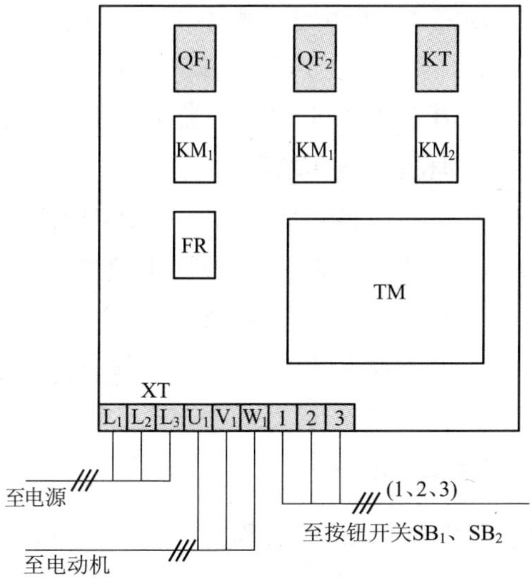

图9.20 元器件安装排列及端子图

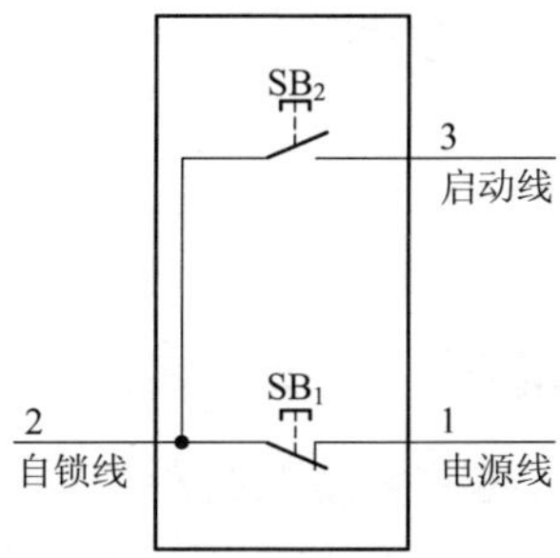

图9.21 按钮实际接线

2）常见故障及排除方法

① 启动时一直为降压状态，无法转换为正常运转。从配电箱内电气元件动作情况发现，时间继电器KT未工作。从原理图中可以分析出，启动时按下启动按钮SB_2，降压交流接触器KM_1和时间继电器KT线圈均得电吸合且KM_1自锁，KM_1主触点闭合，电动机接入自耦变压器进行降压启动。但由于时间继电器KT线圈不工作，KT无法切断KM_1线圈电源，也就是无法使自耦变压器TM退出启动，一直处于启动状态；同时KT也无法接通KM_2线圈回路电源，也就是说，电动机无法进入全压运行，所以，电动机只能处于长时间启动而无法全压运行。检查时间继电器KT线圈是否损坏；检查串联在时间继电器KT线圈回路中的常闭触点是否断路，更换上述故障器件后电路工作正常。

② 按启动按钮SB_2，电动机启动正常，待启动完毕，电路立即停止下来而无法进入全压运行。从电路原理图中可以分析出，当按下启动按钮SB_2后，交流接触器KM_1和时间继电器KT线圈均得电工作，KM_1主触点闭合，电动机通过自耦变压器降压启动；待经KT延时后，KT延时断开的常闭触点断开，切断了KM_1线圈回路电源，KM_1三相主触点断开，切断了自耦变压器回路电源，使电动机启动完毕，但由于KM_2不工作，才会出现上述现象。其故障原因为KT延时闭合的常开触点损坏；KM_2线圈断路；KM_1串联在KM_2线圈回路中的常闭触点损坏，如图9.22所示。

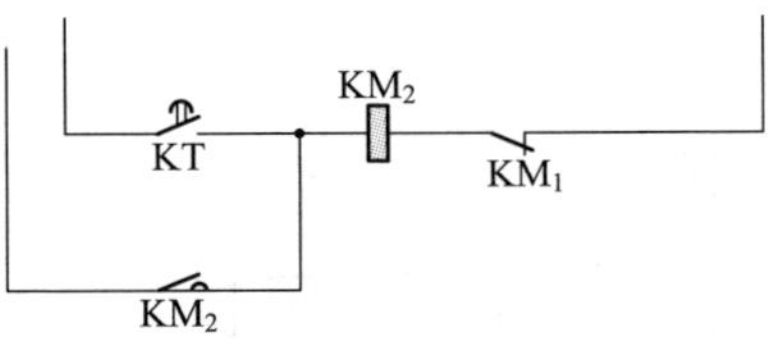

图9.22

若降压启动完毕后能瞬间全压运行一下又停止，则故障为自锁触点KM_2损坏所致。用万用表检查上述各器件，找出故障器件，更换后即可解决。

216 电磁调速控制器应用电路

电磁调速控制器是用于电磁调速电动机（又称为滑差电动机，简称滑差电机）的调速控制，实现恒转矩无级调速。

图9.23所示为常用的JD1A型电磁调速控制器的电气原理图。

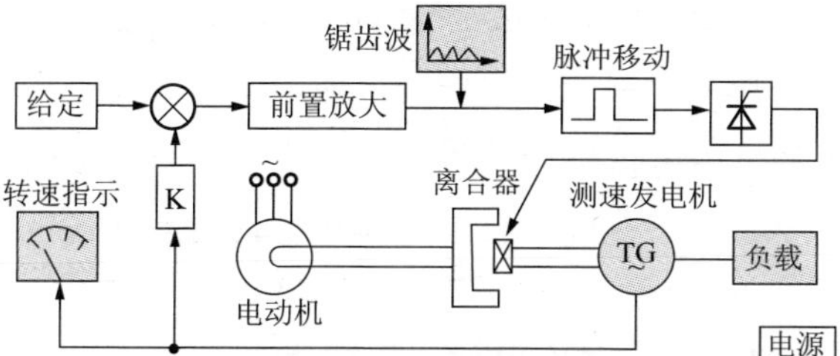

JD1A型电磁调速控制器的方框图

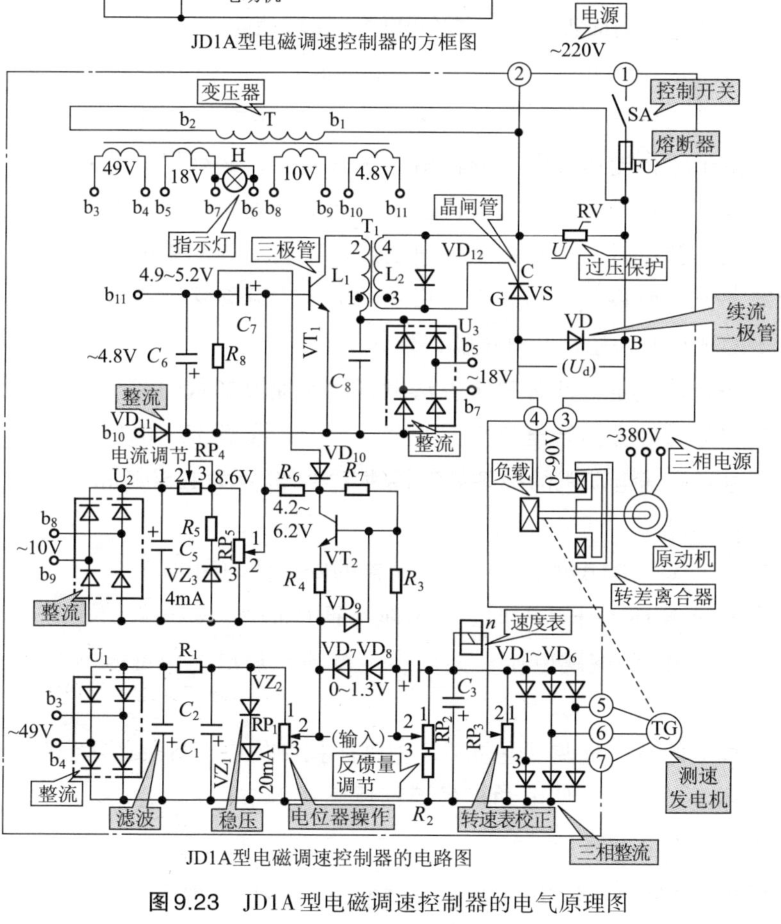

JD1A型电磁调速控制器的电路图

图9.23 JD1A型电磁调速控制器的电气原理图

JD1A型电磁调速控制器由速度调节器、移相触发器、晶闸管整流电路及速度负反馈等环节所组成。速度指令信号电压和速度负反馈信号电压比较后，其差值信号被送入速度调节器进行放大，放大后的信号电压与锯齿波相叠加，控制了三极管的导通时间，产生了随着差值信号电压改变而移动的脉冲，从而控制了晶闸管的导通角，其输出电压也随着变化，使滑差离合器的励磁电流得到了控制，即滑差离合器的转速随着励磁电流的改变而改变。由于速度负反馈的作用，使滑差转速电动机实现恒转矩无级调速。

输出转速应随面板上转速指令电位器的转动而变化。

1）JD1A、JD1B型电磁调速控制器的调整

转速表的校正：面板上的转速表的指示值正比于测速发电机的输出电压，由于每台测速发电机的输出电压有差异，必须根据电磁调速电动机的实际输出转速对转速表进行校正。调节转速指令电位器，使电动机运转到某一转速时，用轴测试转速表或数字转速表测量电动机的实际输出转速，如果面板上的转速表所指示的值与实际转速不一致，可以调整面板上的“转速表校正”电位器，使之一致。

最高转速整定：此种整定方法就是对快速反馈量的调节，将速度指令电位器顺时针方向转至最大，并调节“反馈量调节”电位器，使之转速达到电磁调速电动机的最高额定转速（≤15kW为1250r/min，≥15kW为1320r/min）。

2）JD1A、JD1B型电磁调速控制器的安装使用和维护

在测试开环工作状况时，7芯航空插座的3、4芯接入负载后，输出才是0～90V的突跳电压；如果不接负载，输出电压可能不在上述范围内。

面板上的反馈量调节电位器应根据所控制的电动机进行适当的调节。反馈量调节过小，会使电动机失控；反馈量调节过大，会使电动机只能低速运行，不能升速。

面板上的转速表校准电位器在校正好后应将其锁定。否则，如果其逆时针转到底时，会使转速表不指示。

运行中，若发现电动机输出转速有周期性的摆动，可将7芯插头上

接到励磁线圈的3、4线对调；对JD1B型，应调节电路板上的“比例”电位器，使之与机械惯性协调，以达到更进一步的稳定。

3）JD1A、JD1B型电磁调速控制器的试运行

JD1A、JD1B型电磁调速控制器应按图9.24所示电路正确接线。

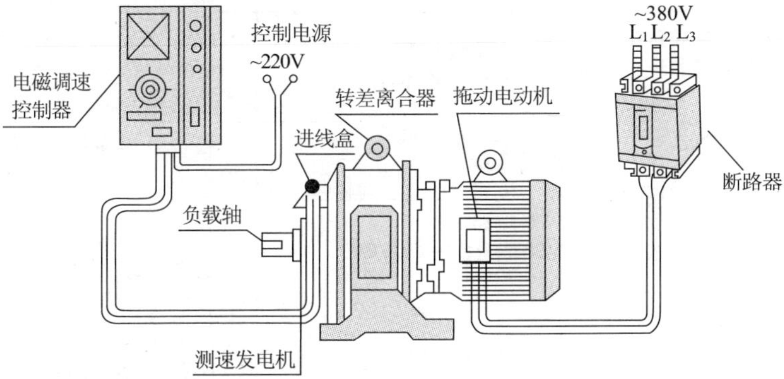

图9.24 电磁调速控制器与电磁调速电动机的连接

接通电源，合上面板上的主令开关，当转动面板上的转速指令电位器时，用100V以上的直流电压表测量面板上的输出量测点，应有0~90V的突跳电压（因测速负反馈未加入时的开环放大倍数很大），此时认为开环时工作基本正常。

启动交流异步电动机（原动机）使系统闭环工作，此时电动机的输出转速应随面板上转速指令电位器的转动而变化。

4）电磁调速控制器的常见故障及检修方法

电磁调速控制器的常见故障及检修方法见表9.1。

表9.1 电磁调速控制器的常见故障及排除方法

故障现象	原 因	排除方法
转速不能调节，仅能高速运行不能低速运行	①转子有相擦现象 ②反馈量未加入，反馈调量调节电位器在极限位置 ③晶闸管供电电压与同步信号电压极性接错，触发信号不同步	①检查电动机，重新装配 ②检查反馈量调节电位器，必要时更换 ③改变同步信号电压极性，将b_{10}，b_{11}抽头接线互换

续表 9.1

故障现象	原　因	排除方法
电网电压波动严重影响转速稳定	速度指令信号电压波动大，稳压管VS_1，VS_2损坏	更换VS_1，VS_2，调节R_1，使电流不致过大或过小，输出电压达16V
某一转速运行时，周期性摆动现象严重	①励磁绕组接线接反 ②加速电容C_4，C_7损坏	①改变励磁绕组接线头3、4的极性 ②更换电容C_4，C_7
接通电源后，保险丝熔断	①引出线接错 ②续流二极管VD接反或击穿 ③变压器短路 ④压敏电阻RU击穿短路	①检查及整理各引出线 ②检查VD及晶闸管VT，若损坏应调换 ③检查、修理变压器 ④更换RU
接通电源指示灯亮，但电动机不运转	①印制电路板上没有工作电源 ②速度指令电位器RP_1断路 ③励磁回路3、4断开 ④晶体管V_1、V_2损坏 ⑤晶闸管VT开路 ⑥脉冲变压器T_1无输出 ⑦印制电路板插脚接触不良	①检测变压器 ②测量RP_1输出电压，在VD_7、VD_8两端应测得电压变化为0~1.3V ③检测励磁回路接线 ④检测V_1、V_2，若损坏应调换 ⑤检测VT ⑥检查T_1，测量R_6两端电压应在4.2~6.2V间变化，用示波器观察VD_{12}两端为能够移动的脉冲波 ⑦重新接插
当快速调节时电动机不转动，而在极缓慢转动调速电位器时，电动机才能转动或动一下就停止了	由于前置放大输出电压过高，即“移相过头”，使晶闸管导通角过大而关闭。其原因是温升或R_4、R_7损坏	更换R_4后引起阻值增大，直至晶闸管导通角恢复为止。如还不行，则调换正向阻值较大的V_2再接上
特性硬度下降，调速电位器已到零位，仍有励磁输出	①初始零位调节不当 ②使用环境温度过高	①调节R_7，使调速电位器在零位时晶闸管无励磁输出 ②改善环境
表指示与实际转速不一致或无法调节（过低）	①测速发电机退磁造成 ②测速发电机的一相断路或短路	①调节RP_3，使之阻值减小 ②测量三相测速发电机电压是否平衡

续表 9.1

故障现象	原 因	排除方法
离合器只能低速运行，不能升速	①续流二极管VD开路 ②反馈量过大	①更换VD ②调节“反馈量调节”电位器

217 用三只欠电流继电器作电动机断相保护

1）工作原理

图9.25所示电路采用三只欠电流继电器来作为三相异步电动机的断相保护，其工作原理如下。

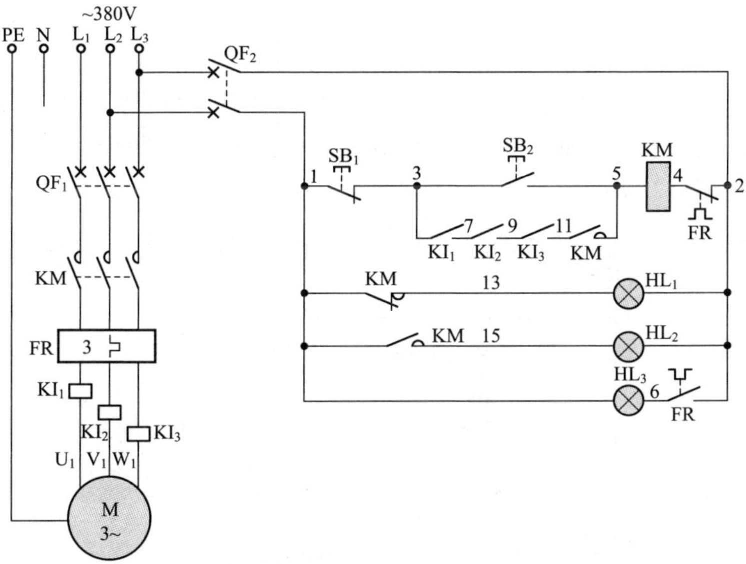

图9.25 用三只欠电流继电器作电动机断相保护

启动前，合上主回路断路器QF_1、控制回路断路器QF_2，指示灯HL_1亮，说明电路电源正常。

启动时，按下启动按钮SB_2（3–5），交流接触器KM线圈得电吸合，KM三相主触点闭合，电动机得电启动运转；当电动机电流大于欠电流继电器KI_1、KI_2、KI_3整定电流时（其电流为电动机正常运行电流），欠电流继电器KI_1、KI_2、KI_3线圈吸合动作，其三只欠电流继电器的常开触点KI_1（3–7）、KI_2（7–9）、KI_3（9–11）均闭合，与KM辅助常开触点（5–11）已闭合，共同形成自锁回路，使交流接触器KM线圈继续得电吸合工作，电动机继续得电运转。同时指示灯HL_1灭，HL_2亮，说明电动机已启动运行。

当发生断相时，接在断相上的欠电流继电器线圈将会断电释放，其串联在交流接触器KM线圈回路中的常开触点断开，使交流接触器KM线圈断电释放，KM三相主触点断开，电动机断电停止运转，从而起到断相保护作用。同时，指示灯HL_2灭，HL_1亮，说明电动机已停止运行。

当电动机出现短路时，主回路断路器QF_1将动作脱扣，从而切断电动机电源。

当电动机出现过载时，热继电器FR动作，其常闭触点（2–4）断开，切断KM线圈回路电源，KM线圈断电释放，KM三相主触点断开，使电动机脱离三相电源而停止；同时FR常开触点（2–6）闭合，指示灯HL_3亮，说明电动机已过载了。

图9.26所示为元器件安装排列图及端子图。图9.27所示为按钮接线图。

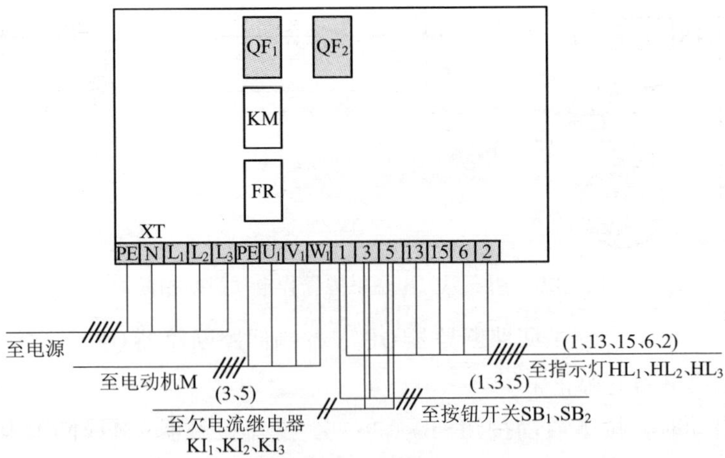

图9.26 元器件安装排列图及端子图

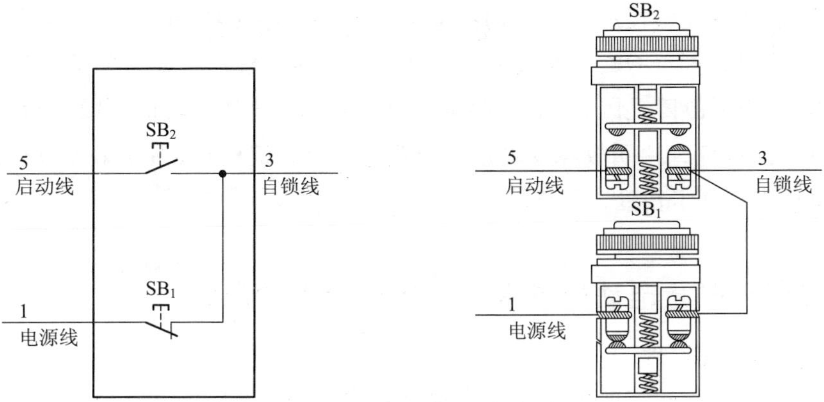

图9.27　按钮接线图

2）常见故障及排除方法

① 按启动按钮SB_2（3–5）交流接触器KM线圈便得电吸合，但自锁不了。此故障为KM辅助常开触点（5–11）、欠电流继电器KI_1、KI_2、KI_3常开触点（3–7、7–9、9–11）有损坏不能闭合所致，用万用表或测电笔检查并排除。

② 指示灯HL_3亮，操作启动按钮SB_2无效。因指示灯HL_3亮，表示电动机已经过载了，热继电器FR已保护动作了，其串联在KM线圈回路中的常闭触点（2–4）已断开，所以操作SB_2无效。可通过手动方式按动热继电器FR上的复位按钮使热继电器复位，若复位按钮按动后，指示灯HL_3熄灭，说明热继电器已复位。此时，先不要急于启动电动机，重新检查热继电器FR整定电流设置是否过小，通常整定值按电动机额定电流设置，机械设备是否过载并排除后，再启动电动机。

③ 操作SB_2时，KM_2动作正常，电源指示灯HL_1灭，但运转指示灯HL_2不能点亮。此故障为KM辅助常开触点（1–15）、指示灯HL_2损坏所致，可分别检查试之即可排除。

④ 电动机启动运转后，按停止按钮SB_1（1–3）无效，电动机仍继续运转。此故障为KM主触点熔焊、KM机械部分卡住、KM铁心极面有

油脂造成释放缓慢所致。可通过断开控制回路断路器QF_2试之。出现上述故障时，断开QF_2，若过一小会儿时间KM能自行释放，电动机停止运转，说明故障是因KM铁心极面有油脂所致；若断开QF_2一段时间后，KM不能释放，说明故障发生在前两者中，可分别检查KM主触点或拆开KM检查存在卡住处，并排除。

218 防止电动机进水、过热停止保护电路

1）工作原理

当在通电运行的电动机内出现进水或过载发热时，如果电动机不能立即停止下来，将会发生更严重的事故。现介绍一种防止电动机进水、过热停止保护电路，如图9.28所示。

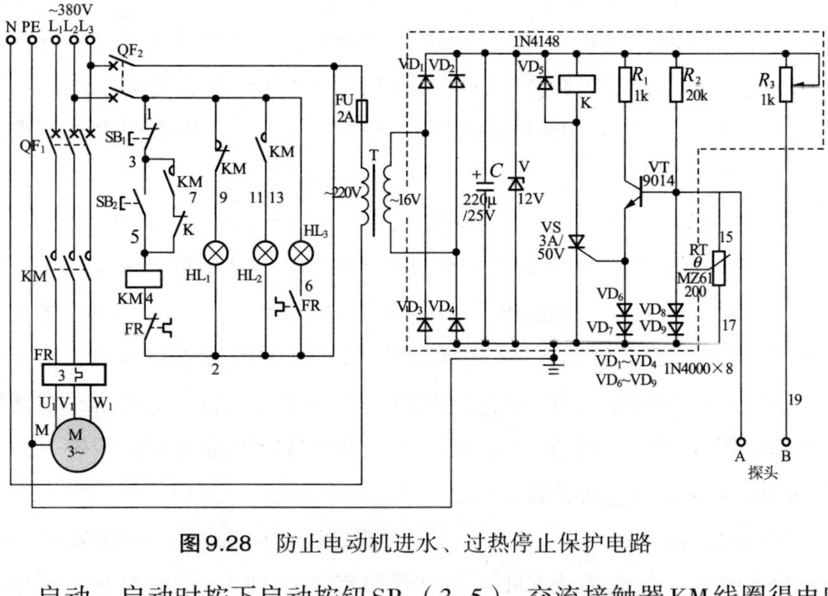

图9.28 防止电动机进水、过热停止保护电路

启动：启动时按下启动按钮SB_2（3–5），交流接触器KM线圈得电吸合且辅助常开触点（3–7）自锁，KM三相主触点闭合，主电路电源被接通，电动机通以三相交流电源而启动运转。同时指示灯HL_2亮，说明电动机已运行工作。

无过热、进水故障时：现在电动机绕组内的正温度系数的热敏电阻RT没有受高温变化，所以其阻值非常小，从而说明电动机没有过热，所以三极管VT仍处在截止状态，无法触发可控硅VS，VS因无触发信号而关断，小型灵敏继电器K线圈不能吸合动作，K串联在接触器KM线圈回路中的常闭触点（5–7）仍处于闭合状态，对电动机控制回路不作控制；另外探头A、B因没有进水而没有被短接，那么三极管VT不导通，可控硅VS仍阻断，小型灵敏继电器K线圈因得不到电源而不吸合，其常闭触点仍处于常闭状态，对电动机控制回路不起控制作用。

断相过热保护：当电动机绕组出现过热时（超出允许温升），埋在电动机绕组内的正温度系数热敏电阻RT的阻值会突然增大至几百乃至上千倍，立即改变了电阻RT与R_2的分压比，从而将三极管VT的基极电压抬高了很多，三极管VT迅速饱和导通，触发可控硅VS导通，使小型灵敏继电器K线圈得电吸合，K常闭触点（5–7）断开，切断了交流接触器KM线圈电源，KM断电释放，KM三相主触点断开，电动机断电停止运转，使得电动机绕组不因过热而被烧毁。

进水保护：当探头A、B两端被水短接后，三极管VT因电位器RP提供的基极电流而饱和导通，并将可控硅触发导通后，小型灵敏继电器K线圈得电吸合动作，K串联在交流接触器线圈回路中的常闭触点（5–7）断开，切断了交流接触器KM线圈电源，KM断电释放，其三相主触点断开，电动机断电退出运行，从而起到电动机进水时的保护作用。

过载保护：当运行中电动机出现过载时，热继电器FR热元件发热弯曲，推动其控制触点动作，FR常闭触点（2–4）常开切断交流接触器KM线圈电源，使KM断电释放，KM三相主触点断开，电动机断电停止工作。同时FR常开触点（2–6）闭合，接通过载指示电路，指示灯HL_3亮，说明电动机已过载。

图9.29所示为元器件安装排列图及端子图，图9.30所示为按钮接线图。

注意：电路中弱电部分可装在印制电路板上。

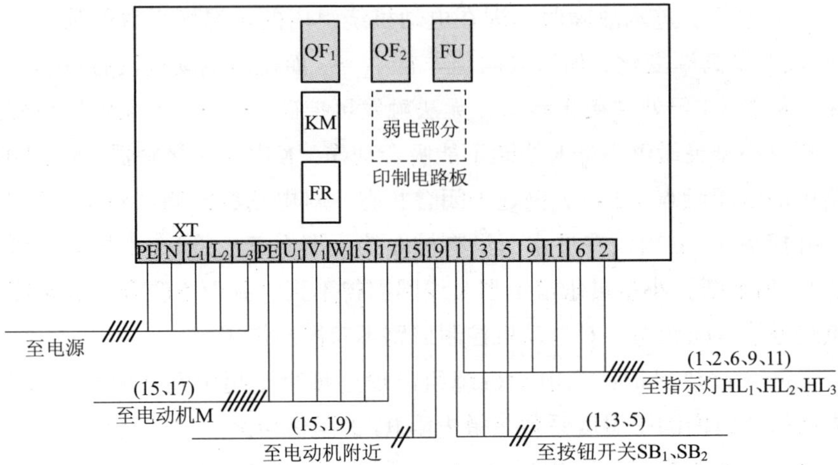

图9.29　元器件安装排列图及端子图

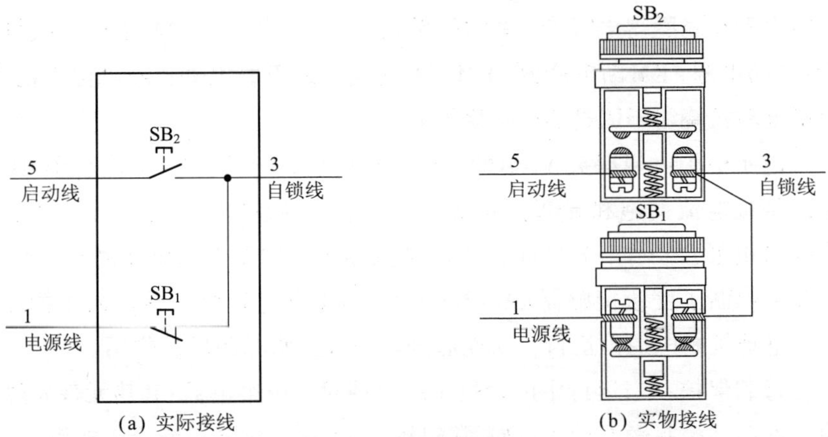

图9.30　按钮接线图

2）常见故障及排除方法

① 按启动按钮SB_2（3–5），交流接触器KM线圈得电吸合，但不能自锁。通过检查电动机没有出现绕组过热现象，也没有水浸到电动机内，这时可将配电盘外接端子19从端子上拆下来，并将端子15、17用导线短接起来。用通、断控制回路断路器QF_2来观察配电盘内小型灵敏继电器

K的动作情况，发现一合上断路器QF_2时K就吸合，一断开QF_2时K就释放。根据以上情况分析，故障原因为：三极管VT击穿短路损坏；可控硅VS击穿损坏。

因三极管VT、可控硅VS击穿短路，使小型灵敏继电器K线圈回路为一不受控直通回路，也就是讲，控制回路一通电，K线圈就会得电吸合，K串联在电动机控制自锁回路中的常闭触点（5–7）断开，从而造成按动启动按钮SB_2（3–5）时，交流接触器KM线圈得电吸合，但不能自锁，电动机点动工作。

② 按启动按钮SB_2（3–5），交流接触器KM线圈得电吸合且自锁，同时运转指示灯HL_2亮，但电动机不运转。根据此故障现象，控制回路一切正常，故障出在主回路中，若电动机不发热，也没有“嗡嗡”声，则故障为：主回路断路器QF_1损坏、跳闸或未合上；交流接触器KM三相主触点至少有两相断路不能闭合；热继电器FR热元件至少有两相以上断路；电动机M绕组损坏断路。故障排除方法很简单，可根据以上故障原因逐一进行检查并排除。

219 直流能耗制动控制电路

1）工作原理

有很多小功率电动机，在停止时要求快速停机，下面介绍一种直流能耗制动电路，特别适合对小功率电动机进行制动控制，如图9.31所示。

启动前先合上主回路断路器QF_1、控制回路断路器QF_3及制动回路断路器QF_2。

启动时，按下启动按钮SB_2，交流接触器KM_1线圈得电吸合且自锁，KM_1三相主触点闭合，电动机得电运转工作。同时KM_1辅助常闭触点断开，切断小型灵敏继电器K线圈电源，使K线圈不能得电吸合；而KM_1在制动回路中的辅助常开触点闭合，给电容器C充电。

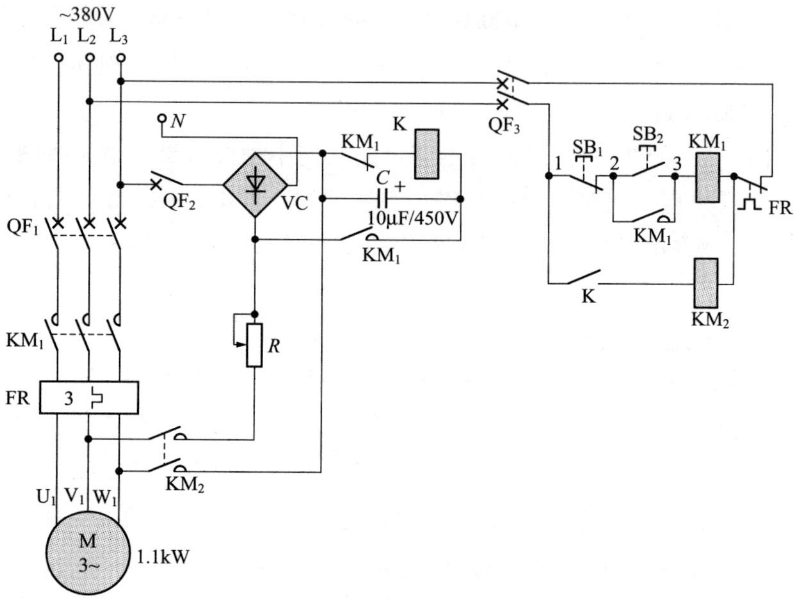

图9.31 直流能耗制动控制电路

制动时，按下停止按钮SB_1，交流接触器KM_1线圈断电释放，KM_1三相主触点断开，切断了电动机电源，但电动机仍靠惯性继续转动做自由停机；由于KM_1辅助常闭触点闭合，使电容器C放电，接通了小型灵敏继电器K线圈回路电源，K线圈得电吸合，K串联在制动交流接触器KM_2线圈回路中的常开触点闭合，使制动交流接触器KM_2线圈得电吸合，KM_2三相主触点闭合，将直流电源通入电动机绕组内，产生一静止磁场，从而使电动机迅速制动停止下来。在交流接触器KM_1辅助常闭触点闭合的同时，电容器C对小型灵敏继电器K线圈（阻值为3500Ω）开始放电，当电容器C上的电压逐渐降低至最小值时（也就是制动延时时间），小型灵敏继电器K线圈断电释放，使KM_2线圈断路，KM_2主触点断开，切断直流电源，能耗制动结束。改变电容C的值就改变能耗制动时间。图中整流器VC选用4只反向击穿电压大于500V的整流二极管，其电流则为通过计算得出的所需器件电流（因电动机功率不同所需制动电流也不相同，需计算得出）。

自由停止控制时，将制动断路器QF_2断开，制动电源被切除，所以当按下停止按钮SB_1时，电动机因断电后仍靠惯性转动而自由停止（无制动控制）。

元器件安装排列图及端子图如图9.32所示，按钮实际接线如图9.33所示。

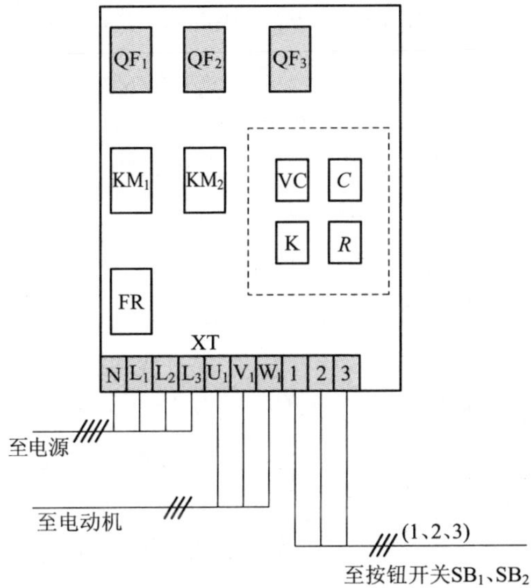

图9.32 元器件安装排列图及端子图

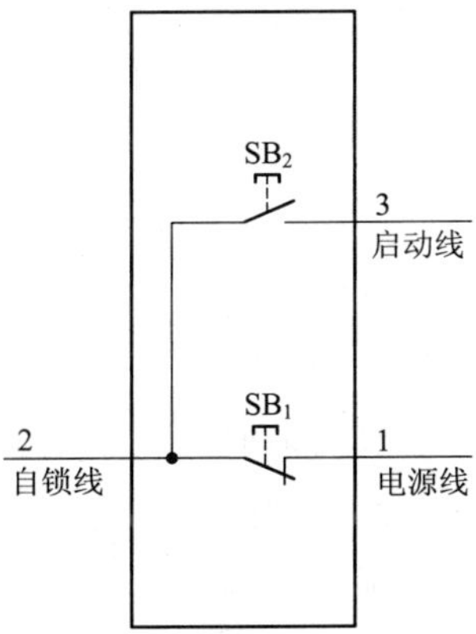

图9.33 按钮实际接线

2）常见故障及排除方法

① 制动断路器QF_2合不上，动作跳闸。可能原因是断路器QF_2自身损坏；整流二极管击穿短路；小型灵敏继电器K线圈短路；电容器C击穿短路。对于第一种故障，将QF_2下端连线拆除，试合QF_2，若能合上则为下端短路，需进一步往下检查故障所在，若仍不能合上，则为断路器QF_2自身损坏，需更换同类新器件；对于第二种故障，用万用表检查二极管VC是否击穿短路，若正反向阻值都很小则为短路，需更换；对于第三种故障，用万用表测量K线圈电阻，正常时应为3000~3500Ω，若阻值非常小，几乎为零，则为线圈烧毁或短路，更换小型灵敏继电器K；对于第四种故障，用万用表测量电容器充放电情况，若无充放电特性且电阻值为零，则为电容器击穿短路，需换新品。

② 按启动按钮SB_2无反应（控制回路供电正常）。从原理图中可以看出，造成上述故障原因为启动按钮SB_2损坏；停止按钮SB_1损坏闭合不了；交流接触器KM_1线圈断路；热继电器FR控制常闭触点损坏闭合不了或过载跳闸。对于第一种故障，可采用短接法试之，若短接启动按钮2、3两端，KM_1线圈能吸合，则为按钮SB_2损坏，若短接时KM_1无反应，则不是启动按钮故障，可能是相关连线脱落或接触不良，可用万用表做进一步检查；对于第二种故障，用短接法将停止按钮两端SB_1短接后，操作启动按钮SB_2，若KM_1线圈能吸合，则为停止按钮SB_1损坏，需更换新品；对于第三种故障，用万用表欧姆挡检查为无穷大，为KM_1线圈断路；对于第四种故障，首先检查热继电器FR是否是过载了，若过载则手动复位后查明过载原因，若不是过载则检查热继电器FR控制触点是否接错了，还是触点损坏了，并作相应处理。

③ 制动时，小型灵敏继电器K线圈吸合，但交流接触器KM_2线圈不吸合。其故障原因为小型灵敏继电器K常开触点损坏闭合不了；交流接触器KM_2线圈断路。对于第一种故障，用万用表测量K常开触点是否正常，若损坏，则更换新品；对于第二种故障，用万用表测量KM_2线圈阻值为无穷大，则为线圈断路，需更换线圈。

④ 按启动按钮SB_2时为点动。此故障为交流接触器KM_1常开自锁触点损坏所致。用万用表测量KM_1常开自锁触点是否正常，若不正常，则需更换。

⑤ 启动时，交流接触器KM_1线圈吸合，但主回路断路器QF_1跳闸。此故障通常为电动机绕组短路所致。重点检查电动机绕组并加以修复，故障即可排除。

⑥ 启动后，KM_1线圈吸合正常，但电动机不转。可能原因是QF_1损坏两极；KM_1三相主触点损坏；热继电器FR热元件断路；电动机损坏。对于第一种故障，用万用表测断路器QF_1是否损坏，若不通，则为损坏、需更换；对于第二种故障，检查KM_1触点是否接触不良或损坏，若接触不良，看能否加以修理，若损坏，则需更换。

⑦ 制动时，KM_2线圈吸合但制动效果差。原因为制动力调节电阻R

调整不当所致。重新调整电阻R，可边调边试，直至达到要求为止。

⑧ 制动时，无任何制动（KM_2吸合）。除电阻R调节不当外，通常为KM_2主触点损坏闭合不了。用万用表检查KM_2三相主触点是否正常，若损坏，则更换。

220 双向运转反接制动控制电路

1）工作原理

图9.34所示为双向运转反接制动控制电路。

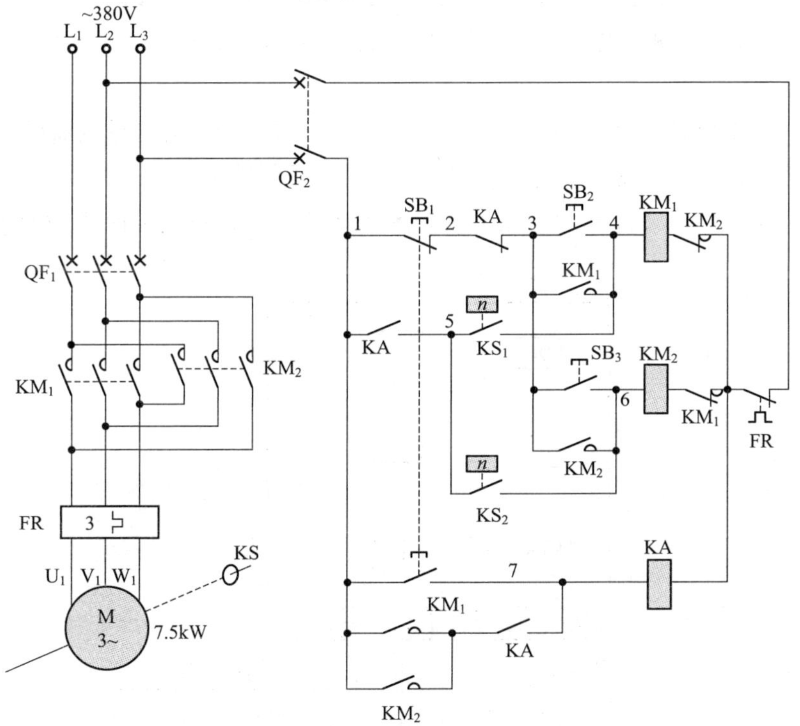

图9.34 双向运转反接制动控制电路

正转启动时，按下正转启动按钮SB_2，正转交流接触器KM_1线圈得电吸合且自锁，KM_1三相主触点闭合，电动机得电正转运转；由于速度继电器KS与电动机同轴连接，当电动机的转速超过120r/min时，KS中的一对常开触点闭合，为正转制动做好准备。

当需正转制动时，按下停止按钮SB_1，此时正转交流接触器KM_1线圈断电释放，同时停止按钮SB_1常开触点闭合，使中间继电器KA线圈得电吸合，KA常开触点闭合，由于KS常开触点仍闭合，将反转交流接触器KM_2线圈回路接通（KM_2常开触点与KA常开触点均闭合将KA线圈自锁），KM_2三相主触点闭合，电动机立即反向转动，这样，电动机的转速会迅速降下来，当电动机的转速低于120r/min时，速度继电器KS常开触点断开，切断了反转交流接触器KM_2线圈回路电源，KM_2三相主触点断开，电动机停止运转，KM_2串联在中间继电器KA线圈回路的常开触点断开，使KA线圈断电释放。实际上，反转只是瞬间转动了一下就停止了，反接制动结束。

由于反转启动、制动过程与正转相同，只是利用速度继电器的另一组常开触点来完成反接信号控制，这里不再重复讲述。

元器件安装排列图及端子图如图9.35所示。按钮实际接线如图9.36所示。

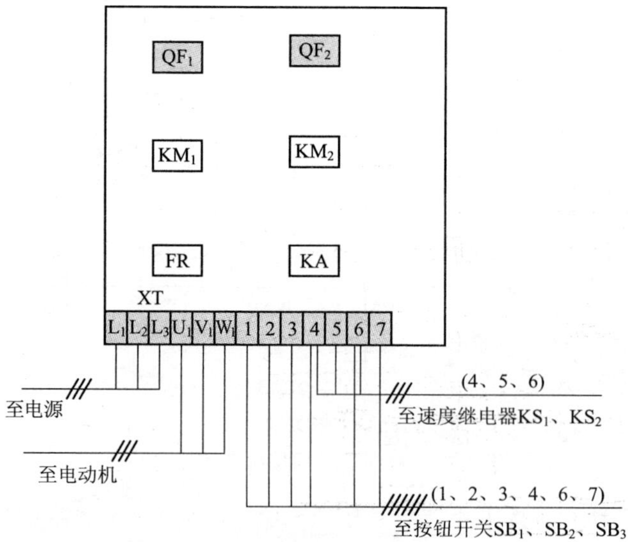

图9.35　元器件安装排列图及端子图

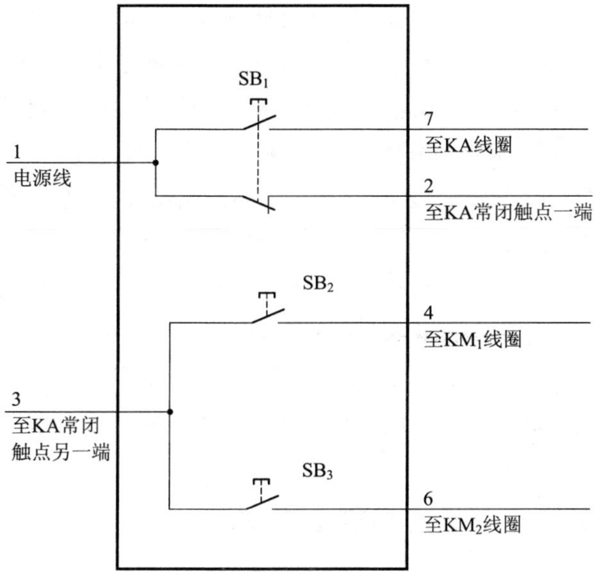

图9.36 按钮实际接线

2）常见故障及排除方法

① 正转启动正常，在停止时按下SB_1，中间继电器KA吸合，但无反接制动（注意，反转回路工作正常、反转反接制动也正常）。根据以上情况分析，故障原因为速度继电器KS的一组常开触点KS_2损坏闭合不了所致。

可将主回路断路器QF_1断开，将KS_2短接起来，再按下停止按钮SB_1，观察配电箱内电器动作情况，应为KA、KM_2均吸合，再将短接线去掉，KA、KM_2全部释放，说明故障就是KS_2常开触点损坏。更换速度继电器后故障即可排除。

② 正、反转启动、停止均正常，但全部无反接制动。遇到此故障首先观察配电箱内中间继电器KA是否工作，若KA不工作，故障为SB_1常开触点损坏、KA线圈断路；若KA工作，则故障为1、5之间的常开触点闭合不了所致。根据以上情况，用万用表对各怀疑器件进行测量，找出故障点，并加以排除即可。

③ 在按下停止按钮SB_1，中间继电器KA线圈吸合动作，但无论是正转进行反接制动，还是反转进行反接制动，均变为反向继续运转。此故障

从原理图中分析，最大可能为2、3之间的KA常闭触点损坏断不开所致。可用万用表测量KA常闭触点是否正常，若损坏则需更换中间继电器。

④ 正转启动正常，反转为点动。此故障通常为KM_2自锁触点损坏闭合不了所致。更换KM_2辅助常开自锁触点后故障即可排除。

⑤ 在停止时，轻轻按下停止按钮SB_1，不能进行停止操作；若将停止按钮SB_1按到底，中间继电器KA线圈吸合动作，正、反转均能进行反接制动。根据电路原理图分析，此故障原因为停止按钮SB_1常闭触点损坏断不开所致。更换SB_1停止按钮，故障即可排除。

⑥ 当按下停止按钮SB_1，控制回路断路器QF_2跳闸。从故障原因上分析为中间继电器KA线圈短路。更换中间继电器KA线圈后故障即可排除。

221 改进的电磁抱闸制动电路

1）工作原理

图9.37所示为改进的电磁抱闸制动电路。

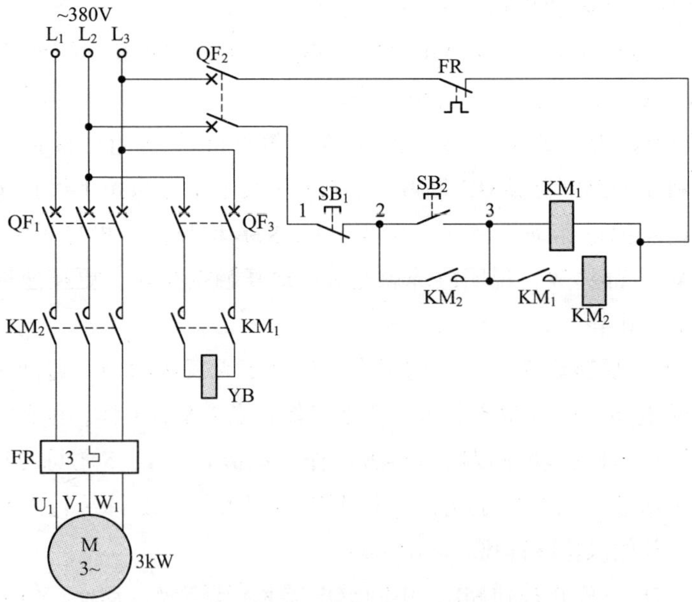

图9.37 改进的电磁抱闸制动电路

众所周知，通常出厂配套的电磁抱闸直接将抱闸制动线圈并联在电动机供电回路中，这种设计方案存在一个缺点，即在电动机刚通电瞬间存在堵转运行，会造成电路保护装置动作或运转不正常。采用改进的电磁抱闸制动电路即可解决上述问题。

在启动时按下启动按钮SB_2，交流接触器KM_1线圈得电吸合，KM_1三相主触点闭合，电磁抱闸线圈YB先获电，闸瓦先松开闸轮，由于KM_1辅助常开触点的闭合，使交流接触器KM_2线圈得电吸合且自锁，KM_2三相主触点闭合，电动机得电运转工作。

停止制动时，按下停止按钮SB_1，交流接触器KM_1、KM_2线圈断电释放，电动机失电同时在抱闸闸瓦的作用下迅速制动。

元器件安装排列图及端子图如图9.38所示，按钮实际接线如图9.39所示。

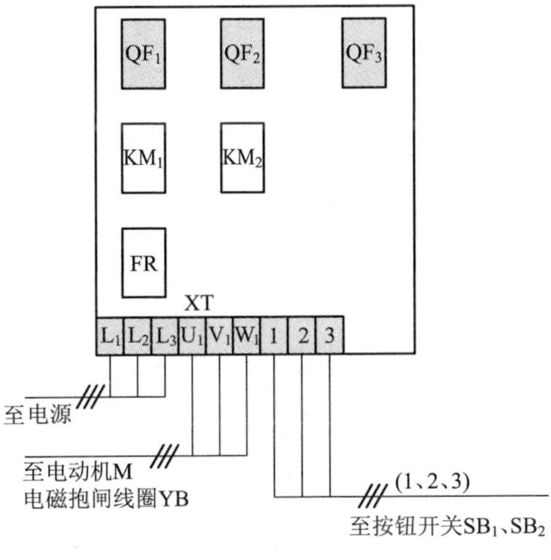

图9.38 元器件安装排列图及端子图

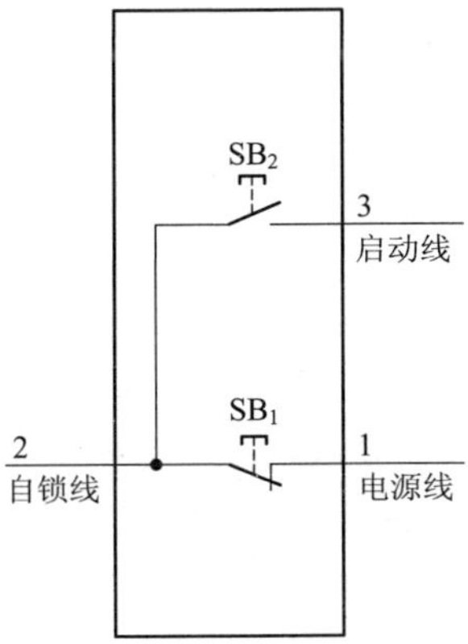

图9.39 按钮实际接线

2）常见故障及排除方法

① 启动时，交流接触器KM_1、KM_2线圈均工作，电磁抱闸YB不动作，闸瓦打不开，电动机转不起来。此故障主要原因是空气断路器QF_3跳闸了；KM_2主触点断路损坏。检查上述两个器件查出故障点并排除即可。

② 按启动按钮SB_2，为点动操作无自锁。此故障原因为KM_2自锁触点损坏所致。更换KM_2自锁触点，故障即可排除。

③ 按SB_2启动按钮为点动操作，电磁抱闸动作正常，但电动机不转。此故障为交流接触器KM_2线圈不吸合工作所致。检查KM_2线圈是否断路或KM_1辅助常开触点是否损坏。查出原因后并更换，上述故障排除。

第10章 安全用电及防护知识

222 安全用电基本知识

① 安全用电，人人有责。自觉遵守安全用电规章制度，低压线路应安装漏电保护器。

② 不可用铜丝或铁丝代替保险丝。由于铜丝或铁丝的熔点比保险丝的熔点高，当发生短路或用电超载时，铜丝、铁丝不能熔断，失去了对电路的保护作用，其后果是很危险的，易发生线路着火事故。

③ 电灯线不要过长，灯头离地面不应小于2m。灯头固定在一个地方，不要拉来拉去，以免损坏电线或灯头，造成触电事故。电源插座不允许安装得过低和安装在潮湿的地方，插座必须按“左零右火”接通电源。

④ 照明等控制开关应接在相线（火线）上。严禁使用“一线一地”（即采用一根相线和大地作零线）的方法安装电灯、杀虫灯等，防止有人拔出零线造成触电。

⑤ 室内布线不允许使用裸体线和绝缘不合格的电线。禁止使用电话线代替电源线。

⑥ 应定期对电气线路进行检查和维修，更换绝缘老化的线路，修复绝缘破损处，确保所有绝缘部分完好无损。

⑦ 不要移动正处于工作状态的洗衣机、电视机、电冰箱等家用电器，应在切断电源、拔掉插头的条件下搬动。

⑧ 使用床头灯时，用灯头上的开关控制用电器有一定的危险，应选用拉线开关或电子遥控开关，这样更为安全。

⑨ 发现用电器发声异常，或有异味等不正常情况时，应立即切断电源，进行检修。

⑩ 平时应注意防止导线和电气设备受潮，不要用湿手去摸带电灯头、开关、插座以及其他家用电器的金属外壳，也不要用湿布去擦拭。在更换灯泡时要先切断电源，然后站在干燥木凳上进行，使人体与地面充分绝缘。

⑪ 发现导线的金属外露时，应及时用带黏性的绝缘黑胶布加以包扎，但不可用医用白胶布代替电工用绝缘黑胶布。

⑫ 使用移动式电气设备时，应先检查其绝缘是否良好，在使用过程中应采取增加辅助绝缘的措施，如使用电锤、手电钻时最好戴绝缘手套并站在橡胶垫上进行工作。

⑬ 洗衣机、电冰箱等家用电器在安装使用时，必须按要求将其金属外壳做好接零线或接地线的保护措施，以防止电气设备绝缘损坏时外皮带电造成的触电事故。

⑭ 在同一个插座上不能插接功率过大的用电器具，也不能同时插接多个用电器具。这是因为，如果电路中用电器具的总功率过大，导线中的电流超过导线所允许通过的最大正常工作电流，导线会发热。此时，如果保险丝又失去了自动熔断的保险作用，就会引起电线燃烧，造成火灾，或发生烧毁用电器具的事故。

⑮ 晒衣服的铁丝不要靠近电线，以防铁丝与电线相碰。更不要在电线上晒衣服、挂东西。

⑯ 发生电气火灾时，应迅速切断电源，按普通火灾的扑救方法处理。在特殊情况下需要带电灭火时，应使用黄沙或干粉灭火器或四氯化碳灭火器。同时，立即拨通“119”报警。

223 家用电器的合理使用方法

1）电冰箱的合理使用

电冰箱的后面安装有热交换器。为了有效地使电冰箱散热，放置电冰箱时应注意电冰箱后面10cm以内和两侧、上部的30cm以内不要放东西，以免散热不畅。

电冰箱内不能放满东西（图10.1），以免造成冷气循环不畅，冰箱内温度不均匀，这容易导致耗电过多，冷冻效果不佳。

图10.1　电冰箱

不宜频繁地打开电冰箱门，即便要打开，时间也不宜过长。如果室内温度为30℃时，一次打开电冰箱门的时间为10s，那么冰箱内的温度就上升5～6℃。

2）吸尘器的合理使用

要定期地清理过滤器以免堵塞。集尘袋也要定期清理，集尘袋不宜过满。

吸尘时应合理使用吸尘嘴（图10.2），如果选择不当，吸尘效率就会降低，既浪费时间又耗电。

图10.2　吸尘器

打扫小屋或者楼梯时应使用轻便、耗电小的手提型或者直立型吸尘器。

3）电熨斗的合理使用

能用低热熨的手帕等尽量使用余热，即熨完大件衣物等断电后的熨斗的热量。

条件允许的情况下尽量使用自动调温的电熨斗（图10.3），这样既可以防止过热，又可以省电。

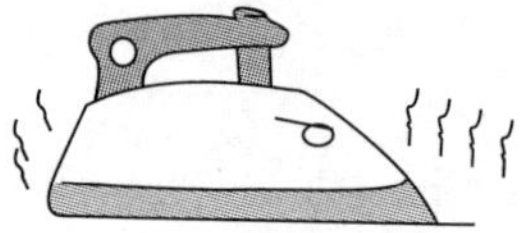

图10.3 电熨斗

4）洗衣机的合理使用

根据不同的洗衣物的布料、不同的污垢，选择不同的洗衣方法（图10.4）。注意不要过洗、过涮。

图10.4 洗衣机

洗衣时间最好控制在10min以内。在漂洗衣物之前先脱水把溶有洗衣粉的水抽掉，这样漂洗衣物时间短而经济。

把洗好的衣物甩干时，若衣物失去重心，则会导致洗衣机的寿命缩短，而且耗电。

洗衣时若超过洗衣机的各种指标，则容易浪费电和水。

5）电视机的合理使用

电视机不宜放在温度高、湿度高的地方，否则会缩短电视机的寿命，如图10.5所示。

图10.5 电视机

电视上的尘埃是导致电视机故障的原因，应定期清理电视机的内部。

画面的亮度、声音的高度都与电耗有直接关系。因此，应注意避免画面过亮、声音过高。

6）空调的安全使用

① 尽量让窗帘等避开空调器，或采用阻燃型织物的窗帘。根据以往的教训，窗帘是窗式空调器火灾蔓延的主要媒介。

② 用电热型空调器制热，关机时须记切断电源部分的电源，需冷却的，应坚持冷却2分钟。

③ 不要短时间内连续切断接通空调器的电源。当停电或拔掉电源插头后，一定要将选择开关置于“停”的位置，待接通电源后，重新按启动步骤操作。

④ 空调器应经常保持清洁，空气过滤器应定期清洗，以免灰尘太多，影响空气对流。风扇电机要定期加注润滑油，若全年运行，每年应加2、3次。在空调器运行中，若发现空调器有异味或冒烟，应立即停机检查。

⑤ 用于安装空调器的支架、搁板应采用非燃烧材料制作。安装在空调器上的遮阳罩也应采用非燃材料。空调器安装时，应内高外低，略微倾斜，使水分排到室外，避免空调器部件受潮损坏。

7）电风扇的安全使用

① 电风扇使用的季节性强，每年使用前，都应检查电风扇的电源线

路，看其是否有破损之处，还应检查外壳是否有电，以确保使用安全。

② 开启电风扇，应将开关置于“高速”档，待风扇稍运转起来后，再调至“中速”或“低速”档，以免电动机启动时间长，烧坏电动机。

③ 电风扇放置平稳，防止运转时产生摇动。移动电风扇时，应切断电源。

④ 使用电风扇应注意防潮、防晒、防灰尘。电风扇不要放在靠窗口的地方，以免雨水淋湿，形成漏电。此外还要防止太阳暴晒，加快外壳老化。电风扇不宜靠近窗帘等可燃物，以免引起火灾。

⑤ 电风扇电源电压要符合要求，要经常向油孔部位注射润滑油，避免转动部位的温度过高。

8）插座的合理使用

要在室内通过布线使每个房间、各个电器都能方便地使用电必须采用插座。插座是电的输出口，也是提高家用电器的使用效率、方便地使用电的不可或缺的装置。如果在家中因为插座不够用，就如图10.6所示那样，利用一个台式插座同时使用很多电器是很危险的，严重时有可能导致火灾。

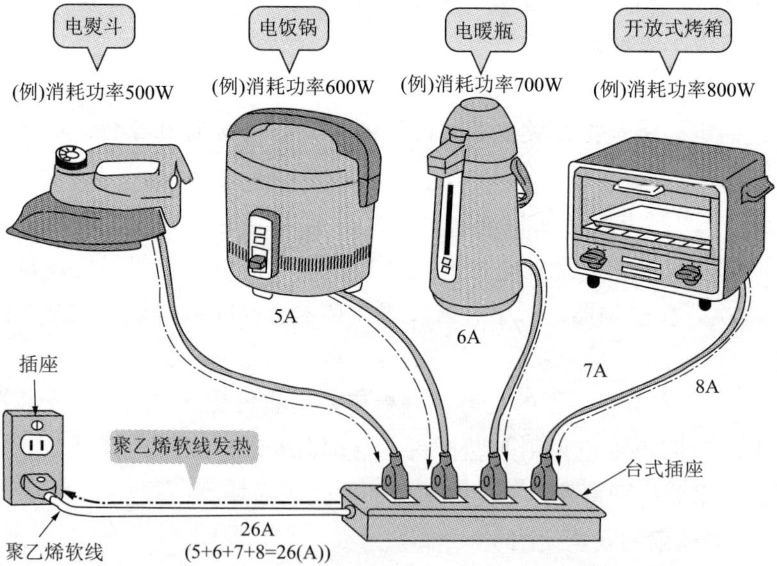

图10.6 利用台式插座的类似章鱼脚的布线

224 防止触电采取的措施

1）防止触电的措施

电有时候如同“猛兽”给人带来生命的威胁。下面介绍防止触电的几项措施：

① 不要用湿润的手触摸电器或开关。

② 外壳损坏的插座、开关应及时换掉。

③ 布线用的电线的绝缘皮被破坏以至露出芯线时应及时修复。当然，修复之前先把插头从插座拔出来切断电源。

④ 电线之间相互连接之前最好使用专用的连接用部件。

⑤ 插座或者有触电危险的电器应放在小孩子不容易碰到的地方。

2）洗衣机应接地

在家用电器中，像洗衣机等用水设备的电动机很容易进水，这会导致绝缘不良而漏电。一般绝缘不良的洗衣机，在使用过程中容易触电。为了防止触电，如图10.7所示，洗衣机应采取接地措施。这样，即使洗衣机漏电，电流也会通过接地线流向大地，因此不存在触电的危险性。

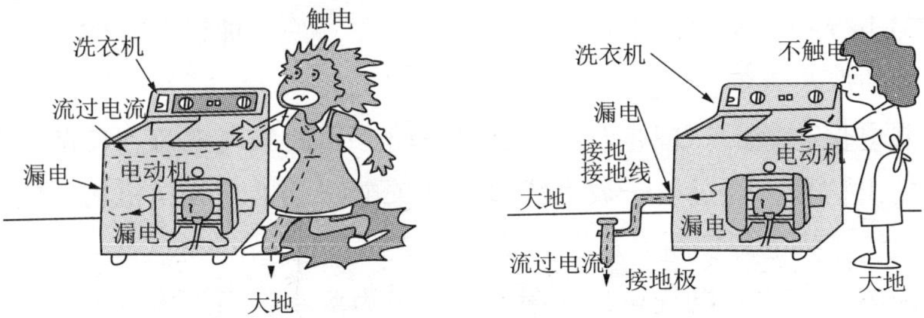

图10.7　洗衣机的漏电情况与接地情况

洗衣机接地时如图10.8所示，可以使用接地插座、接地插头或者在洗衣机的接地端子上连接接地线。

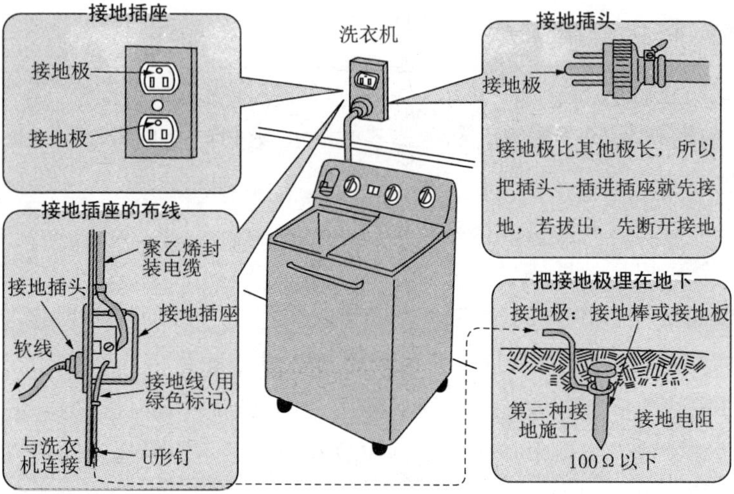

图10.8 洗衣机的接地方法

225 为保障人身安全必须加装漏电保护器

1）漏电保护器的选择

漏电保护器又叫漏电保安器、漏电开关，是一种行之有效的防止人身触电的保护装置。

漏电保护器的原理是利用人在触电时产生的触电电流，使漏电保护器感应出信号，经过电子放大线路或开关电路，推动脱扣机构，使电源开关动作，将电源切断，从而保证人身安全。

漏电保护器对电气设备的漏电电流极为敏感。当人体接触了漏电的用电器时，产生的漏电电流只要达到10～30mA，就能使漏电保护器在极短的时间（如0.1s）内跳闸，切断电源。

① 型号的选用。电压型漏电保护器已基本上被淘汰，一般情况下，应优先选用电流型漏电保护器。

② 极数的选用。单相220V电源供电的电气设备，应选用二极的漏电保护器；三相三线制380V电源供电的电气设备，应选用三极式漏电保

护器；三相四线制380V电源供电的电气设备，或者单相设备与三相设备共用电路，应选用三极四线式、四极四线式漏电保护器。

③ 额定电流的选用。漏电保护器的额定电流值不应小于实际负载电流。一般家庭用漏电保护器可选额定工作电流为16～32A。

④ 可靠性的选用。为了使漏电保护器真正起到漏电保护作用，其动作必须正确可靠，即应具有合适的灵敏度和动作的快速性。

灵敏度（即漏电保护器的额定漏电动作电流），是指人体触电后促使漏电保护器动作的流过人体电流的数值。灵敏度低，流过人体的电流太大，起不到漏电保护作用；灵敏度过高，又会造成漏电保护因线路或电气设备在正常微小的漏电下而误动作，使电源切断。家庭装于配电板（箱）上的漏电保护器，其灵敏度宜在15～30mA；装于某一支路或仅针对某一设备或家用电器（如空调器、电风扇等）用的漏电保护器，其灵敏度可选5～10mA。

快速性是指通过漏电保护器的电流达到启动电流时，能否迅速地动作。合格的漏电保护器动作时间不应大于0.1s，否则对人身安全仍有威胁。

2）漏电保护器的安装

在安装漏电保护器时应注意以下几点：

① 安装前，应仔细阅读使用说明书。

② 安装漏电保护器以后，被保护设备的金属外壳仍应进行可靠的保护接地。

③ 漏电保护器的安装位置应远离电磁场和有腐蚀性气体环境，并注意防潮、防尘、防震。

④ 安装时必须严格区分中性线和保护线，三极四线式或四极式漏电保护器的中性线应接入漏电保护器。经过漏电保护器的中性线不得作为保护线，不得重复接地或接设备的外露可导电部分；保护线不得接入漏电保护器。

⑤ 漏电保护器应垂直安装，倾斜度不得超过5°。电源进线必须接

在漏电保护器的上方，即标有“电源”的一端；出线应接在下方，即标有“负载”的一端。

⑥ 作为住宅漏电保护时，漏电保护器应装在进户电度表或总开关之后，如图10.9所示。如仅对某用电器具进行保护，则可安装在用电器具本体上作电源开关。如在本体上安装有困难，则可安装在此用电器具的电源来源处（如插座），作为保护开关。

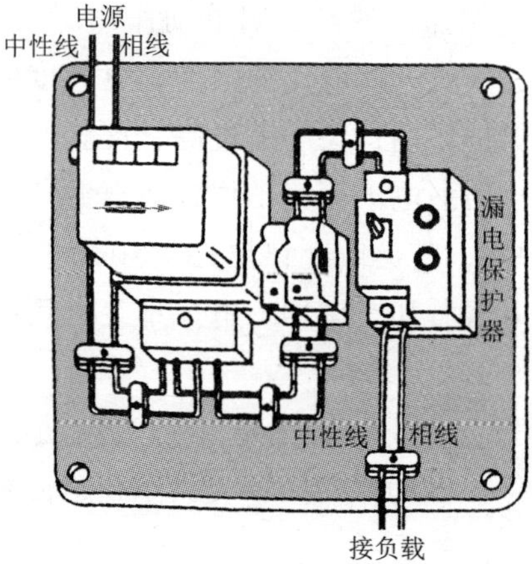

图10.9 漏电保护器在配电板上安装

⑦ 漏电保护器接线完毕投入使用前，应先做漏电保护动作试验，即按动漏电保护器上的试验按钮，漏电保护器应能瞬时跳闸切断电源。试验3次，确定漏电保护器工作稳定，才能投入使用。

⑧ 对投入运行的漏电保护器，必须每月进行一次漏电保护动作试验，不能产生正确保护动作的，应及时检修。